EDR진단 및 응용, 사고분석을 위한

자동차 사고기록장치

[이론&실무]
Event Data Recorder

★ **불법복사는 지적재산을 훔치는 범죄행위입니다.**

저작권법 제97조의 5(권리의 침해죄)에 따라 위반자는 5년 이하의 징역 또는 5천만원 이하의 벌금에 처하거나 이를 병과할 수 있습니다.

머리말

고도로 전자화된 최근의 차량에는 각 시스템의 작동 정보, 진단 정보, 고장 정보, 사고 정보(Event Data)와 같은 데이터가 실시간으로 모니터링되고, 각종 정보가 시스템의 메모리장치에 다양하게 기록되고 있다. 특히 에어백 시스템의 전자제어모듈(Electronic Module)에는 사고 전의 주행 데이터(Pre Ccrash Data)와 사고시의 충돌 데이터(Crash Data)가 비교적 상세히 기록되고 있다. 이러한 차량의 EDR(Event Data Recorder) 데이터는 차량 사고의 원인(Cause)을 보다 구체적으로 분석하고 검증할 수 있는 자료이나 국내에서는 사고 당사자나 이해 관계자가 이에 대한 정보 접근이 용이하지 않고, 전문성의 부재로 인해 EDR에 대한 진단과 분석도 제한적으로 이루어지고 있는 상황이다.

EDR 데이터의 활용과 관련하여 미국에서는 지난 1994년 제네럴모터스(GM)에서 처음 사고정보를 기록하고 진단하는 SDM(Sensor Diagnostic Module) 시스템을 도입하였다. 이후 2006년에는 도로교통안전청(NHTSA)에서 EDR의 적용과 데이터의 표준안에 관한 규정을 제정하고 2012년 9월부터 본격 시행에 들어가 관련 민간 연구소, 보험회사, 경찰, 차량 소유자, 사고 운전자로부터 과학적인 충돌 평가 및 사고원인 분석에 활용되고 있다.

우리나라에서도 차량 분쟁 민원의 증가와 소비자에 대한 정보 공개의 필요성이 대두되면서 2012년 12월 EDR 관련 규정이 제정되었고, 2015년 12월부터 미국과 유사한 EDR 관련 법령이 시행되고 있다. 하지만 아직까지 차량 EDR은 일반인들 사이에서 생소한 단어이고, EDR의 활용이나 관련된 연구도 극히 미비한 수준이다. 그러나 향후 EDR은 차량의 결함 조사나 교통사고의 원인을 규명하고 분석하는데 기초 자료로 폭넓게 활용될 것이다. 또한 기록되는 데이터도 정보처리기술의 발전에 따라 더욱 세분화되고 다양화될 것이다.

이 책은 자동차 EDR 시스템을 소개하고 시스템의 작동과 원리, 국내외 EDR 관련 법규의 동향, EDR의 진단 및 추출방법, EDR의 분석과 응용에 대한 전반적인 내용을 체계적으로 정리하였다. 사고차량 운전자로부터 자동차를 전공하는 학생, 수사기관의 수사관, 보험사고 조사관, 충돌 및 사고분석 전문가 등이 차량의 EDR 시스템을 쉽게 이해하고 실무적으로 활용할 수 있도록 사례를 곁들여 기술하였다.

집필진 나름대로 EDR과 관련된 다양한 정보를 수집하고 연구하여 실무 지식으로 정리하려고 노력하였으나 부족한 부분이 많을 것으로 생각된다. 관심을 가지고 지적해 주시면 추후 성실히 수정하고 보완해 나갈 것을 약속드린다. 끝으로 이 책의 출판을 위해 물심양면으로 지원해 주신 도서출판 골든벨 관계자 여러분께 깊은 감사를 드린다.

2017년 7월 H&T차량기술법인 저자 일동

차례

Chapter 1 자동차 사고기록장치(EDR)의 개요

1-1. EDR의 정의 …………………………………………………… **008**
1-2. EDR의 기록 및 저장 ………………………………………… **011**
1-3. EDR 기록정보의 소스 ……………………………………… **013**
1-4. EDR의 작동조건 ……………………………………………… **019**
1-5. EDR 데이터의 구분 ………………………………………… **023**
1-6. EDR 데이터의 방향 표시 …………………………………… **029**
1-7. EDR 관련 용어의 정의 ……………………………………… **030**

Chapter 2 국내·외 EDR 법규 동향

2-1. 국내 사고기록장치 법규 동향 ……………………………… **038**
2-2. 미국 사고기록장치 법규 동향 ……………………………… **042**
2-3. 유럽 사고기록장치 법규 동향 ……………………………… **048**
2-4. 일본 사고기록장치 법규 동향 ……………………………… **055**

Chapter 3 EDR 데이터의 진단 및 추출

3-1. BOSCH CDR ………………………………………………… **062**
3-2. 현대·기아 EDR ……………………………………………… **086**

Chapter 4 EDR 데이터의 이해

4-1. 차량의 시스템 상태 정보 …………………………………… **099**
4-2. 에어백 및 프리텐셔너 작동 정보 …………………………… **103**
4-3. 충돌 데이터 …………………………………………………… **106**

(1) 길이방향 속도변화(Longitudinal Delta-V) 누계 ········· **106**
(2) 측면방향 속도변화(Lateral Delta-V) 누계 ············ **109**
(3) 길이방향 가속도(Longitudinal Acceleration) ········· **113**
(4) 측면방향 가속도(Lateral Acceleration) ············· **115**
(5) 롤오버 각도 및 가속도 ························· **118**

4-4. 충돌 전 운행 데이터(PRE-CRASH DATA) ············ **120**

(1) 차량속도(Vehicle Speed) ······················ **120**
(2) 엔진회전수(Rpm) ··························· **123**
(3) 엔진스로틀(Engine Throttle) 변위 ················ **125**
(4) 가속페달(Accelerator Pedal) 변위 ················ **127**
(5) 브레이크 스위치 On/Off ······················· **130**
(6) 조향핸들 각도(Steering Angle) ·················· **132**
(7) ABS on/off (ABS Activity) ···················· **134**
(8) ESP or ESC on/off ·························· **136**

4-5. 차량 제조사별 EDR 데이터 유형 ················· **139**

(1) 현대 / 기아 EDR Data ······················· **139**
(2) BMW / MINI / ROYCE-ROYCE EDR Data ········· **142**
(3) AUDI / VOLKSWAGEN EDR Data ················ **146**
(4) CHRYSLER / FIAT EDR Data ··················· **149**
(5) GM / CHEVROLET EDR Data ··················· **152**
(6) TOYOTA / LEXUS EDR Data ···················· **158**
(7) VOLVO EDR Data ··························· **161**

Chapter 5 EDR을 활용한 교통사고 분석

5-1. EDR 해석을 위한 차량운동 및 충돌특성 이해 ········· **166**

(1) 차량의 운동요소 ···························· **166**
(2) 차량의 기본운동 방정식 ······················ **168**
(3) 차량의 가속 특성 ··························· **176**
(4) 차량의 제동 특성 ··························· **179**
(5) 차량의 선회 특성 ··························· **185**
(6) 차량의 충돌 특성 ··························· **192**

5-2. 교통사고 분석 유형 ··· **200**

    (1) 고의사고 분석 ··· **200**

    (2) 주행속도 및 충돌속도 분석 ···························· **202**

    (3) 충돌 해석 ··· **209**

    (4) 충격력의 작용방향 해석 ································ **213**

    (5) 충돌의 치명도(인해상해 위험성) 분석 ··············· **214**

    (6) 연쇄추돌 및 다중충돌 분석 ···························· **216**

    (7) 차량결함 등 시스템 작동 상태 분석 ················· **219**

    (8) 운행기록계 및 블랙박스 영상 비교 분석 ············ **221**

    (9) 자동차사고 및 교통사고 재구성 ······················ **229**

5-3. EDR 데이터 분석 사례 ·································· **232**

    (1) 사례1-고의사고 ·· **232**

    (2) 사례2-추락사고 ·· **235**

    (3) 사례3-추돌사고 충격량 ································ **238**

    (4) 사례4-에어백 결함 ······································ **241**

    (5) 사례5-급발진 사고 ······································ **243**

    (6) 사례6-차량속도 및 운전조작 정보 ··················· **246**

Appendix 부록

1. 차량 에어백 시스템의 구조 및 작동 과정 ················ **252**
2. 국내 사고기록장치(EDR) 관련 규정 ························ **263**
3. EDR 데이터 요소에 관한 주요 회로도 ····················· **268**
4. EDR SAMPLE REPORT(HYUNDAI) ························ **281**
5. EDR SAMPLE REPORT(LEXUS) ··························· **301**
6. EDR 교육 프로그램 ·· **308**

참고문헌 ··· **309**

CHAPTER 1

자동차 사고기록장치 (EDR)의 개요

CHAPTER 1

자동차 사고기록장치(EDR)의 개요

1 EDR의 정의

EDR(Event Data Recorder)이란 자동차의 에어백 제어모듈(ACU)이나 엔진 ECU(Electronic Control Unit, PCM) 등에 내장된 일종의 데이터 기록 장치이다. 운행 중 일정 조건의 충돌(Crash)이나 사고(Event)가 발생하면 사고 전·후 일정시간 동안의 운행정보나 충돌정보를 기록, 저장, 추출할 수 있는 장치를 말한다. 우리나라의 자동차관리법 제2조에서는 사고기록장치(EDR)를 "자동차의 충돌 등 사고 전후 일정한 시간 동안 자동차의 운행정보를 저장하고 저장된 정보를 확인할 수 있는 장치 또는 기능을 말한다."라고 정의하고 있다.

보통 EDR에는 자동차의 속도(Speed), 브레이크(Brake) 작동상태, 엔진회전수(Rpm), 가속페달(Accelerator Pedal) 또는 스로틀밸브(Throttle Valve) 작동상태, 조향핸들 각도(Steering Wheel Angle), 안전벨트(Seat Belt) 착용상태, 충돌의 치명도(Crash Severity : Delta-V or Acceleration), 타이어공기압력(Tire Pressure), 변속기어 위치(Gear Position), 에어백의 전개정보(Air-bag Deployment Data) 등과 같은 각종 사고 및 운행 정보가 기록된다. EDR은 초기 에어백의 작동상태 모니터링과 성능평가 진단을 위해 일부 차량에 도입되어 적용되었는데, 미국의 제네럴모터스(GM)에서는 1994년부터 에어백 감지시스템(SDM : Sensor Diagnostic Module)을 적용하면서 PRE CRASH 개념을 도입하고, 사고 전의 운행정보와 충돌정보를 기록하기 시작하였다.

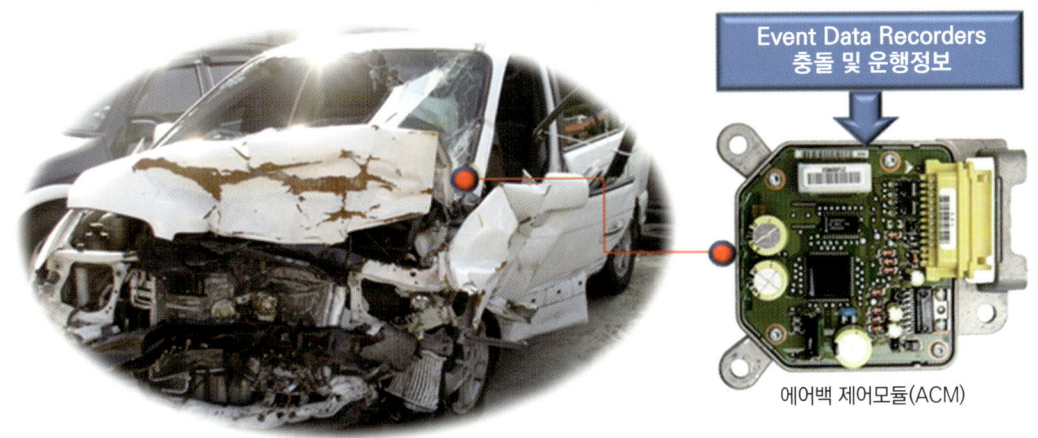

[fig. 1-1] EDR 데이터가 저장된 사고차량의 에어백 제어모듈(ACU)

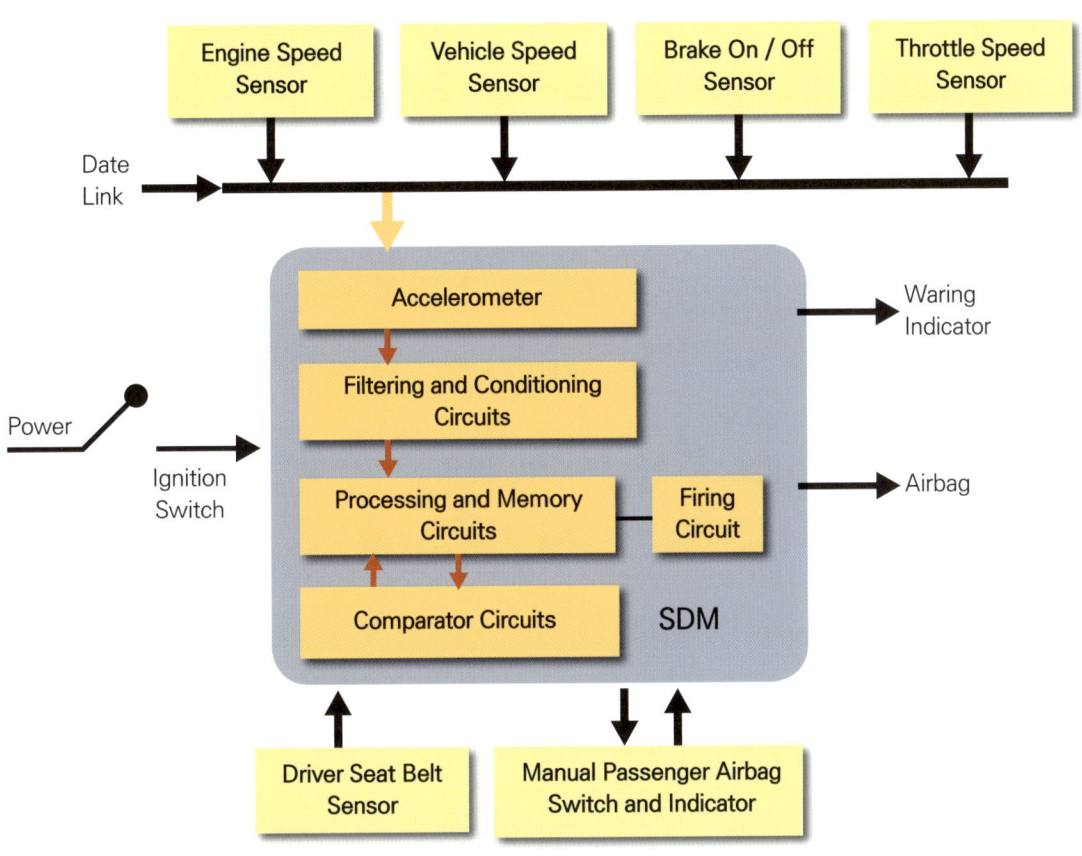

[fig. 1-2] GM SDM SYSTEM 개념도

1999년에는 가속도센서에 의한 충돌펄스(Crash Pulse), 엔진회전수, 차량속도, 브레이크 스위치, 스로틀밸브 위치, 안전벨트 착용상태, 에어백 경고등 상태 등과 같은 다양한 사고정보를 추가하였고, SDM에 기록된 데이터는 충돌데이터 검색도구(CDR : Crash Data Retrieval)와 Vetronix라는 프로그램을 이용하여 데이터를 추출하고 분석하였다.

그 뒤 미국에서는 정부 차원의 실무그룹(WG : Working Group)을 운영하면서 EDR 관련 연구를 진행하였고, 2006년 8월 EDR 기술 규격에 관련 규정(49CFR Part 563)을 제정하고, 자동차의 EDR 기록정보를 과학적인 충돌평가 및 사고원인 분석에 폭넓게 활용하기 시작하였다. 지난 2009년 미국에서 도요타 차량의 급발진 사고가 급증하자 미국 도로교통안전청(NHTSA)은 차량에 설치된 EDR 기록정보를 분석하여 급발진 사고원인 규명에 활용하기도 하였다. 국내에서도 최근에 차량의 급발진이나 에어백 하자 등과 같은 결함 조사와 교통사고의 원인 분석에 차량의 EDR 데이터를 추출하여 활용하기 시작하였다.

에어백 장착이 보편화된 최근에는 EDR 적용 차량이 점차적으로 증가하고 있으며 사고(Event) 발생시 기록하는 데이터의 항목도 정보처리 기술의 발달에 따라 더욱 세분화 및 다양화되고 있는 추세이다. fig. 1-3은 자동차의 에어백 제어모듈에 내장된 EDR 데이터의 일반적인 추출과정을 나타낸 것이다.

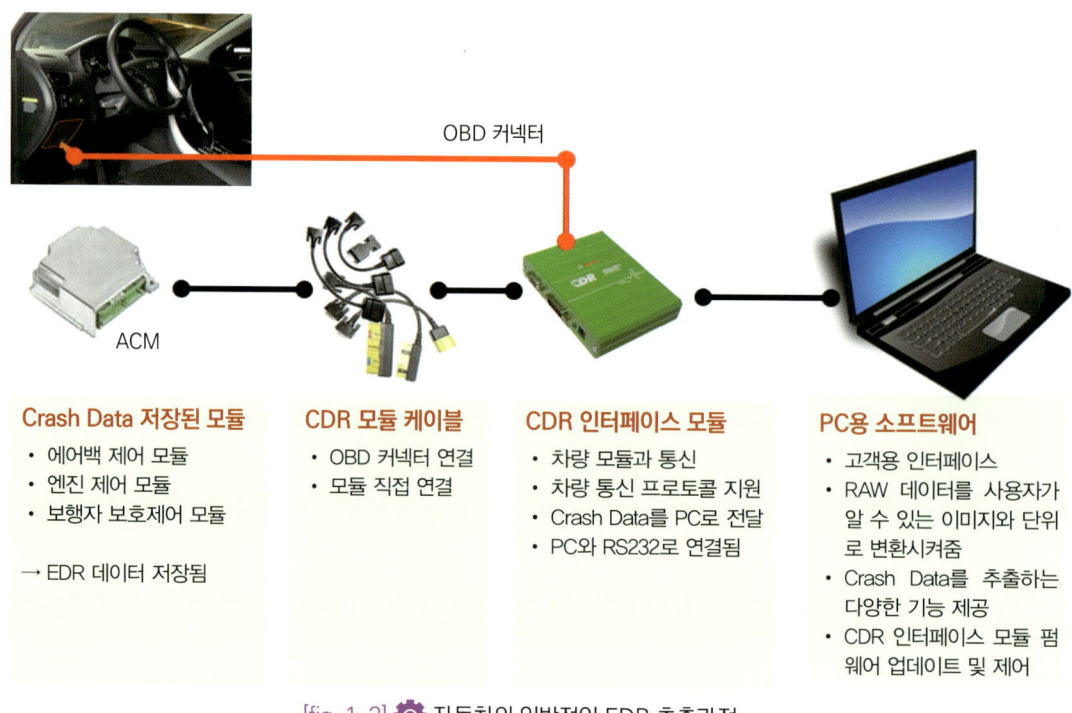

[fig. 1-3] 자동차의 일반적인 EDR 추출과정

2 EDR의 기록 및 저장

차량의 EDR 데이터는 주로 에어백제어모듈(ACM)[1]에 내장된 메모리 장치에 기록 및 저장된다. 또한 차량의 기능 및 특성에 따라 엔진제어모듈(PCM)[2], 전복제어모듈(RCM)[3], 보행자보호제어모듈(PPM)[4] 등에 기록 및 저장되기도 한다. 차량에 장착된 각종 센서로부터 측정된 데이터는 EDR 시스템의 메모리장치에 보통 5초 동안의 데이터가 계속적으로 업데이트되면서 임시 저장 된다. 이후 EDR에서 프로그램된 일정 조건의 이벤트가 발생하면 충돌 전 5초 또는 충돌 후 0.2~0.3초 동안의 데이터를 EDR 시스템의 저장 공간에 기록하게 된다. EDR 데이터는 이벤트의 조건에 따라 기능이 따른 메모리 시스템에 각각 저장되는데 에어백이 전개되지 않은 경미한 사고의 데이터는 덮어쓰기가 가능한 휘발성 메모리(Volatile Memory : RAM)에 저장되고, 에어백이 전개된 사고의 데이터는 덮어쓰기가 불가능한 비휘발성 메모리에 저장된다. 비휘발성 메모리(Non-Volatile Memory : ROM)에 저장된 데이터는 영구적으로 저장되며, 이때 기록된 데이터는 보통 삭제나 변경이 불가능하도록 구조되어 있다.

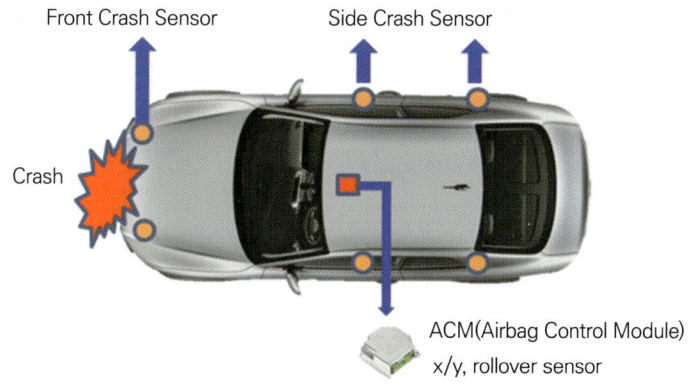

[fig. 1-4] 에어백 시스템의 구조

---

1) 에어백제어모듈(ACM) : 차량에 장착된 에어백 시스템의 상태를 모니터링하고, 전개 조건에 따라 작동을 제어하는 전자제어장치(Electronic Control Unit)
2) 엔진제어모듈(PCM) : 엔진의 상태를 모니터링하고 작동을 제어하는 전자제어장치
3) 전복제어모듈(RCM) : 차량의 자세를 모니터링하고 전복 위험을 감지하여 측면 또는 커튼 에어백 등을 전개시키도록 제어하는 전자제어장치
4) 보행자보호제어모듈(PPM) : 차량에 장착된 보호자보호 안전장치를 모니터링하고 보행자와의 충돌 위험 또는 사고 발생 시 보행자보호 시스템을 작동 제어하는 전자제어장치

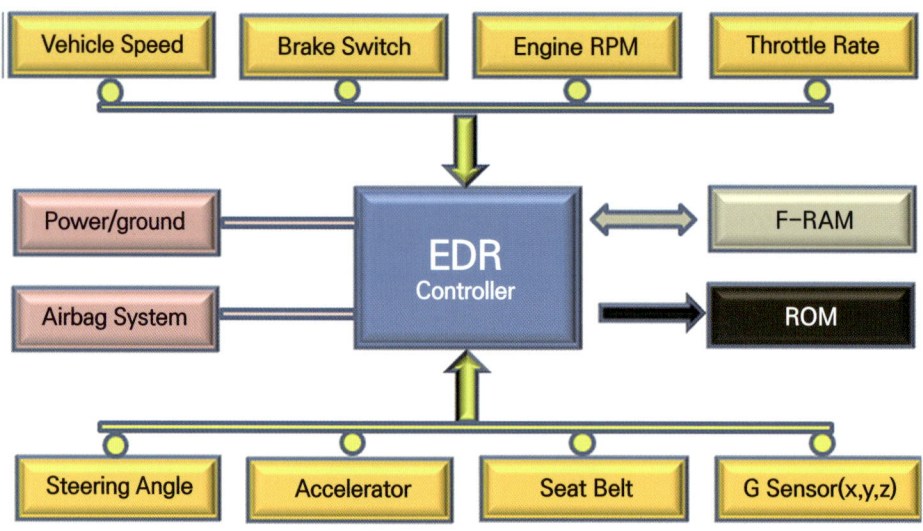

[fig. 1-5] 전형적인 EDR 제어 프로세스

 한편, 미국과 일본의 EDR 규정에는 법규에서 정한 충돌 테스트 상황에서도 기록된 EDR 데이터가 완전한 저장 상태를 유지하고 검색할 수 있는 내충격성을 갖추도록 요구하고 있다. 예를 들어 미국의 자동차안전기준(49 CFR 571. 208)에서는 시험 차량을 고정 장벽에 48km/h의 속도로 정면 충돌시켰을 때 탑승자를 보호할 수 있는 일정한 충격부하 조건을 만족시키도록 하고 있는데, 그러한 충돌시험 후에도 차량에 기록된 EDR 데이터가 정상적인 기록 상태를 유지해야 하며, 충돌시험 완료 및 시험 후 10일 이상이 경과된 시점에서 데이터를 검색하고 추출할 수 있어야 한다고 요구하고 있다. 다만 내충격성을 갖추어야 하는 데이터 항목에서 엔진스로틀(Engine Throttle), 엔진회전수(Engine Rpm), 브레이크 스위치(Brake Switch) ON/OFF 정보는 제외된다.

[fig. 1-6] 고정벽 정면충돌시험
(www.kncap.org)

3 EDR 기록정보의 소스(DATA SOURCES)

차량에 장착된 다양한 센서 신호 및 제어모듈의 정보는 EDR 데이터의 소스(Sources)가 될 수 있다. 대부분의 충돌펄스(Crash Pulse) 정보는 에어백제어모듈(ACM)에 내장된 가속도 센서 또는 롤 레이트(Roll Rate) 센서에 의해 측정 및 연산된 데이터가 기록된다. 차량속도, 엔진회전수, 브레이크 스위치, 가속페달 위치, 조향핸들 각도 등과 같은 충돌 전 정보(Pre-crash Data)는 주로 차량의 CAN통신과 네트워크를 통해서 정보를 받아 EDR 시스템에 기록하게 된다.

01 충돌펄스 정보(CRASH PULSE DATA)

자동차의 에어백은 차체 및 에어백제어모듈(ACM)에 장착된 가속도 센서에 의해 충돌시의 충격량을 감지하여 에어백의 전개 여부를 결정하게 된다. EDR에 기록되는 충돌펄스 정보도 에어백 시스템에서 측정된 가속도 정보를 원천으로 하여 데이터를 기록한다.

EDR은 주로 에어백 제어모듈(ACM)에 내장된 가속도 센서를 이용하여 전후방향 또는 좌후방향 충격량을 감지하고 연산된 길이방향 속도변화(Longitudinal Delta-V), 측면방향 속도변화(Lateral Delta-V), 길이방향 가속도(Longitudinal Acceleration), 측면방향 가속도(Lateral Acceleration)를 기록하게 된다. 전복 감지를 위한 롤오버(Rollover) 센서가 장착된 경우에는 에어백 제어모듈에 내장된 롤 레이트 센서가 차량의 횡방향 운동을 측정하여 기록하게 된다.

(1) 전후방향 충돌펄스(LONGITUDINAL CRASH PULSE)

차량의 에어백 시스템에는 전후방향 충격을 감지하는 센서가 차체 전방의 좌/우측 프론트멤버(Front Member) 또는 사이드멤버(Side Member) 앞부분에 설치되어 있고, 실내의 에어백 제어모듈(ACM)에도 내장되어 있다. EDR은 에어백제어모듈에 내장된 가속도센서(ACM-GX Sensor)에서 측정된 데이터를 이용하여 길이방향의 충돌펄스를 연산한다.

(2) 좌우방향 충돌펄스(LATERAL CRASH PULSE)

에어백 시스템에는 좌우방향 충격을 감지하는 센서가 차체의 측면 센터필러(Center

Pillar), 리어필러(Rear Pillar) 등에 설치되어 있고, 실내의 에어백 제어모듈(ACM)에도 내장되어 있다. EDR은 에어백제어모듈에 내장된 횡가속도센서(ACM-GY Sensor)에서 측정된 데이터를 이용하여 측면방향의 충돌펄스를 연산한다.

(3) 롤 오버(ROLL OVER)

롤 오버(Roll Over)란 차량이 측면방향으로 구르거나 전복되는 운동을 말한다. 차량의 에어백 시스템에 전복을 감지하는 기능이 탑재된 경우에는 에어백제어모듈 내에 차량의 전복운동을 감지하는 롤 레이트(Roll Rate) 센서와 측면방향의 충격을 감지하는 가속도센서가 내장된다. EDR은 에어백제어모듈에 내장된 롤 레이트 센서와 가속도 센서에서 측정된 데이터를 이용하여 측면 충격 및 전복운동 자세를 측정하고 연산한다.

02 충돌 전 운행 및 운전 정보(PRE-CRASH DATA)

차량속도, 엔진회전수, 브레이크 스위치, 가속페달 위치, 조향핸들 각도 등과 같은 충돌 전 운행 및 운전정보(Pre-Crash Data)는 차량에 설치된 여러 시스템 ECU(Electronic Control Unit)와 병렬로 연결된 CAN[1] BUS 네트워크를 통해 필요한 데이터를 EDR 시스템으로 가져와 기록하게 된다. 자동차의 CAN 네트워크는 대부분 3개 이상의 버스(BUS)[2]를 기반으로 설계되어 있는데, 통신선으로 연결된 각각의 시스템 제어 ECU는 차량에 장착된 각종 센서로부터 물리적인 변화를 측정하여 필요한 정보(Data)를 생산하고, 그 생산된 정보를 CAN 통신으로 공유하여 사용하게 된다. 예를 들어 EDR 시스템에서 차량속도는 브레이크제어장치(ABS)에서 공유된 데이터를 가져와 기록하고, 엔진회전수는 엔진제어장치(PCM)에서 공유된 데이터를 가져와 기록하게 된다.

---

1) 독일 BOSCH 사에서 개발한 차량용 통신 시스템. 현재 차량 네트워크의 표준으로 사용되고 있다. CAN은 고장방지기능을 지원하는 low speed CAN과 high speed CAN으로 구성되고, 최대 통신 속도는 1Mbps이며, 125Kbps를 기준으로 low와 high로 구분되어 진다.

2) 버스(BUS)란 컴퓨터나 네트워크에서 회선에 연결된 모든 장치들에 신호가 분배되거나 전달되는 전송통로를 말한다. 데이터 전송 회로(BUS line). 예를 들어 자동차 CAN 통신에서는 Cabin Bus, Power Train Bus, Chassis Bus 등이 있다.

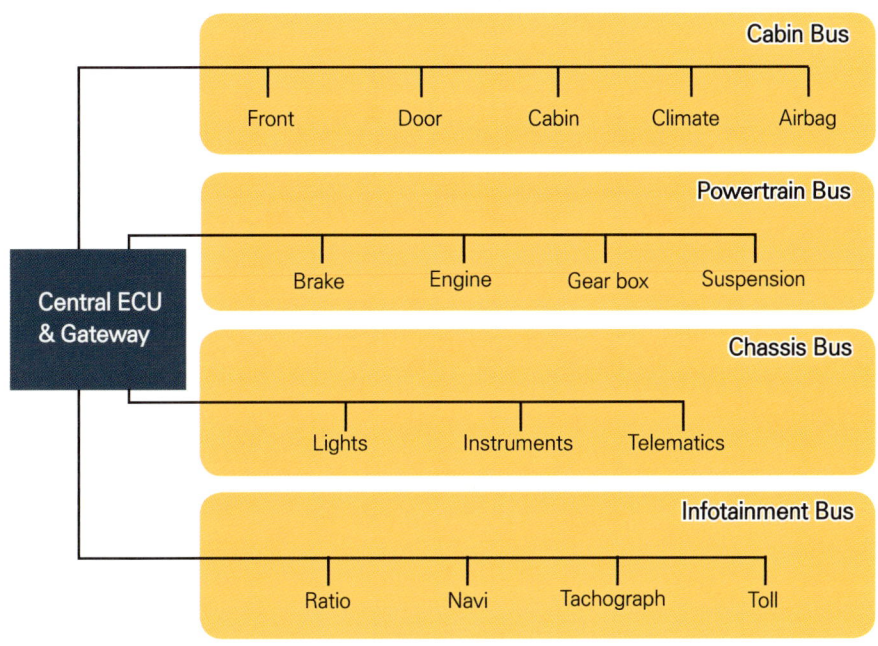

[fig. 1-7] 자동차의 CAN 통신 시스템 사례

03 자동차 CAN 통신을 이용한 EDR 데이터 흐름

(1) CAN 통신의 개념

CAN은 Controller Area Network의 약자로 자동차에 장착된 제어기(Control Unit)간의 통신을 위해 설계된 시스템이다. 자동차용 통신 네트워크의 표준이라 할 수 있는 CAN은 자동차에 설치된 여러 제어기를 병렬로 연결하여, 각 제어기간 정보를 공유하고 하나의 CAN 인터페이스(Interface)로 여러 개의 차량 제어시스템(ECU)을 제어함으로서 차량의 중량과 비용을 줄이고, 신속한 제어와 안정성이 우수한 장점이 있다.

CAN 통신선은 두 가닥의 와이어로 구성되어 있다. 자동차에 장착된 제어기에는 CAN-high와 CAN-low로 구분된 2개의 통신선이 연결된다. CAN 통신으로 연결된 각각의 제어기들은 센서를 통해 받은 정보를 다른 제어기로 보내기도 하며, 다른 제어기에서 보낸 센서 정보를 받기도 한다.

최근에는 자동차가 고급화되고 편의사양이 많아짐에 따라 장착되어지는 제어기의 수도 점차적으로 늘어가고 있어 이런 제어기간에 더 효율적인 정보를 교환하기 위한 자동차 통신의 중요성은 더욱 높아지고 있는 실정이다.

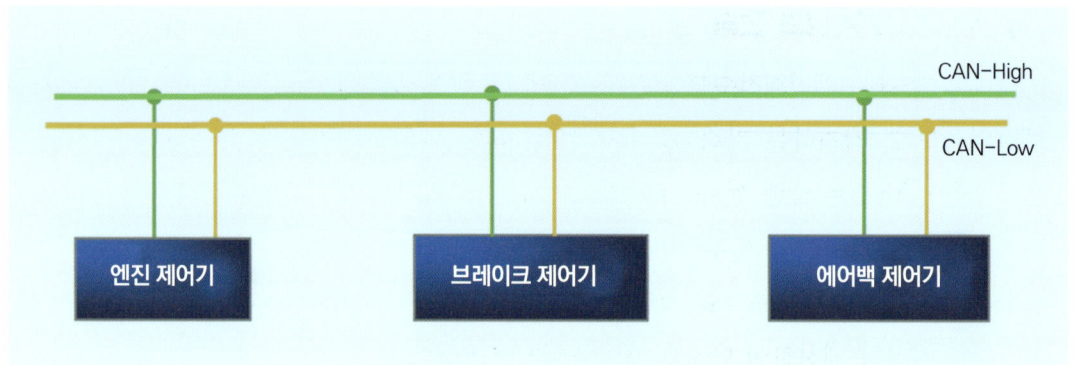

[fig. 1-8] 자동차 CAN 통신 구조

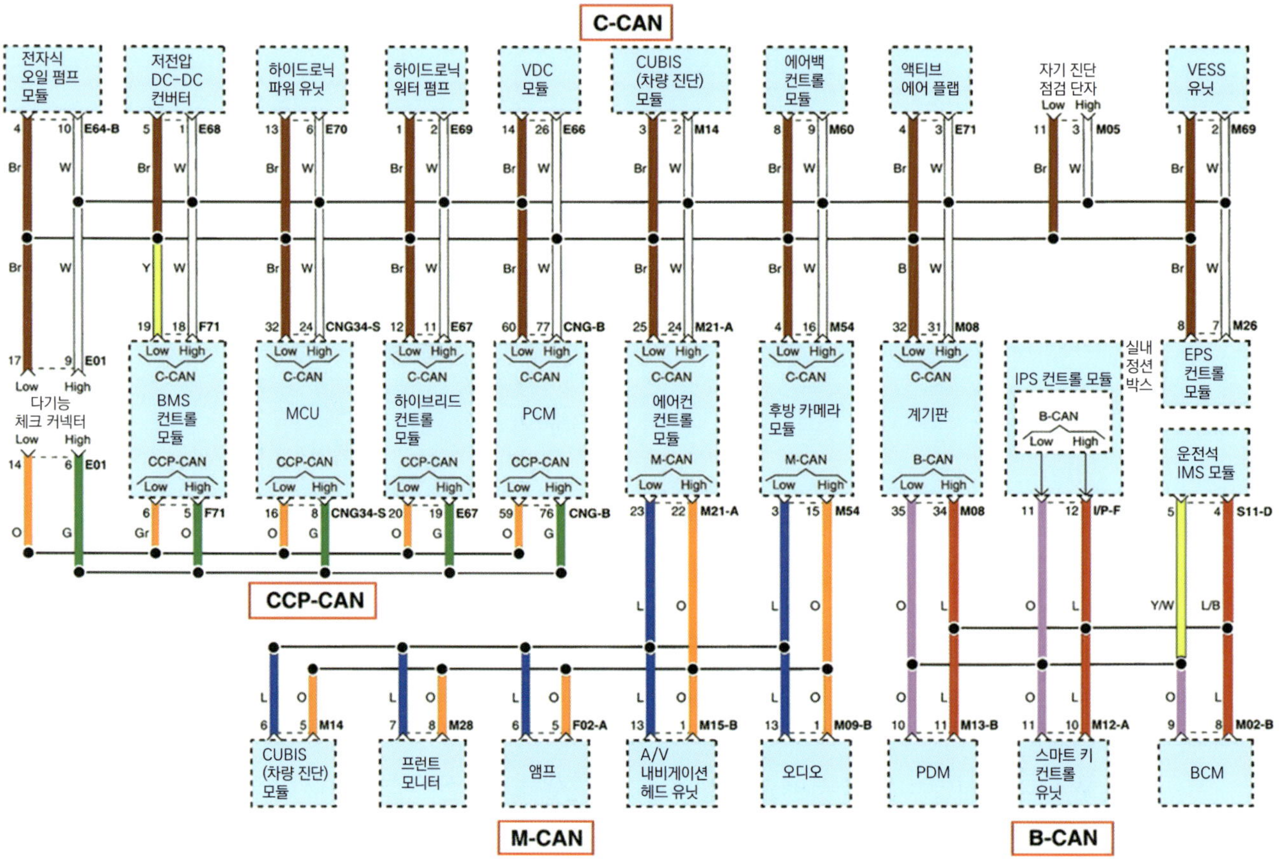

[fig. 1-9] 자동차 CAN 통신 구성도 예시

(2) 엔진회전수 정보 전송

엔진제어기에는 엔진회전수를 감지하는 크랭크 위치 센서(Crank Position Sensor), 가속페달의 위치를 감지하는 가속페달위치 센서 등과 같은 많은 센서들이 배선으로 연결되어 있다. 엔진제어기는 각종 센서들로부터 들어오는 신호를 받아서 엔진을 제어하며 구동시킨다. 그리고 센서 정보 중 일부를 CAN 통신선을 통해 실시간으로 다른 제어기에 정보를 제공한다. 예를 들면, 크랭크 위치 센서는 엔진회전 신호를 엔진제어기에 보내주고 엔진제어기는 엔진회전수를 계산하여 엔진을 제어하는데 사용한다.

그리고 계산된 엔진회전수를 CAN 통신선을 통해 외부로 보내준다. 계기판 제어기는 CAN 통신을 이용해 받은 엔진회전수 정보를 디지털 신호로 표시해준다. 이때 CAN 통신선에 연결되어 있는 에어백제어기는 엔진회전수 정보를 선택한 후 내부 저장 공간에 임시적으로 저장했다가 일정시간이 지나 삭제하는 프로세스를 반복한다.

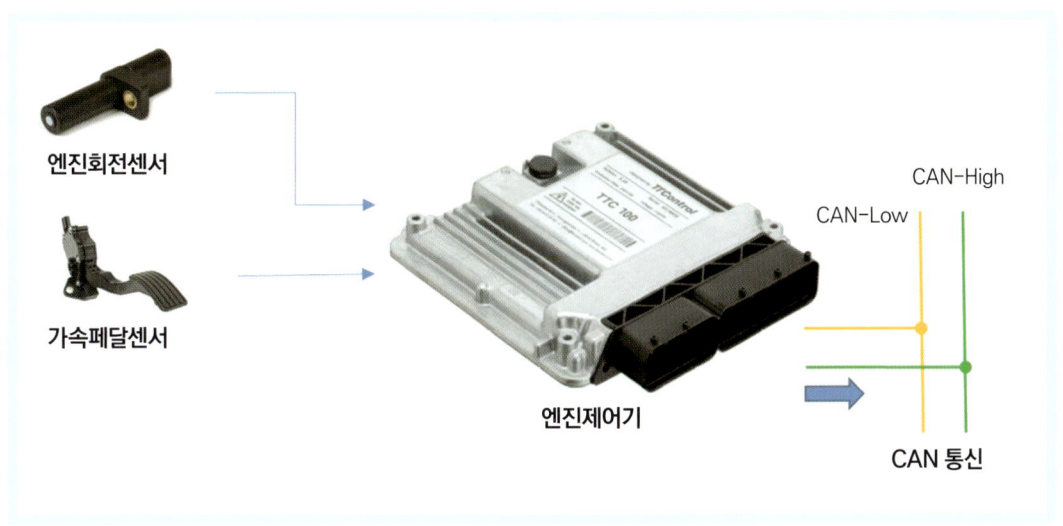

[fig. 1-10] 엔진제어기와 연결된 CAN 통신선

(3) 차량속도 정보 전송

ABS/ESP는 자동차의 4바퀴에 장착된 휠속도센서(Wheel Speed Sensor)를 통해 휠의 회전속도를 감지하고 차량속도를 계산한다. 이 계산된 차량속도는 브레이크시스템을 제어하는데 활용된다. 또한 차량속도 정보는 CAN 통신선을 통해 공유된다. 그러면 CAN 통신선과 연결되어 있는 계기판 표시장치(Cluster), 엔진제어기(PCM), 변속제어기(TCM) 등에서 CAN 통신선을 통해 전달된 차량속도 정보를 공유하고 각각의 시스템을 제어한다. 이때

CAN 통신선에 연결되어 있는 에어백제어기는 차량속도 정보를 선택한 후 내부 저장 공간에 임시적으로 저장했다가 일정시간이 지나 삭제하는 프로세스를 반복한다.

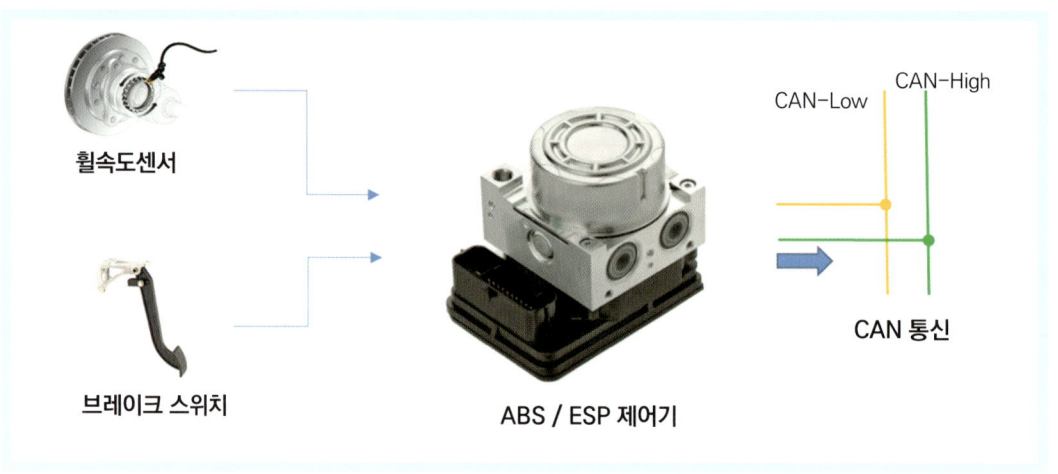

[fig. 1-11] 브레이크제어장치와 연결된 CAN 통신선

(4) 기타 사고기록 정보 전송

CAN 통신선이 연결된 엔진제어기, 계기판 제어기, 변속제어기, 브레이크제어기, 에어백제어기 등은 각각의 제어기에서 내보내고 있는 많은 정보들이 실시간으로 CAN 통신선에 흘러 다닌다. CAN 통신선에 연결되어 있는 에어백제어기는 EDR 데이터와 관련된 엔진스로틀 위치, 가속페달 위치, 조향핸들 각도, 브레이크 스위치 ON/OFF, ABS 활성화, ESP(ESC) 활성화 등의 정보만을 선택한 후 에어백제어모듈 내부 저장 공간에 임시적으로 저장했다가 일정시간이 지나 삭제하는 프로세스를 반복한다. 그리고 EDR 시스템이 작동하는 조건의 이벤트가 발생하면 사고 데이터를 EDR의 메모리장치에 저장한다.

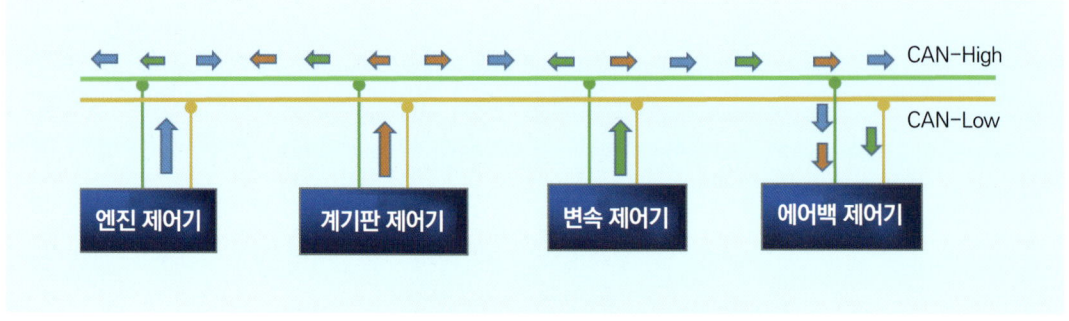

[fig. 1-12] CAN 통신을 통한 EDR 데이터의 흐름

4 EDR의 작동조건

EDR은 차량의 에어백이 전개(Deployment)된 경우, 시트벨트 프리텐셔너(Pretensioner)가 작동된 경우, 일정 조건의 물리적인 충돌(Crash)이나 사고(Event)가 발생하였을 때 데이터가 기록 저장된다.

01 에어백이 전개된 경우

충돌로 인해 승객보호용 에어백(Air Bag)이 작동된 경우에는 EDR 데이터가 비휘발성 메모리에 저장된다. 에어백이 전개되어 기록된 EDR 데이터는 메모리 장치에 영구 저장되며, 이후 발생한 다른 사고로 인해 지워지거나 삭제되지 않는다.

[fig. 1-13] 에어백이 작동된 사고차량

02 안전벨트 프리텐셔너가 작동된 경우

충돌로 인해 차량의 시트벨트 프리텐셔너(Pre-Tensioner)[1]와 같은 비가역적인 안전장치가 작동된 경우에는 EDR 데이터가 기록된다. 에어백이 전개되어 않고, 시트벨트 프리텐셔너만이 작동되어 기록된 데이터는 휘발성 메모리에 저장되어 이후 발생된 다른 사고로 인해 지워지거나 덮어쓰기(Overwrite) 될 수 있다.

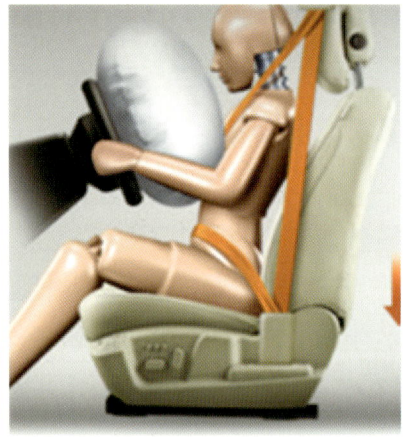

[fig. 1-14] 차량의 시트벨트 프리텐셔너가 작동된 사고차량

03 일정 조건의 충돌이 발생한 경우

에어백이나 프리텐셔너와 같은 안전장치가 작동되지 않은 경우에도 일정 조건에 부합하는 물리적인 충격이 발생한 경우에는 EDR 데이터가 기록된다. 국내 법규에 의하면 충돌 후 0.15초 이내에 진행방향(Longitudinal) 또는 측면방향(Lateral)의 속도변화(Delte-V) 누계가 8km/h 이상인 경우에는 EDR 데이터가 저장된다. 이때 저장된 데이터는 휘발성 메모리에 저장되어 이후 발생한 다른 사고에 의해 데이터가 지워지거나 덮어쓰기(Overwrite) 될 수 있다. 또한 에어백이 전개되지 않은 저속의 충돌 조건에서 기록된 EDR 데이터는 시스템에 따라 일정 시간 경과 후에 지워질 수 있다.

---

1) 프리텐셔너는 차량 충돌 시 시트벨트를 순간적으로 되감아 탑승자의 신체를 시트에 안전하게 고정시켜주는 안전장치다. 이 장치는 탑승자의 상체가 앞으로 이동하는 것을 제한하여 느슨한 시트벨트 아래로 승객이 미끄러지는 서브머린(Submarining) 현상과 승객이 느슨한 시트벨트로 인해 앞유리나 대쉬보드에 머리를 부딪치는 위험을 줄임으로써 승객보호 효과를 증대시킨다. 보통 에어백 시스템에 장착된 센서로 충격을 감지하여 화약 또는 기계적인 변형을 통해 액추에이터(Actuator)를 작동시키는 구조로 되어 있다.

EDR 기록 작동 조건

1. 비가역적 안전장치가 전개된 경우
- 에어백이 작동되어 전개된 경우
- 안전벨트 프리텐셔너(pre-tensioner)가 작동된 경우

2. 일정 조건의 충돌사고가 발생한 경우
- 0.15초 이내에 진행방향 속도변화 누계가 8km/h 이상인 경우
- 0.15초 이내에 축면방향 속도변화 누계가 8km/h 이상인 경우

[fig. 1-15] EDR의 작동조건

여기서 EDR의 트리거(Trigger)[2] 작동 기준이 되는 속도변화(Delta-V)란 충돌 시 매우 짧은 시간 동안에 발생된 차량의 속도 변화량을 말한다. 정면 충돌시 차량은 차체 전면이 파손되면서 급격히 감속되고, 추돌된 차량은 후미 충격에 의해 급격히 가속되면서 속도변화를 일으키게 된다. 국내 및 미국의 법규에서는 적어도 충돌 후 150ms(0.15초) 시간 동안에 발생된 속도변화의 누계가 8km/h 이상인 경우에는 EDR에 사고기록이 저장되도록 요구하고 있다. 때문에 실제 EDR이 장착된 대부분의 자동차에는 법규 기준보다 다소 낮은 속도변화 조건에서 EDR이 작동하는 트리거 임계치가 설정되어 있다.

충돌 시 차량에 발생하는 속도변화는 에어백제어모듈(ACM)에 내장된 가속도 센서에 의해 측정되고, 그 측정된 가속도 변화를 통해 속도변화를 연산한다. 가속도란 단위 시간 동안에 나타난 속도변화를 의미한다. 따라서 측정된 가속도를 시간 t로 적분하면 속도변화를 구할 수 있다. t=0 일 때의 초기 속도(충돌속도)를 V_0라고 할 때 속도변화(dv), 가속도(a), 시간(dt)의 관계는 다음 식과 같이 나타낼 수 있다.

가속도 $a = \dfrac{dv}{dt}$

$$dv(t) = V_0 + \int_0^t a(t)dt$$

EDR에서 사고(Event)의 판단 기준이 되는 속도변화는 물리적으로 어떤 의미를 가지는 것일까. 속도변화는 충돌사고 발생시 차량에 가해진 충격의 치명도(Severity)를 가늠하는 척도

---

[2] EDR 데이터를 기록하는 물리적 조건 또는 신호

가 된다. 뉴턴의 운동법칙에 따라 힘(충격력)은 물체의 질량과 가속도의 곱으로 정의되고, 질량 m인 물체에 힘 F를 가하면 F에 비례하고 m에 반비례하는 가속도 a가 발생한다.

$$F = ma = m\frac{dv}{dt}$$

즉 물체의 질량은 변하지 않으므로 동일 시간 동안에 발생한 힘(충격력) F, 가속도 a, 속도변화 dv는 항상 방향이 같고 비례적으로 감소 또는 증가하는 특성을 가지는 물리량이다. 무게가 1톤인 2대의 동종 차량이 정면충돌하였을 때 충돌시간 150ms(0.15초) 동안에 발생한 평균 속도변화, 가속도, 충격력의 관계는 다음 **표1-1**과 같다.

〈표 1-1〉 충돌시 속도변화, 가속도, 충격력의 비교

속도변화 dv		가속도 a	충격력 F	
km/h	m/s		ton(톤)	kN
5	1.39	0.9 g	0.9	≒ 9
10	2.78	1.9 g	1.9	≒ 19
20	5.56	3.8 g	3.8	≒ 37
40	11.11	7.6 g	7.6	≒ 75
60	16.67	11.3 g	11.3	≒ 111
80	22.22	15.1 g	15.1	≒ 148
100	27.78	18.9 g	18.9	≒ 185

주) g : 중력가속도 9.8m/s², m : 차량무게 1000kg, dt : 충돌시간 150ms 가정

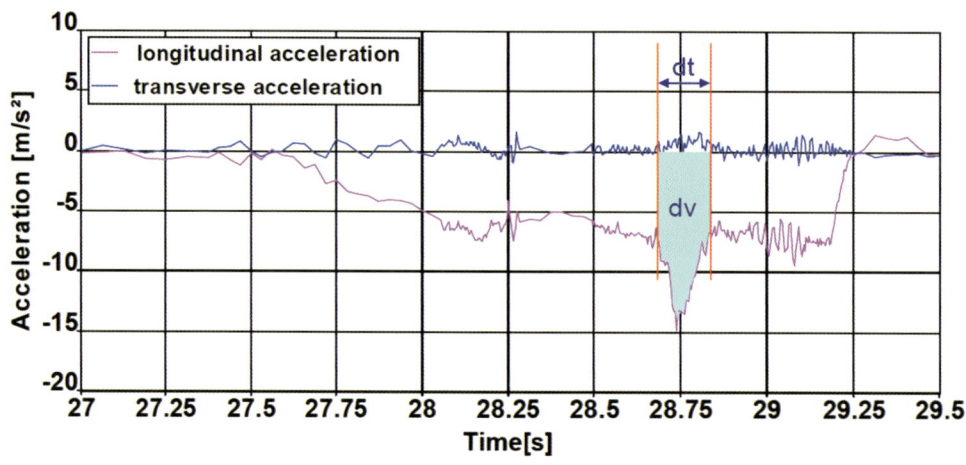

[fig. 1-16] 충돌시 발생하는 가속도와 속도변화
Images source : veronica Ⅱ final report(2009), EC

5 EDR 데이터의 구분

01 사고 시간에 따른 구분

(1) 충돌 전 데이터(PRE CRASH DATA)

충돌 또는 사고시점(0초) 이전에 기록된 데이터를 말한다. EDR은 보통 충돌 전 5초(-5초)에서 0초 동안의 데이터가 기록된다. 차량속도, 엔진회전수, 엔진스로틀 위치, 가속페달 위치, 브레이크 스위치 ON/OFF, 조향핸들 각도, 에어백경고등, 안전벨트 착용 상태 등의 차량운행 및 시스템 정보가 기록된다.

(2) 충돌 or 충돌 후 데이터(CRASH OR POST CARSH DATA)

충돌 후 0.25~0.3초 동안에 기록된 데이터를 말한다. 충돌펄스(Crash Pulse) 데이터로서 길이방향 및 측면방향 충돌 가속도, 길이방향 및 측면방향 속도변화, 전복각도 등이 기록된다. 전복 각도는 보통 사고(충돌) 직전의 시점부터 기록된다.

02 사고 횟수에 따른 구분

(1) 단일충돌 데이터(SINGLE EVENT DATA)

1개의 충돌 또는 사고 데이터가 기록된 경우를 말한다.

(2) 다중충돌 데이터(MULTIPLE EVENT DATA)

2개 이상의 충돌 또는 사고 데이터가 기록된 경우를 말한다. EDR은 보통 첫 번째 사고가 발생한 시점으로부터 5초 이내에 연속적인 다중 충돌이 발생하였을 경우에는 복수의 충돌 또는 사고 데이터를 기록한다. 예를 들어 1차 추돌사고를 당한 A차량이 앞으로 밀려나가 5초 이내에 앞에 정지해 있던 B 차량을 2차 충돌하였다면, A차량의 EDR에는 1차 후미충돌(Rear Crash)과 2차 전방충돌(Front Crash) 데이터가 순차적으로 기록될 수 있다.

Event Record Summary at Retrieval

Events Recorded	TRG Count	Crash Type	Time (msec)	Pre-Crash & DTC Data Recording Status	Event & Crash Pulse Data Recording Status
Most Recent Event	4	Side Crash	0	Complete (Page 1)	Complete (Side Page 0)
1st Prior Event	3	Side Crash	-97	Complete (Page 1)	Complete (Side Page 1)
2nd Prior Event	2	Front/Rear Crash	-104	Complete (Page 1)	Complete (Front/Rear Page 1)
3rd Prior Event	1	Front/Rear Crash	-16381 or greater	Complete (Page 0)	Complete (Front/Rear Page 0)

[fig. 1-17] EDR에 기록된 다중충돌 데이터 기록 표시

03 사고유형에 따른 구분

(1) 전방충돌 데이터(FRONT CRASH DATA)

차량의 차체 앞부분이 충격되면서 발생된 사고 데이터를 말한다. 전방 충돌시 차량은 차체 앞부분이 파손되면서 감속되기 때문에 EDR 데이터의 충돌펄스(Crash Pulse)[1]는 (−)값으로 기록된다.

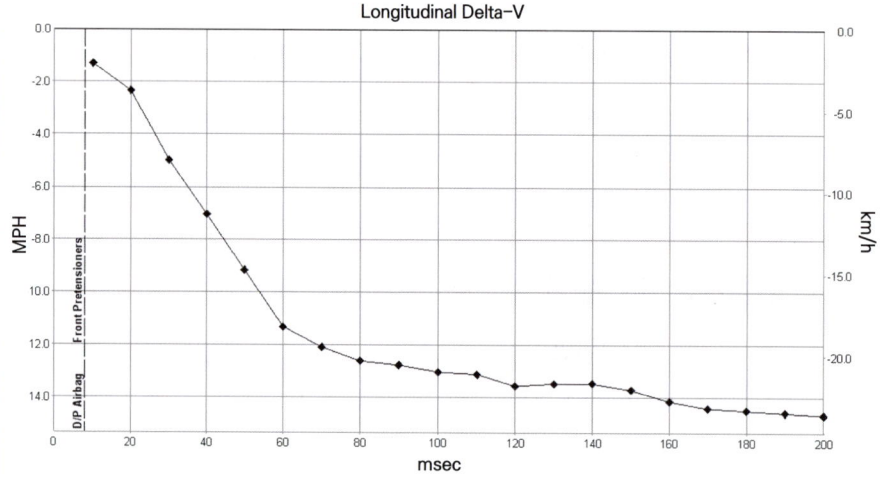

Time (msec)	Longitudinal Delta-V (MPH [km/h])
10	-1.3 [-2.1]
20	-2.3 [-3.7]
30	-5.0 [-8.0]
40	-7.0 [-11.3]
50	-9.2 [-14.8]
60	-11.3 [-18.2]
70	-12.1 [-19.4]
80	-12.6 [-20.3]
90	-12.8 [-20.5]
100	-13.0 [-21.0]
110	-13.1 [-21.1]
120	-13.5 [-21.8]
130	-13.5 [-21.7]
140	-13.5 [-21.7]
150	-13.7 [-22.1]
160	-14.1 [-22.8]
170	-14.4 [-23.2]
180	-14.5 [-23.3]
190	-14.6 [-23.4]
200	-14.7 [-23.6]

[fig. 1-18] EDR에 기록된 전방충돌 속도변화(Delta-v) 데이터.
충돌시 차체가 파손되면서 감속되기 때문에 길이방향 속도변화 수치가 (−)값으로 표시됨

---

1) EDR에서는 충격파의 신호로서 속도변화(Delta V) 또는 충격가속도(Crash Acceleration)가 기록된다.

(2) 후방충돌 데이터(REAR CRASH DATA)

차량의 차체 뒷부분이 충격되면서 발생된 사고 데이터를 말한다. 후방 추돌시 차량은 전방으로 튕겨나가면서 가속되기 때문에 EDR 데이터의 충돌펄스(Crash Pulse)는 (+)값으로 출력된다.

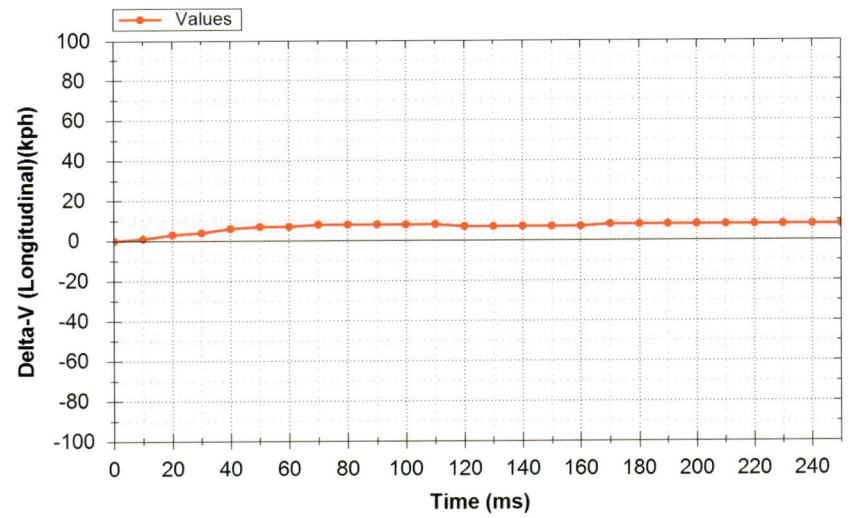

[fig. 1-19] EDR에 기록된 후방충돌 속도변화(Delta-V) 데이터.
충돌시 차체가 전방으로 가속되기 때문에 길이방향 속도변화 수치가 (+)값으로 표시됨.

(3) 측면충돌 데이터(SIDE CRASH DATA)

차량의 측면이 충격되면서 발생된 사고 데이터를 말한다. 차체 측면에 충격이 가해지면 측면 충돌감지센서 또는 에어백 제어모듈(ACM)에 내장된 횡가속도 센서에 의해 측면방향의 충돌펄스가 출력된다. 보통 측면 에어백(Side Airbag)이 설치된 경우에는 측면충돌의 충격량를 감지하기 위해 차체의 측면 센터필러(B-Pillar), 리어필러(C-Pillar), 도어패널(Slide Door) 등 내측에 가속도센서가 설치되는데 이들 센서의 충격 데이터가 EDR에 기록된다. 데이터의 수치는 (-)와 (+) 값으로 표시된다. 보통 (-)값은 오른쪽에서 충격되어 차가 왼쪽으로 밀린 상태를 의미하고, (+)값은 왼쪽에서 충격되어 차가 오른쪽으로 밀린 상태를 나타낸다. 단, 사고차량에 측면 에어백이 설치되어 있지 않은 경우에는 측면충돌 데이터가 기록되지 않는다.

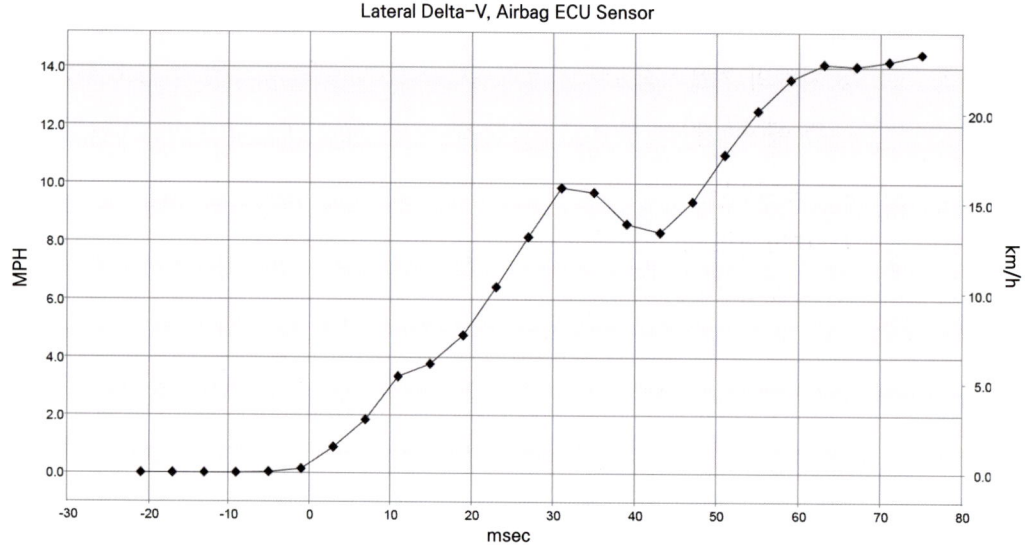

Time (msec)	Lateral Delta-V, Airbag ECU Sensor (MPH [km/h])	Lateral Delta-V, B-Pillar Sensor (MPH [km/h])	Lateral Delta-V, C-Pillar Sensor (MPH [km/h])
-21	0.0 [0.0]	0.0 [0.0]	0.0 [0.0]
-17	0.0 [0.0]	0.0 [0.0]	0.0 [0.0]
-13	0.0 [0.0]	0.0 [0.0]	0.0 [0.0]
-9	0.0 [0.0]	0.0 [0.0]	0.0 [0.0]
-5	0.0 [0.1]	0.0 [0.0]	0.0 [0.0]
-1	0.1 [0.2]	0.0 [0.0]	0.0 [0.0]
3	0.9 [1.5]	-0.1 [-0.2]	-0.1 [-0.1]
7	1.9 [3.0]	0.3 [0.4]	-0.3 [-0.4]
11	3.3 [5.4]	1.2 [1.9]	-0.2 [-0.3]
15	3.8 [6.1]	3.6 [5.8]	0.7 [1.1]
19	4.8 [7.7]	5.1 [8.3]	2.1 [3.4]
23	6.4 [10.3]	8.2 [13.2]	3.2 [5.1]
27	8.2 [13.1]	10.0 [16.1]	3.6 [5.8]
31	9.9 [15.9]	10.0 [16.1]	4.4 [7.0]
35	9.7 [15.6]	11.6 [18.6]	3.9 [6.3]
39	8.6 [13.8]	13.0 [20.9]	4.9 [7.9]
43	8.3 [13.4]	15.7 [25.2]	6.7 [10.8]
47	9.4 [15.1]	17.0 [27.3]	7.8 [12.6]
51	11.0 [17.7]	17.5 [28.1]	7.9 [12.7]
55	12.5 [20.1]	18.3 [29.4]	7.8 [12.6]
59	13.6 [21.9]	19.2 [30.8]	8.5 [13.7]
63	14.1 [22.7]	20.7 [33.3]	9.4 [15.2]
67	14.0 [22.6]	23.1 [37.3]	10.7 [17.2]
71	14.2 [22.8]	25.1 [40.4]	11.2 [18.1]
75	14.5 [23.3]	26.2 [42.2]	12.1 [19.4]

[fig. 1-20] EDR에 기록된 측면충돌 속도변화(Delta-V) 데이터. 샘플 데이터는 충격이 왼쪽에서 오른쪽으로 가해진 좌측면 충돌사고임.

(4) 전복사고 데이터(ROLLOVER EVENT DATA)

차량의 전복 등 차체의 기울어짐을 감지하는 롤오버(Rollover) 센서 값이 기록된 사고 데이터를 말한다. 보통 에어백제어모듈(ACM)에 내장된 센서에 의해 롤각(Roll Angle)이나 측면방향의 가속도가 출력된다. 데이터의 수치는 (−)와 (+) 값으로 표시된다.

(+)값은 차체가 시계방향으로 회전한 상태를, (−)값은 차체가 시계반대방향으로 회전한 상태를 나타낸다. 차량에 전복감지 시스템이 장착되지 않은 경우에는 기록되지 않는다.

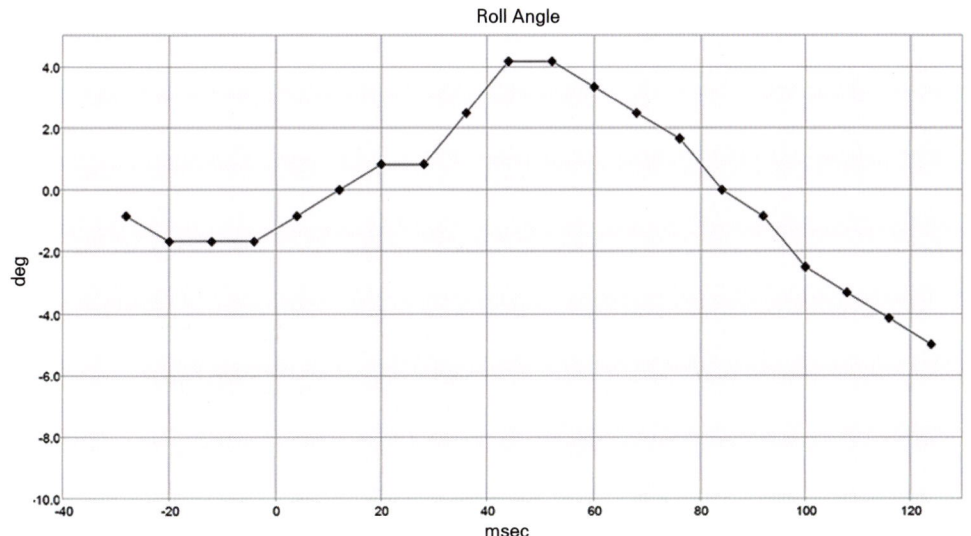

[fig. 1-21] EDR에 기록된 전복(rollover) 데이터.
샘플 데이터의 (+) 롤각은 차체가 시계방향으로 회전한 것을 나타냄.

04 에어백 전개 유무에 따른 구분

EDR 데이터는 충돌 당시 에어백의 전개 유무에 따라 전개 데이터(Deployment Data)와 미전개 데이터(Non-Deployment Data)로 구분된다.

(1) 에어백 전개 데이터(DEPLOYMENT DATA)

충돌 사고로 인해 에어백(Air Bag)이 전개되면서 기록된 데이터를 말한다. 이 데이터에는 충돌 전 데이터, 충돌 데이터(충돌펄스), 차량시스템 정보, 에어백 전개정보 등이 포함된다. 또한 에어백이 전개된 EDR 데이터는 이후 발생한 다른 사고로 인해 지워지거나 삭제되지 않는다.

Event Recording Complete	Yes
Event Record Type	Deployment
Crash Record Locked	Yes
OnStar Deployment Status Data Sent	Yes
OnStar SDM Recorded Vehicle Velocity Change Data Sent	Yes
Deployment Event Counter	1
Algorithm Enable Counter	1
OnStar Notification Event Counter	1
Algorithm Active: Rear	Yes
Algorithm Active: Rollover	No
Algorithm Active: Side	Yes
Algorithm Active: Frontal	Yes
Ignition Cycles At Event	190

[fig. 1-22] EDR의 에어백 전개(deployment) 데이터 구분

(2) 에어백 미전개 데이터(NON-DEPLOYMENT DATA)

에어백이 작동되지 않은 일정 조건의 저속 충돌에서 기록된 사고 데이터를 말한다. 이 데이터에는 충돌 전 데이터, 충돌 데이터(충돌펄스), 차량시스템 정보가 포함되고 에어백 전개 정보는 기록되지 않는다. 에어백이 미전개된 EDR 데이터는 이후 발생한 다른 사고로 인해 이전 데이터가 지워지면서 덮어쓰기(Overwrite) 될 수 있고, 시스템에 따라 일정 시간 경과 후에는 데이터가 지워질 수 있다.

CDR File Information

User Entered VIN	KLAGA692DEB012648
User	
Case Number	
EDR Data Imaging Date	08-18-2016
Crash Date	
Filename	KLAGA692DEB012648_ACM.CDRX
Saved on	Thursday, August 18 2016 at 13:36:41
Collected with CDR version	Crash Data Retrieval Tool 16.4
Reported with CDR version	Crash Data Retrieval Tool 16.4
EDR Device Type	Airbag Control Module
Event(s) recovered	Non-Deployment

[fig. 1-23] EDR의 에어백 미전개(non deployment) 데이터 구분

6 EDR 데이터의 방향 표시

　EDR에 기록되는 일부 데이터에는 (+) 또는 (−) 방향 표시가 되어 있는데, 일반적으로 적용되는 데이터의 방향 표시의 기준은 다음 **표1-2**와 같다. 길이방향(종방향) 속도변화(Delta-V)와 가속도(Acceleration)는 충격력이 차량의 진행방향일 때 (+)로 표시되고, 측면방향(횡방향) 속도변화와 가속도는 충격력이 좌측에서 우측으로 작용할 때 (+)로 표시된다. 즉 정면충돌하면서 차량이 감속되었을 경우에는 길이방향 속도변화가 (−) 값이 되고, 추돌된 차량이 전방으로 가속된 경우에는 길이방향 속도변화가 (+)로 표시된다. 차량이 시계방향(Clockwise Rotation)으로 회전하면서 전복(Rollover)된 경우에는 (+) 값으로 표시되고, 시계반대방향(Counter Clockwise Rotation)으로 전복된 경우에는 (−)로 표시된다. 운전자의 조향핸들과 관련해서는 시계방향으로 핸들을 돌렸을 경우에는 (−) 값으로 표시되고, 시계반대방향으로 조작하였을 경우에는 (+) 값으로 표시된다.

〈표 1-2〉 EDR 데이터의 방향 표시

EDR 데이터	+방향 (Positive Sign)
길이방향 속도변화(Longitudinal Delta-V)	차체 진행방향(Forward Direction)
측면방향 속도변화(Lateral Delta-V)	좌측에서 우측방향(Left To Right Direction)
길이방향 가속도(Longitudinal Acceleration)	차체 진행방향(Forward Direction)
측면방향 가속도(Lateral Acceleration)	좌측에서 우측방향(Left To Right Direction)
수직방향 가속도(Normal Acceleration)	위에서 아래로(Downward Direction)
전복 각도(Vehicle Roll Angle)	시계방향(Clockwise Rotation)
전복 측면 가속도(For Sensing A Rollover)	시계방향(Clockwise Rotation)
조향핸들 각도(Steering Input)	반대시계방향(Counter Clockwise Rotation)

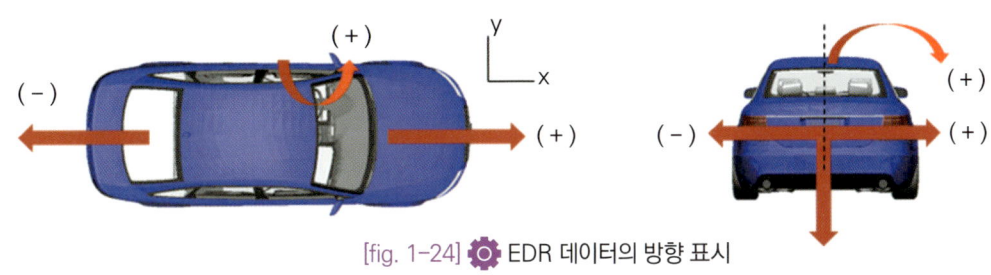

[fig. 1-24] EDR 데이터의 방향 표시

7 EDR 관련 용어의 정의

01 사고(EVENT)

사고란 차량의 에어백 작동 또는 일정 조건의 물리적인 충돌로 인해 EDR에 사고 데이터가 기록·저장되는 상태를 말한다. 예를 들어 충돌사고로 인해 에어백이 전개된 경우, 안전벨트 프리텐셔너가 작동된 경우, 충돌시 150ms 이내에 길이방향 또는 측면방향 속도변화(Delta-V)가 8km/h 이상인 경우에는 사고로 판단한다.

02 다중충돌사고(MULTI EVENT CRASH)

5초 이내에 일정 조건 이상의 이벤트 또는 충돌사고가 2회 이상 발생한 것을 말한다. EDR에는 다중충돌 사고의 횟수 및 시간 간격이 기록된다.

03 사고기록 기준 시점(TIME ZERO)

EDR이 사고 정보를 기록하는 기준 시점, 즉 "0"초를 말한다. EDR에 기록되는 정보는 time zero를 기준으로 기록간격이나 시간 간격이 표시된다. Time Zero는 다음 각 항목 중 먼저 발생된 정보를 기준으로 하여 시점을 정한다.

(1) 에어백 제어 프로그램의 작동 시점

에어백 제어기의 충돌감지 알고리즘 작동기능(Wake-Up)이 작동된 경우에는 사고의 기준시점이 될 수 있다. 단, 작동기능이 있는 경우에 한한다.

(2) 일정 조건의 충돌 발생 시점

위 (1)항의 기능이 없는 경우 충돌시 진행방향 속도변화 누계가 0.02초 이내에 0.8km/h 또는 측면방향 속도변화 누계가 0.005초[1] 이내에 0.8km/h 이상에 도달하는 경우에는 사고

---

[1] 국내 법규에서는 0.02초 이내에 측면방향 속도변화 누계가 0.8km/h 이상에 도달할 때 이벤트의 기준시점으로 정한다고 규정하고 있으나 미국의 49CFR PART563 규정에는 0.005초 이내에 측면방향 속도변화 누계가 0.8km/h 이상에 도달할 때 이벤트의 기준시점으로 정한다고 규정하고 있다.

의 기준시점이 될 수 있다.

(3) 에어백 또는 프리텐셔너 작동 시점

차량의 에어백 또는 시트벨트 프리텐셔너와 같은 비가역적 안전장치가 작동된 경우에는 사고의 기준시점이 될 수 있다.

04 길이방향 속도변화(LONGITUDINAL DELTA-V)

충돌시 EDR에 기록된 차체 진행방향의 속도변화 누계를 말한다. 보통 사고의 기준시점(time zero)으로부터 0.25초까지 0.01초(10ms) 간격으로 데이터가 기록된다.

05 길이방향 가속도(LONGITUDINAL ACCELERATION)

충돌시 EDR에 기록된 차체 진행방향의 가속도를 말한다. 보통 사고의 기준시점(Time Zero)으로부터 0.25초까지 0.01초 간격으로 데이터가 기록된다.

06 측면방향 속도변화(LATERAL DELTA-V)

충돌시 EDR에 기록된 차체 측면방향의 속도변화 누계를 말한다. 보통 사고의 기준시점(Time Zero)으로부터 0.25초까지 0.01초 간격으로 데이터가 기록된다.

07 측면방향 가속도(LATERAL ACCELERATION)

충돌시 EDR에 기록된 차체 측면방향의 가속도를 말한다. 보통 사고의 기준시점(Time Zero)으로부터 0.25초까지 0.01초 간격으로 데이터가 기록된다.

08 차량속도(VEHICLE SPEED)

차량의 바퀴(Wheel)가 단위시간 동안에 이동한 주행속도를 말한다. 보통 사고의 기준시점(Time Zero)으로부터 충돌 전 5초(-5초)까지의 속도 정보가 0.5초 간격(초당 2회)으로 기록된다. 속도의 정확도는 타이어의 구름반경, 휠의 고정(Lock)이나 슬립(Slip), 감속비의 변화 등에 의해 영향을 받을 수 있다.

09 엔진회전수(ENGINE RPM)

차량 엔진의 회전속도를 말한다. 엔진 내부의 크랭크축(Crank Shaft)이 1분 동안 회전하는 횟수로 측정된다. 보통 사고의 기준시점(Time Zero)으로부터 충돌 전 5초(-5초)까지의 엔진회전수 정보가 0.5초 간격(초당 2회)으로 기록된다.

10 엔진스로틀(ENGINE THROTTLE) 변위

차량의 가솔린 엔진에서 공기 유입량을 조절하여 출력을 제어하는 장치를 말한다. 스로틀 밸브는 가속페달과 연동되어 제어되며, 센서를 통해 스로틀밸브의 열림량을 감지한다. EDR은 사고의 기준시점(Time Zero)으로부터 충돌 전 5초(-5초)까지의 스로틀밸브 열림량을 0.5초 간격(초당 2회)으로 기록한다. 밸브의 열림량은 출력전압(V) 또는 %(Percent)로 표시된다.

11 가속페달(accelerator pedal) 변위

차량 실내 운전석 하단에 설치된 가속페달의 변위를 말한다. EDR은 사고의 기준시점(Time Zero)으로부터 충돌 전 5초(-5초)까지의 가속페달 변위를 0.5초 간격(초당 2회)으로 기록한다. 가속페달 변위는 출력전압(V) 또는 %(Percent)로 표시된다.

12 브레이크 스위치 작동 상태(BRAKE SWITCH ON/OFF)

차량 실내 운전석 하단에 설치된 브레이크 페달의 작동 상태를 말한다. 브레이크 페달의 상단에 on/off 스위치가 부착되어 있어 운전자가 브레이크 페달을 밟으면(On) 제동등화가 점등된다. EDR은 사고의 기준시점(Time Zero)으로부터 충돌 전 5초(-5초)까지의 제동페달 on/off 상태를 0.5초 간격(초당 2회)으로 기록한다.

13 조향핸들 각도(STEERING ANGLE)

차량 실내 운전석 조향핸들의 각도를 말한다. EDR은 사고의 기준시점(Time Zero)으로부터 충돌 전 5초(-5초)까지의 조향핸들 각도를 0.5초 간격(초당 2회)으로 기록한다. 단, 조향핸들의 조작 상태를 감지하는 센서가 부착된 경우에만 기록이 가능하다.

14 시동횟수(IGNITION CYCLE)

엔진 시동장치를 작동시킨 누적 횟수를 말한다. 차량의 시동 키(Key)를 스타트시켜 엔진을 작동시킬 때마다 1회의 횟수가 증가한다. EDR에서는 이벤트가 발생한 사고시점의 누적 시동횟수(Ignition Cycle_crash)와 EDR 데이터를 추출한 시점의 누적 시동횟수(Ignition Cycle_download)가 기록된다.

15 롤오버(ROLLOVER)

차량이 횡방향으로 기울어져 전도되거나 전복되는 운동을 말한다. 무게중심 높이가 상대적으로 높은 SUV 또는 RV형 차량의 경우에는 전복위험을 감지하여 측면 또는 커튼 에어백을 작동시키는 구조가 있다. 전복감지 센서가 장착된 경우 EDR에는 롤각도(Roll Angle) 및 횡방향 가속도가 기록된다.

16 ABS(ANTI LOCK BRAKE SYSTEM)

제동시 차량의 바퀴(Wheel)가 잠기지 않도록 하여 회피 조향을 가능하게 하고, 최적의 조건에서 제동력을 발휘할 수 있도록 제어하는 전자제어 브레이크 시스템을 말한다. EDR에는 선택 기록사항으로 충돌 전 -5초에서 0초까지의 ABS 작동(활성화) 여부가 초당 2회씩 기록된다.

17 ESP & ESC(ELECTRONIC STABILITY PROGRAM OR ELECTRONIC STABILITY CONTROL)

차량의 제동이나 가속, 회전, 미끄러짐 등을 감지하여 차가 안정된 자세로 주행할 수 있도록 제어하는 전자제어 주행안전장치를 말한다. EDR에는 선택 기록사항으로 충돌 전 -5초에서 0초까지의 ESC 작동(활성화) 여부가 초당 2회씩 기록된다.

18 에어백 작동시간(DEPLOYMENT TIME, AIR BAG)

이벤트 시점인 0초에서 에어백의 전개 명령 시점까지의 경과 시간을 말한다. EDR에는 운전석 전방 에어백 작동시간, 동승석 전방 에어백 작동시간, 운전석 측면 에어백 작동시간, 동승석 측면 에어백 작동시간, 커튼 에어백 작동시간 등이 기록된다. 다단 에어백의 경우에는 각 단계별 작동시간이 기록된다.

19 에어백 경고등 상태(AIR BAG WARNING LAMP STATUS)

이벤트 시점 또는 이벤트 직전에 에어백 시스템의 고장 경고등이 켜져 있는지 또는 꺼져 있는지를 알 수 있는 상태 정보를 말한다.

20 프리텐셔너(PRE-TENSIONER) 작동시간

이벤트 시점 0초에서 시트벨트 프리텐셔너가 작동된 시점까지의 경과 시간을 말한다. EDR에는 선택 기록사항으로 운전석 및 동승석 프리텐셔너 작동 시간이 기록된다.

21 캡처(CAPTURE)

캡처란 정기적인 시간 간격으로 업데이트되는 EDR 데이터를 일시적인 휘발성 저장 매체에 버퍼링(Buffering)하는 프로세스를 말한다.

22 사고의 종료(END OF EVENT TIME)

이벤트 시간의 종료란 20ms 시간 내에 속도변화가 0.8 km/h 이하가 되는 순간, 또는 에어백 제어모듈의 충돌 감지 알고리즘이 리셋(Reset)되는 순간을 의미한다.

23 비휘발성 메모리(NON-VOLATILE MEMORY)

비휘발성 메모리란 EDR에 기록된 데이터를 반영구적으로 유지하기 위해 적용된 메모리를 말한다. 비휘발성 메모리는 전력 손실 이후에도 기록된 데이터가 보존되고, 데이터 추출 도구에 의해 검색될 수 있다.

24 휘발성 메모리(VOLATILE MEMORY)

휘발성 메모리는 캡처된 EDR 데이터를 버퍼링하기 위해 적용된 메모리를 말한다. 이 메모리는 반영구적인 방식으로 데이터를 보유할 수 없다. 데이터 캡처에 의해 휘발성 메모리에 기록된 EDR 데이터는 지속적으로 덮어쓰기 된다.

25 수직방향 가속도(NORMAL ACCELERATION)

수직방향 가속도는 z 방향으로 작용하는 벡터 가속도의 구성 요소를 말한다.

26 탑승자 위치 분류(OCCUPANT POSITION CLASSIFICATION)

탑승자 위치 분류란, 전방 탑승자(운전자 및 동승석)의 착석 자세가 위치 이탈로 판단되는 것에 대한 분류를 말한다.

27 탑승자 크기 분류(OCCUPANT SIZE CLASSIFICATION)

탑승자 크기 분류란 동승석 탑승자의 경우에는 어린이 또는 성인으로, 운전석의 경우에는 5% 여성 또는 그 이상의 성인으로 판단되는 분류를 말한다.

28 트리거 임계값(TRIGGER THRESHOLD)

트리거 임계값이란 충돌 사고에서 EDR 시스템이 작동하는 조건 또는 신호를 말한다. 국내 및 미국 규정을 참고할 때 EDR이 작동하는 트리거 임계 조건은 150ms 시간 간격 이내에 누적 속도변화가 8km/h 이상인 경우다.

29 차량 롤각(VEHICLE ROLL ANGLE)

차량 롤각은 차량의 y축과 지면 사이의 각도를 말한다.

30 X 방향

X방향은 차량의 길이방향 중심선과 평행한 방향을 의미한다. 차량의 앞뒤 방향으로 연결된 축이 X방향이다. 차량 전방으로 향하는 방향을 (+)로 표시한다. X축을 중심으로 차량이 좌우로 회전운동하는 것을 롤링(Rolling)이라고 한다.

31 Y 방향

Y 방향은 차량의 좌우방향(측면방향)으로 연결된 축을 말한다. 왼쪽에서 오른쪽으로 향하는 방향을 (+)로 표시한다. Y축을 중심으로 차량이 앞뒤로 회전하는 운동을 피칭(Pitching)이라고 한다.

32 Z 방향

Z방향은 X축 및 Y축에 수직인 방향, 즉 차량의 상하방향으로 연결된 축을 말한다. 위에서 아래로 작용하는 방향을 (+)로 표시한다. Z축을 중심으로 차량이 선회운동하는 것을 요잉(Yawing)이라고 한다.

33 CDR(CRASH DATA RETRIEVAL)

에어백 제어모듈(ACM) 등에 저장된 EDR 데이터를 진단하고 추출하는 장치를 말한다.

34 OBD(ON BOARD DIAGNOSIS)

차량의 엔진 등 제어시스템을 감시하고 진단하는 장치를 말한다. 시스템에 고장이 발생하면 고장내역을 Ecu에 저장하고 운전자에게 고장 메시지를 전달한다. 표준화된 인터페이스(Interface)와 진단커넥터(16pin)를 이용하여 시스템 상태를 진단할 수 있으며, OBD 시스템을 통해 EDR 데이터를 검색할 수 있다.

CHAPTER 2

국내·외 EDR 법규 동향

CHAPTER 2

국내·외 EDR 법규 동향

1 국내 사고기록장치(EDR) 법규 동향

01 법규 제정 및 시행

- 2012년 12월 자동차관리법에 사고기록장치(EDR) 관련 규정 신설
- 2013년 12월 사고기록장치 정보제공방법 등에 관한 자동차관리법 규정 신설
- 2014년 02월 사고기록장치의 장착기준 등에 관한 행정 규칙 신설
- 2015년 12월 사고기록장치 관련 법령 시행

02 EDR 장착 및 적용대상 차량

EDR 장착은 의무사항이 아니다. 자동차 제작자 등이 차량에 EDR을 설치할 경우에만 법규상의 장착기준에 따라 운행정보 및 충돌정보 등을 기록해야 한다고 규정하고 있다. EDR의 장착기준 적용대상 차량은 승용자동차와 차량 총중량 3.85톤 이하의 승합자동차 및 화물자동차이다. [자동차관리법 제29조의3, 자동차 및 자동차부품의 성능과 기준에 관한 규칙 제56조의2 참조]

03 EDR의 장착 안내

EDR이 장착된 자동차의 제작·판매자 등은 EDR이 장착되어 있음을 구매자(소비자)에게

알려야 하며, 이와 같은 장착 사실 안내를 위해 법에서 정한 사고기록장치 세부 안내문을 구매자에게 교부해야 한다. [자동차관리법 제29조의3 및 동 시행규칙 제30조의2 참조]

〈표 2-1〉 사고기록장치(EDR) 세부 안내문

> 이 자동차에는 사고기록장치가 장착되어 있습니다. 사고기록장치는 자동차의 충돌 등 사고 전후 일정시간 동안 자동차의 운행 정보(주행속도, 제동페달, 가속페달 등의 작동 여부)를 저장하고, 저장된 정보를 확인할 수 있는 기능을 하는 장치를 말합니다. 사고기록정보는 사고 상황을 좀 더 잘 이해하는데 도움이 됩니다.

04 EDR의 정보제공 방법

EDR이 장착된 자동차의 제작·판매자 등은 EDR이 장착되어 있음을 구매자(소비자)에게 알려야 하며, 이와 같은 차량에 EDR을 장착한 자동차제작·판매자 등은 자동차 소유자, 소유자의 배우자·직계존속(직계비속)[1], 사고 자동차의 운전자, 운전자의 배우자·직계존속(직계비속), 국토교통부장관, 성능시험대행자 등이 EDR 기록내용을 요구하는 경우 기록정보를 의무적으로 제공해야 한다. 나아가 기록정보의 제공을 요구받은 자동차 제작자 등은 15일 이내에 EDR 기록내용을 직접 교부하거나 우편으로 송달하도록 규정하고 있다. [자동차관리법 제30조의2 참조]

05 EDR의 사고기록 작동 조건

차량의 에어백 또는 안전벨트 프리로딩 장치가 전개되는 경우에는 EDR에 사고정보가 저장되어야 한다. 또한 에어백이 작동하지 않은 경우에도 0.15초 이내에 진행방향 또는 측면방향의 속도변화 누계가 8km/h 이상인 경우에는 사고기록이 저장되어야 한다. [자동차 및 자동차부품의 성능과 기준에 관한 규칙 제56조의2 참조]

06 EDR에 기록되는 운행정보

사고기록장치(EDR)에 기록되는 운행정보는 다음 **표2-2** 및 **표2-3**과 같이 반드시 기록되어야 하는 필수 운행정보 15개 항목과 선택적으로 추가 기록할 수 있는 30개 데이터 항목이 있다.

---

1) 직계존속이란 본인을 중심으로 위의 계열에 있는 직계 친족을 말한다. 증조부모, 조부모, 부모 등이 해당된다. 직계비속이란 본인을 중심으로 아래 계열에 있는 직계 친족을 말한다. 자녀, 손자녀 등이 해당된다.

(1) EDR에 기록되어야 할 필수 운행정보

진행방향 속도변화 누계, 차량속도, 엔진스로틀 또는 가속페달 변위량, 제동페달 작동상태 등 15개 데이터 항목은 규정에서 정한 방법에 따라 필수적으로 기록되어야 한다. 또한 다중사고가 발생하였을 때 필수 데이터 항목에 대한 운행정보는 적어도 2회 이상 기록되어야 한다. [자동차 및 자동차부품의 성능과 기준에 관한 규칙 제56조의2 참조]

(2) EDR에 기록될 수 있는 추가 운행정보

필수 운행정보 15개 항목 이외에 측면방향 속도변화 누계, 엔진회전수(Rpm), 자동차 전복각도, 조향핸들 각도 등과 같은 30개 데이터 항목에 대하여는 추가적으로 데이터를 기록할 수 있다. 다만, 운행정보를 추가 기록할 때에는 규정에서 정한 기록방법에 적합하여야 한다. [자동차 및 자동차부품의 성능과 기준에 관한 규칙 제56조의2 참조]

〈표 2-2〉 국내 사고기록장치(EDR) 필수 데이터 요소

순번	기록항목	기록 시간	초당 기록횟수
1	진행방향 속도변화 누계	0~250ms	100
2	진행방향 최대 속도변화값	0~250ms	해당없음
3	최대 속도변화값 시간	0~250ms	
4	자동차 속도	-5.0~0 s	2
5	스로틀밸브/가속페달 변위	-5.0~0 s	2
6	제동페달 작동 여부	-5.0~0 s	2
7	시동장치의 원동기 작동위치 누적 횟수	-1.0 s	해당없음
8	정보추출시 시동장치의 원동기 작동 누적 횟수	At time	
9	운전석 좌석안전띠 착용 여부	-1.0 s	
10	정면 에어백 경고등 점등 여부	-1.0 s	
11	운전석 정면 에어백 전개 시간	Event	
12	동승석 정면 에어백 전개 시간	Event	
13	다중사고 횟수	Event	
14	다중사고 간격	Event	
15	각 항목의 정상 기록완료 여부	Yes, No	

<표 2-3> 국내 사고기록장치(EDR) 선택적 추가 데이터 요소

순번	기록 항목	기록 시간	초당 기록횟수
1	측면방향 속도변화 누계	0~250ms	100
2	측면방향속도 최대변화값	0~300ms	해당없음
3	측면방향속도 최대변화값 시간	0~300ms	
4	합성속도 최대변화값 시간	0~300ms	
5	자동차 전복경사각도	-1.0~1.0 s	10
6	엔진 회전수(RPM)	-5.0~0.0 s	2
7	제동장치(ABS) 작동 여부	-5.0~0.0 s	
8	안정성제어장치(ESC) 작동 여부	-5.0~0.0 s	
9	조향핸들 각도	-5.0~0.0 s	
10	동승석 좌석안전띠 착용 여부	-1.0 sec	
11	동승석 정면에어백 작동상태	-1.0 sec	
12	운전석 다단 에어백의 2단계부터 단계별 전개시간	Event	
13	동승석 다단 에어백의 2단계부터 단계별 전개시간	Event	
14	운전석 다단 에어백의 2단계부터 단계별 추진체 강제처리 여부	Event	
15	동승석 다단 에어백의 2단계부터 단계별 추진체 강제처리 여부	Event	
16	운전석 측면 에어백 전개 시간	Event	
17	동승석 측면 에어백 전개 시간	Event	해당없음
18	운전석 커튼 에어백 전개 시간	Event	
19	동승석 커튼 에어백 전개 시간	Event	
20	운전석 좌석안전띠 프리로딩장치 전개 시간	Event	
21	동승석 좌석안전띠 프리로딩장치 전개 시간	Event	
22	운전석좌석 최전방 위치이동 스위치 작동 여부	-1.0 sec	
23	동승석좌석 최전방 위치이동 스위치 작동 여부	-1.0 sec	
24	운전석 승객 크기 유형	-1.0 sec	
25	동승석 승객 크기 유형	-1.0 sec	
26	운전자 정위치 착석 여부	-1.0 sec	
27	동승석 정위치 착석 여부	-1.0 sec	
28	측면방향 가속도	0~250ms	
29	진행방향 가속도	0~250ms	
30	수직방향 가속도	0~250ms	

2 미국 사고기록장치(EDR) 법규 동향

미국에서는 이미 2006년 8월에 EDR 데이터의 수집, 저장, 데이터 표준 등과 관련된 규정(NHTSA, 49CFR-Part563)을 제정하여 2012월 9월부터 단계적으로 시행하고 있다. 국내 기준과 마찬가지로 Part563에서 EDR 설치는 의무사항이 아니며 EDR이 설치된 차량의 경우에는 법령에서 정한 기술적 사항에 따라 EDR 데이터를 기록 및 저장하고, 추출할 수 있도록 요구하고 있다.

01 연혁

- 1994년 GM(General Motors) 사고정보가 기록된 에어백감지시스템(SDM) 적용
- 1997년 NTSB(교통안전위원회) EDR을 이용한 충돌정보 수집 권고안 발표
- 1999년 11월 NTSB 스쿨버스, 트럭 등 EDR 의무 장착 권고
- 2006년 08월 EDR 관련 법령 제정(NHTSA, 49CFR-Part563)
- 2012년 09월 EDR 설치 권고 및 데이터 표준안 시행

02 49CFR-Part563 주요 내용

미국의 EDR 규정은 적용차량, 작동조건, 기록되는 운행정보 등의 내용이 전체적으로 국내 기준과 일치한다. 국내기준과 마찬가지로 진행방향 속도변화 누계, 차량속도, 엔진스로틀 또는 가속페달 변위량, 제동페달 작동상태 등 15개 항목은 필수 데이터로 지정되어 있고, 선택적으로 30개의 데이터 항목을 추가 기록할 수 있도록 하고 있다. 다만 국내 기준과 달리 미국에서는 EDR 데이터에 대한 정밀도(Accuracy)와 해상도(Resolution)를 구체적으로 설정해 놓아 신뢰도를 확보할 수 있도록 하고 있다.

또한 기록 및 저장된 EDR 데이터가 자동차 안전기준에서 정한 충돌조건(48km/h 장벽충돌)에서도 완전한 보존될 수 있도록 요구하고 있다.

(1) EDR 적용차량

적용대상 차량은 2012년 9월 1일 이후에 제조된 무게 3,885kg(8,500pounds) 이하인 승용차, 다목적 승용차, 트럭, 버스 등이다.

(2) EDR 작동조건

차량의 비가역 안전장치(에어백 또는 안전벨트 프리텐셔너)가 전개된 경우 또는 충돌시 트리거 임계값(Trigger Threshold)을 초과한 경우에 작동된다. 트리거 임계값은 0.15초 이내에 길이방향 또는 측면방향의 속도변화 누계가 8km/h 이상인 경우를 말한다.

(3) EDR 데이터 기록 및 저장

에어백이 전개되어 기록된 EDR 데이터는 다른 이벤트로 덮어 쓰지 않아야 하고, 겹쳐 쓰기를 방지할 수 있는 잠금 구조이어야 한다. 에어백이 전개되지 않은 상태에서 기록된 EDR 데이터는 이전 데이터를 덮어쓰기 할 수 있고, 비휘발성 메모리의 버퍼 공간이 없는 경우에는 현재의 EDR 데이터가 기록되어야 한다.

(4) EDR 데이터의 검색

EDR이 장착된 자동차의 각 제조업체는 저장된 EDR 데이터를 진단하고 검색할 수 있는 상업적인 검색 도구(Tool) 또는 수단을 확보해야 한다. 검색 도구는 EDR이 장착된 자동차를 처음 판매한 후 90일 이내에 상업적으로 구입할 수 있어야 한다.

(5) EDR 데이터의 요소

EDR에 요구되는 필수 데이터는 진행방향 속도변화 누계, 차량속도, 엔진스로틀 또는 가속페달 변위량, 제동페달 작동상태, 안전벨트 착용상태(운전석), 에어백경고등 상태, 에어백 전개시간 등 15개 요소다. 그 외 특정 조건하에서 측면방향 속도변화 누계, 길이방향 또는 측면방향 가속도, 엔진회전수, 조향핸들 각도, 전복경사각도 등 30개의 데이터를 추가 기록할 수 있다. Part-563에서 규정한 EDR의 필수 및 선택 데이터 요소는 다음 **표2-4** 및 **표 2-5**와 같다.

⟨표 2-4⟩ 미국의 49CFR part563에 규정된 EDR의 필수 데이터 요소

Data element	Recording interval/time [1] (relative to time zero)	Data sample rate (samples per second)
Delta-V, longitudinal	0 to 250 ms or 0 to End of Event Time plus 30 ms, whichever is shorter.	1
Maximum delta-V, longitudinal	0–300 ms or 0 to End of Event Time plus 30 ms, whichever is shorter.	N
Time, maximum delta-V	0–300 ms or 0 to End of Event Time plus 30 ms, whichever is shorter.	N
Speed, vehicle indicated	−5.0 to 0 sec	
Engine throttle, % full (or accelerator pedal, % full)	−5.0 to 0 sec	
Service brake, on/off	−5.0 to 0 sec	
Ignition cycle, crash	−1.0 sec	N
Ignition cycle, download	At time of download [3]	N
Safety belt status, driver	−1.0 sec	N
Frontal air bag warning lamp, on/off [2]	−1.0 sec	N
Frontal air bag deployment, time to deploy, in the case of a single stage air bag, or time to first stage deployment, in the case of a multi-stage air bag, driver.	Event	N
Frontal air bag deployment, time to deploy, in the case of a single stage air bag, or time to first stage deployment, in the case of a multi-stage air bag, right front passenger.	Event	N
Multi-event, number of event	Event	N
Time from event 1 to 2	As needed	N
Complete file recorded (yes, no)	Following other data	N

<표 2-5> 미국의 49CFR part563에 규정된 EDR의 선택 추가 데이터 요소

Data element name	Condition for requirement	Recording interval/time [1] (relative to time zero)	Data sample rate (per second)
Lateral acceleration	If recorded [2]	N/A	N/A
Longitudinal acceleration	If recorded	N/A	N/A
Normal acceleration	If recorded	N/A	N/A
Delta-V, lateral	If recorded	0–250 ms or 0 to End of Event Time plus 30 ms, whichever is shorter.	100
Maximum delta-V, lateral	If recorded	0–300 ms or 0 to End of Event Time plus 30 ms, whichever is shorter.	N/A
Time maximum delta-V, lateral	If recorded	0–300 ms or 0 to End of Event Time plus 30 ms, whichever is shorter.	N/A
Time for maximum delta-V, resultant	If recorded	0–300 ms or 0 to End of Event Time plus 30 ms, whichever is shorter.	N/A
Engine rpm	If recorded	−5.0 to 0 sec	2
Vehicle roll angle	If recorded	−1.0 up to 5.0 sec [3]	10
ABS activity (engaged, non-engaged)	If recorded	−5.0 to 0 sec	2
Stability control (on, off, or engaged)	If recorded	−5.0 to 0 sec	2
Steering input	If recorded	−5.0 to 0 sec	2
Safety belt status, right front passenger (buckled, not buckled).	If recorded	−1.0 sec	N/A
Frontal air bag suppression switch status, right front passenger (on, off, or auto).	If recorded	−1.0 sec	N/A
Frontal air bag deployment, time to nth stage, driver [4].	If equipped with a driver's frontal air bag with a multi-stage inflator.	Event	N/A
Frontal air bag deployment, time to nth stage, right front passenger [4].	If equipped with a right front passenger's frontal air bag with a multi-stage inflator.	Event	N/A
Frontal air bag deployment, nth stage disposal, driver, Y/N (whether the nth stage deployment was for occupant restraint or propellant disposal purposes).	If recorded	Event	N/A
Frontal air bag deployment, nth stage disposal, right front passenger, Y/N (whether the nth stage deployment was for occupant restraint or propellant disposal purposes).	If recorded	Event	N/A
Side air bag deployment, time to deploy, driver.	If recorded	Event	N/A
Side air bag deployment, time to deploy, right front passenger.	If recorded	Event	N/A
Side curtain/tube air bag deployment, time to deploy, driver side.	If recorded	Event	N/A
Side curtain/tube air bag deployment, time to deploy, right side.	If recorded	Event	N/A
Pretensioner deployment, time to fire, driver.	If recorded	Event	N/A
Pretensioner deployment, time to fire, right front passenger.	If recorded	Event	N/A
Seat track position switch, foremost, status, driver.	If recorded	−1.0 sec	N/A
Seat track position switch, foremost, status, right front passenger.	If recorded	−1.0 sec	N/A
Occupant size classification, driver	If recorded	−1.0 sec	N/A
Occupant size classification, right front passenger.	If recorded	−1.0 sec	N/A
Occupant position classification, driver	If recorded	−1.0 sec	N/A
Occupant position classification, right front passenger.	If recorded	−1.0 sec	N/A

(6) EDR 데이터의 형식

Part-563에 규정된 EDR 데이터의 측정 범위, 정밀도, 해상도의 기준은 다음 **표2-6**과 같다. 기준에 의하면 길이방향 속도변화 누계의 기록 범위는 -100km/h~+100km/h, 정밀도(Accuracy)는 ±10%, 해상도(Resolution)는 1km/h이고, 차량속도의 측정 범위는 0~200km/h, 정밀도는 ±1km/h, 해상도는 1km/h이다. 해상도란 데이터를 기록하는 최소 기록간격을 말한다. 예들 들어 차량속도가 35.7km/h로 측정되었을 때 해상도가 1km/h인 EDR 데이터에서는 35km/h로 표시하게 된다.

Data element
Lateral acceleration ....
Longitudinal acceleration ....
Normal Acceleration ....
Longitudinal delta-V ....
Lateral delta-V
Maximum delta-V, longitudinal ....
Maximum delta-V, lateral ....
Time, maximum delta-V, longitudinal ......
Time, maximum delta-V, lateral ....
Time, maximum delta-V, resultant ....
Vehicle Roll Angle ....
Speed, vehicle indicated ....
Engine throttle, percent full (accelerator pedal percent full).
Engine rpm
Service brake ....
ABS activity ....
Stability control ....
Steering input
Ignition cycle, crash ....
Ignition cycle, download ....
Safety belt status, driver ....
Safety belt status, right front passenger ....
Frontal air bag warning lamp ....
Frontal air bag suppression switch status, right front passenger.
Frontal air bag deployment, time to deploy/first stage, driver.
Frontal air bag deployment, time to deploy/first stage, right front passenger.
Frontal air bag deployment, time to nth stage, driver.
Frontal air bag deployment, time to nth stage, right front passenger.
Frontal air bag deployment, nth stage disposal, driver.
Frontal air bag deployment, nth stage disposal, right front passenger.
Side air bag deployment, time to deploy, driver.
Side air bag deployment, time to deploy, right front passenger.
Side curtain/tube air bag deployment, time to deploy, driver side.
Side curtain/tube air bag deployment, time to deploy, right side.
Pretensioner deployment, time to fire, driver ...
Pretensioner deployment, time to fire, right front passenger.
Seat track position switch, foremost, status, driver.
Seat track position switch, foremost, status, right front passenger.
Occupant size classification, driver ....
Occupant size classification, right front passenger.
Occupant position classification, driver ....
Occupant position classification, right front passenger.
Multi-event, number of event ....
Time from event 1 to 2 ....
Complete file recorded ....

〈표 2-6〉 미국의 49CFR Part563에 규정된 EDR 데이터의 정밀도 및 해상도 기준

Minimum range	Accuracy [1]	Resolution
At option of manufacturer	At option of manufacturer.	At option of manufacturer.
At option of manufacturer	At option of manufacturer.	At option of manufacturer.
At option of manufacturer	At option of manufacturer.	At option of manufacturer.
− 100 km/h to + 100 km/h	+/− 10%	1 km/h.
− 100 km/h to + 100 km/h	+/− 10%	1 km/h.
− 100 km/h to + 100 km/h	+/− 10%	1 km/h.
− 100 km/h to + 100 km/h	+/− 10%	1 km/h.
0–300 ms, or 0—End of Event Time plus 30 ms, whichever is shorter.	+/− 3 ms	2.5 ms.
0–300 ms, or 0—End of Event Time plus 30 ms, whichever is shorter.	+/− 3 ms	2.5 ms.
0–300 ms, or 0—End of Event Time plus 30 ms, whichever is shorter.	+/− 3 ms	2.5 ms.
− 1080 deg to + 1080 deg	+/− 10%	10 deg.
0 km/h to 200 km/h	+/− 1 km/h	1 km/h.
0 to 100%	+/− 5%	1%.
0 to 10,000 rpm	+/− 100 rpm	100 rpm.
On or Off	N/A	On or Off.
On or Off	N/A	On or Off.
On, Off, or Engaged	N/A	On, Off, or Engaged.
− 250 deg CW to + 250 deg CCW	+/− 5%	+/− 1%
0 to 60,000	+/− 1 cycle	1 cycle.
0 to 60,000	+/− 1 cycle	1 cycle.
On or Off	N/A	On or Off.
On or Off	N/A	On or Off.
On or Off	N/A	On or Off.
On, Off, or Auto	N/A	On, Off, or Auto.
0 to 250 ms	+/− 2 ms	1 ms.
0 to 250 ms	+/− 2 ms	1 ms.
0 to 250 ms	+/− 2 ms	1 ms.
Yes or No	N/A	Yes or No.
Yes or No	N/A	Yes or No.
0 to 250 ms	+/− 2 ms	1 ms.
0 to 250 ms	+/− 2 ms	1 ms.
0 to 250 ms	+/− 2 ms	1 ms.
0 to 250 ms	+/− 2 ms	1 ms.
0 to 250 ms	+/− 2 ms	1 ms.
Yes or No	N/A	Yes or No.
Yes or No	N/A	Yes or No.
5th percentile female or larger	N/A	Yes or No.
Child	N/A	Yes or No.
Out of position	N/A	Yes or No.
Out of position	N/A	Yes or No.
1 or 2	N/A	1 or 2.
0 to 5.0 sec	0.1 sec	0.1 sec.
Yes or No	N/A	Yes or No.

3 유럽 사고기록장치(EDR) 법규 동향

유럽(Europe)은 2006년 및 2009년, 자동차에 EDR을 도입하기 위한 법적, 기술적 사항을 연구한 베로니카(Veronica) 프로젝트의 연구 보고서[1]를 발표했다. 이 보고서에는 데이터를 검색하는 절차와 도구의 표준화, 데이터의 정의, 데이터의 형식과 표준, 수집된 데이터의 사용 등 EDR 도입에 필요한 다양한 사항을 제시하고, 실무 그룹에서 기술 규격을 준비할 것을 권고했다.

이후 2014년 유럽집행위원회(EC : European Commission)는 EDR 설치가 도로 안전을 향상시킬 수 있는지, EU 입법의 채택과 관련된 비용을 정당화 할 수 있는지 여부 등 EDR의 비용 및 편익(benefits)에 대한 연구를 영국의 교통연구소(TRL, Transport Research Laboratory)에 의뢰하여 전체적으로 EDR 도입에 대한 긍정적인 반응과 이점이 있다는 연구 결과를 제시하였다.[2] 비용 측면에서도 대부분의 승용차와 경상용차(Light Commercial Vehicles)의 경우에는 이미 미국의 49CFR Part 563에 정의된 최소 사양을 만족시키고 있어 최소 비용으로 도입이 가능하다는 의견을 제시하였다.

또한 유럽집행위원회(EC)는 2016년 12월 EU 자동차의 안전성 강화를 위한 최종 정책방향을 보고[3] 했다. 이 보고에 의하면 향후 자동차 안전 규정을 검토할 때 EDR을 단계적으로 도입하고, 특정 차량에서는 의무 장착할 것을 제안했다. 제안된 EDR 시스템은 8인승 이하의 승용차(M1) 및 3.5톤 이하의 밴형 자동차(N1)에 의무적으로 적용하고, 2020년 9월 1일부터는 새로운 모델에, 2022년부터는 신규 차량에 적용할 수 있도록 권고했다. 기술적 요구사항과 관련해서는 미국의 49CFR Part 563과 같이 최소한의 성능 요구 사항과 데이터 구조 및 접근을 법으로 정하는 방법을 취하거나 제조사가 EDR 데이터를 검색할 수 있는 적절한 액세스 방법을 제공할 수 있도록 제안했다.

---

1) VERONICA-II Final Report(2009), EC Contract No. TREN-07-ST-S07.70764

2) TRL, "Study on the benefits resulting from the installation of Event Data Recorders", Final Report(2014), European commission, DG

3) Report from the Commission to the European Parliament and the Council, "Boosting Car Safety in the EU Reporting on the monitoring and assessment of advanced vehicle safety features, their cost effectiveness and feasibility for the review of the regulations on general vehicle safety and on the protection of pedestrians and other vulnerable road users", COM(2016) 787 final, 2012.12.12

01 연혁

- 2003-2006년, EU EDR 도입을 위한 Veronica I 프로젝트 연구 수행
- 2006-2009년, EU EDR 도입을 위한 Veronica II 프로젝트 연구 수행
- 2011년, 유럽도로안전 2011-2020 결의안, EDR의 단계적 도입 제안
- 2014년, 유럽집행위원회(EC), EDR 도입의 비용 및 편익에 관한 연구 수행
- 2016년, 유럽집행위원회, EDR 도입을 제안한 최종 정책방향 보고

02 유럽 베로니카 프로젝트 주요 내용

(1) EDR 작동조건

미국의 49CFR-Part 563에 규정된 충돌감지 트리거(Trigger) 기준은 보행자 또는 자전거 충돌과 같은 낮은 충격의 사고를 감지하기 어렵기 때문에 부드러운 물체 충돌(Soft Object Collision) 조건에서 EDR이 작동될 수 있는 트리거링(Triggering)을 제안했다. 구체적으로 비가역 안전장치가 전개되지 않은 충돌 조건에서는 150ms 이내에 속도변화가 8km/h 이상인 경우, 부드러운 물체 충돌 조건에서는 120ms 시간 이내에 속도변화가 2km/h 이상인 경우 또는 제동시 감속도를 이용해 트리거링하는 방법을 제안했다.

(2) EDR 데이터 요소

베로니카 프로젝트에서 제안한 EDR 데이터 요소는 충돌속도(Collision Speed), 브레이크 작동 초기 속도(Initial Speed), 충돌 전·후 속도 프로파일(Profile), 충돌시의 속도변화(Delta-V), 충돌단계 길이방향 가속도(Longitudinal Acceleration), 충돌단계 측면방향 가속도(Transverse Acceleration), 충돌 전·후 길이방향 가속도, 충돌 전·후 측면방향 가속도, 충돌 전 요잉(Yawing), 차량상태신호(Status Signals), 차량위치(Position), 운전조작정보(User Action) 등 총 20개 요소 항목이다. 다음 표2-7은 베로니카 연구에서 제안한 EDR 데이터 요소다.

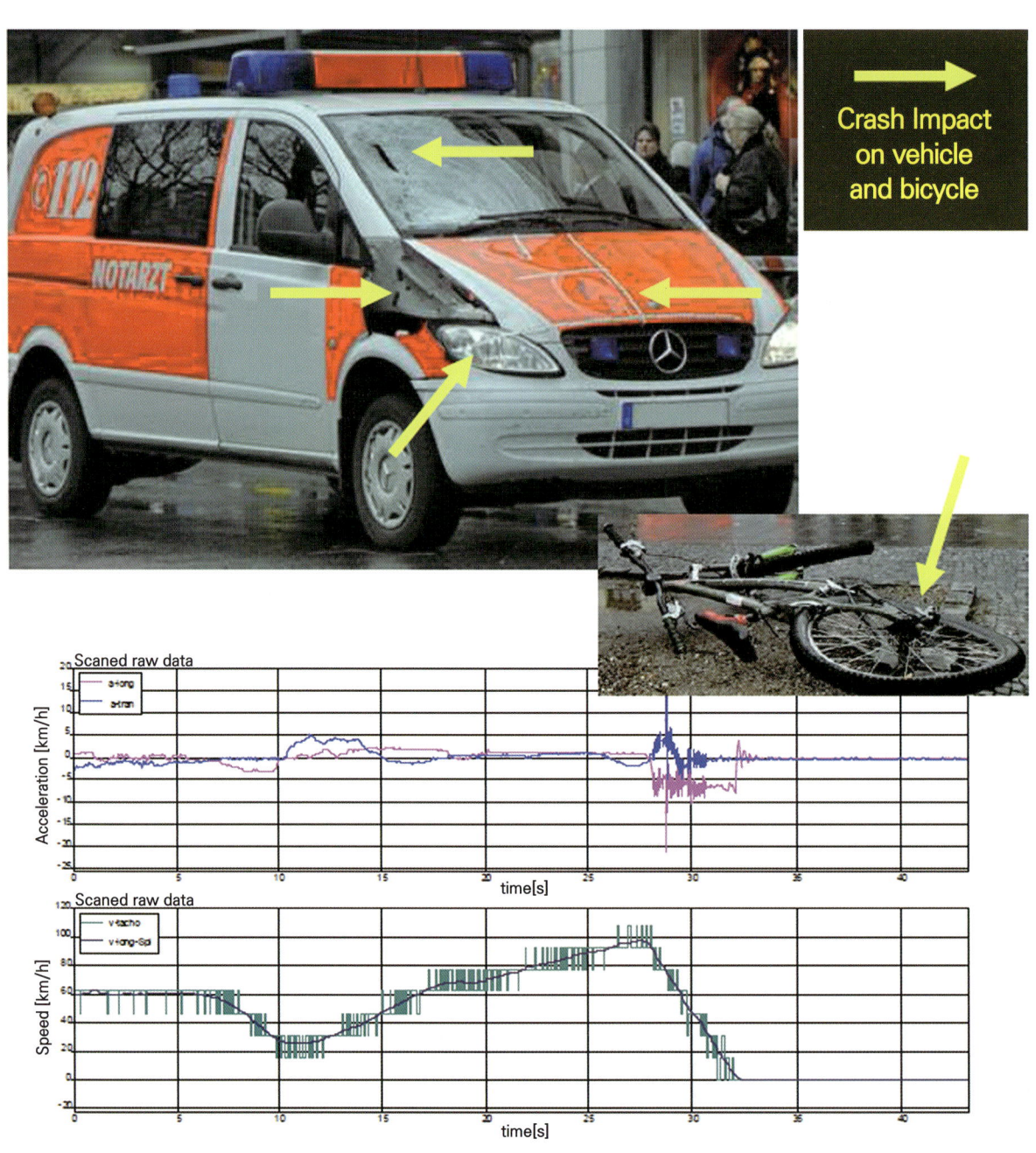

[fig. 2-1] 구급차량과 자전거 충돌사고에서 측정된 가속도 및 속도 데이터[1]

---

1) VERONICA-II Final Report(2009), pp.33, EC Contract No. TREN-07-ST-S07.70764

<표 2-7> 베로니카 연구에서 제안한 EDR 데이터 요소

No	Information Requirements	Importance*	Remarks
1	Collision Speed		Speed at moment of impact
2	Initial Speed		Speed at start of recording a/o braking
3	Speed Profile		Pre- and Post crash
4	dv		?v = Delta-v = Change in velocity due to a collision
5	Longitudinal acceleration (IP)		Impact phase (high resolution)
6	Transverse acceleration (IP)		Impact phase (high resolution)
7	Longitudinal acceleration		Pre- and Post crash (low resolution)
8	Transverse acceleration		Pre- and Post crash (low resolution)
9	Yawing		Pre crash yawing
10	Tracking		Displacement tracking of collision sequence
11	Position		Absolute position
12	Status Signals		Brake light, indicator, lights, blue light, horn …
13	Trigger Date Time		Relative time, convertible into real time after download
14	User Action		Throttle, brake, steering, horn, clutch …
15	Monitoring Restraint Systems		Airbags, Seat Belts
16	Monitoring ASD actions		Active Safety Devices (ESP, brake assistant, ABS) go/nogo self-diagnosis for exoneration purposes of manufacturer
17	Monitoring displayed ASD error messages		Messages on faults of ABS Systems etc for exoneration purposes of manufacturer
18	VIN/VRD		Vehicle Identification No/Vehicle Registration No; see table 11
19	Driver-ID		Key, Smart Card, Code …
20	Monitoring Driver		Visual Monitoring

Table 6 and Fig. 9-12 Veronica I final report

*) high relevance (mainstream)
lesser relevance
low relevance (for specific purposes only)

(3) EDR 데이터 형식

베로니카 프로젝트에서 제안한 EDR 데이터의 기록범위(Range)와 정밀도, 해상도 기준은 전체적으로 미국의 규정보다 데이터의 기록범위가 다소 넓고, 정밀도와 해상도는 미국과 유사하거나 다소 상향된 요구 기준을 제안하고 있다. 예를 들어 베로니카 연구에서는 데이터의 기록범위를 EARLY PRE-CRASH, NEAR PRE-CRASH, CRASH, NEAR POST-CRASH, FAR POST-CRASH 구간으로 세부 분류하여 주파수와 데이터 기록 범위를 설정하고 있다.

- EARLY PRE-CRASH : 충돌 전 -30초에서 -5초 사이 범위
- NEAR PRE-CRASH : 충돌 전 -5초에서 0초 사이 범위
- CRASH : 충돌단계의 시간으로 충돌 전 -0.04초에서 충돌 후 +0.25초 사이 범위
- NEAR POST-CRASH : 0초에서 충돌 후 +5초 사이 범위
- FAR POST-CRASH : 충돌 후 +5초에서 +10초 사이 범위

다음 **표2-8**은 유럽 베로니카 연구에서 제안한 데이터 형식과 미국 기준의 데이터 형식을 비교 나열한 것이다.

〈표 2-8〉 베로니카 연구의 EDR 데이터 형식 비교

Data element	Source	Status	Pre-crash		Post-crash	Accuracy	Resolution
v (Speed, vehicle indicated)	VERONICA	R	10 Hz 0-250 km/h	10 Hz 0-250 km/h	10 Hz 0-250 km/h	± (3% + 1km/h)	1 km/h
	NHTSA	R	-	2 Hz 0-200 km/h	-	± 1 km/h	1 km/h
Engine throttle, percent full	VERONICA	R	-	2 Hz 0-100%	-	± 5%	0,01
	NHTSA	R	-	2 Hz 0-100%	-	± 5%	0,01
Engine speed, in r/min	VERONICA	IR	-	2 Hz 0-10000 rpm	-	± 100 rpm	100 rpm
	NHTSA	IR	-	2 Hz 0-10000 rpm [5]	-	± 100 rpm	100 rpm
Brake status (Service brake, on, off)	VERONICA	R	10 Hz / OnOff	25 Hz / OnOff	25 Hz / OnOff	N/A	On or Off
	NHTSA	R	-	2 Hz / OnOff	-	N/A	On or Off
ABS activity	VERONICA	IE	-	2 Hz / OnOff [5]	-	N/A	On and Off
	NHTSA	IR	-	10 Hz / OnOff	-	N/A	On and Off
Stability control, on, off, engaged	VERONICA	IE	-	2 Hz / OnOffEng	-	N/A	On, Off, Engaged
	NHTSA	IR	-	2 Hz / OnOffEng [5]	-	N/A	On, Off, Engaged
Steering wheel angle (steering input)	VERONICA	IR	2 Hz / ± 250°	10 Hz / ± 250°	-	± 5%	0,01
	NHTSA	IR	-	2 Hz / ± 250° [5]	-	± 5%	0,01
Ignition cycle, crash	VERONICA	R	-	NA / 0-60000	-	N/A	1 cycle
	NHTSA	R	-	N/A / 0-60000 [6]	-	N/A	1 cycle
Ignition cycle, download	VERONICA	R	-	-	N/A / 0-60000 [7]	N/A	1 cycle
	NHTSA	R	-	-	N/A / 0-60000 [7]	N/A	1 cycle
Safety belt status, driver	VERONICA	NR	-	-	-	N/A	On or Off
	NHTSA	R	-	N/A / OnOff [6]	-	N/A	On or Off
Safety belt status, front passenger	VERONICA	IE	-	N/A / OnOff [6]	-	N/A	On or Off
	NHTSA	IR	-	N/A / OnOff [6]	-	N/A	On or Off
Frontal air bag warning lamp, on, off	VERONICA	R	-	N/A / OnOff [6]	-	N/A	On or Off
	NHTSA	IR	-	N/A / OnOff [6]	-	N/A	On or Off
Frontal air bag suppression switch status, front passenger	VERONICA	IR	-	N/A / OnOffAut [6]	-	N/A	On, Off or Auto
	NHTSA	IR	-	N/A / OnOffAut [6]	-	N/A	On, Off or Auto
Frontal air bag deployment, time to deploy/first stage, driver	VERONICA	R	-	N/A / 0-250 ms	-	± 2 ms	1 ms
	NHTSA	R	-	N/A / 0-250 ms	-	± 2 ms	1 ms
Frontal air bag deployment, time to deploy/first stage, front passenger	VERONICA	R	-	N/A / 0-250 ms	-	± 2 ms	1 ms
	NHTSA	R	-	N/A / 0-250 ms	-	± 2 ms	1 ms
Frontal air bag deployment, time to nth stage, driver	VERONICA	IE	-	N/A / 0-250 ms	-	± 2 ms	1 ms
	NHTSA	IE	-	N/A / 0-250 ms	-	± 2 ms	1 ms
Frontal air bag deployment, time to nth stage, front passenger	VERONICA	IE	-	N/A / 0-250 ms	-	± 2 ms	1 ms
	NHTSA	IE	-	N/A / 0-250 ms	-	± 2 ms	1 ms

Data Element	Requirement		Frequency* / Range (VERONICA II) - Recording interval/time (NHTSA)				Accuracy	Resolution
	Definition	Condition	Early Precrash -30s to -5s	Near Precrash -5s to -0.0s	Crash -0.04s to +0.25s**	Near Postcrash +0.0s to +5s	Far Postcrash +5s to +10s	
Longitudinal acceleration	VERONICA	R	10 Hz ± 2 g	25 Hz ± 2 g	250 Hz ± 50 g	25 Hz ± 2 g	10 Hz ± 2 g	± 5%	0.16 m/s² (0.016 g)
	NHTSA	NR	-	-	-	-	-	± 5%	0.16 m/s² (0.016 g)
Lateral acceleration	VERONICA	R	10 Hz ± 2 g	25 Hz ± 2 g	250 Hz ± 50 g	25 Hz ± 2 g	10 Hz ± 2 g	± 5%	0.16 m/s² (0.016 g)
	NHTSA	NR	-	-	-	-	-	± 5%	0.16 m/s² (0.016 g)
Normal acceleration	VERONICA	IR	10 Hz ± 2 g	25 Hz ± 2 g	-	25 Hz ± 2 g	10 Hz ± 2 g	± 5%	0.16 m/s² (0.016 g)
	NHTSA	NR	-	-	-	-	-		
Longitudinal acceleration (IP)	VERONICA	R	-	-	250 Hz ± 50 g	-	-	± 5%	1 m/s² (0.1 g)
	NHTSA	IR	-	-	100 Hz ± 50 g¹	-	-	± 10%	0.5 g
Lateral acceleration (IP)	VERONICA	R	-	-	250 Hz ± 50 g	-	-	± 5%	1 m/s² (0.1 g)
	NHTSA	IR	-	-	100 Hz ± 50 g¹	-	-	± 10%	0.5 g
Normal acceleration (IP)	VERONICA	R	-	-	100 Hz ± 5 g¹	-	-	± 10%	1 m/s² (0.1 g)
	NHTSA	NR	-	-	-	-	-		
Δv, longitudinal	VERONICA	R	-	-	100 Hz ±100 km/h²	-	-	± 10%	1 km/h
	NHTSA	IR	-	-	N/A³	-	-	± 10%	1 km/h
Maximum Δv, longitudinal	VERONICA	R	-	-	N/A³	-	-	± 10%	1 km/h
	NHTSA	R	-	-	N/A³	-	-	± 10%	1 km/h
Time, maximum Δv, longitudinal	VERONICA	R	-	-	N/A³	-	-	± 3 ms	2.5 ms
	NHTSA	R	-	-	N/A³	-	-		
Δv, lateral	VERONICA	R	-	-	100 Hz ±100 km/h²	-	-	± 10%	1 km/h
	NHTSA	IR	-	-	N/A³	-	-		

Data Element	Requirement		Frequency* / Range (VERONICA II) - Recording interval/time (NHTSA)			Accuracy	Resolution
	Definition	Condition	Early Precrash -30s to -5s	Near Precrash -5s to -0.0s	Crash -0.04s to +0.25s**	Near Postcrash +0.0s to +5s	
Maximum Δv, lateral	VERONICA	NR	-	-	N/A³	-	± 10%	2.5 ms
	NHTSA	R	-	-	N/A³	-	± 3 ms	2.5 ms
Time, maximum Δv, lateral	VERONICA	NR	-	-	-	-	-	-
	NHTSA	IR	-	-	10 Hz ± 1080°	10 Hz ± 1080°	± 10%	10°
Time, maximum Δv, resultant	VERONICA	IE	-	-	-	-	± 10%	10°
	NHTSA	IR	-	-	10 Hz ± 1080°⁴	10 Hz ± 1080°⁴	± 10%	10°
Vehicle roll angle***	NHTSA	IR	-	-	10 Hz ± 1080°⁴	10 Hz ± 1080°⁴	± 10%	10°

제2장 · 국내·외 EDR 법규 동향

(4) EDR 데이터 기록시간

국내 및 미국 규정에 의한 충돌 전 운행 및 운전 정보는 최소 5초 동안의 데이터가 기록되고, 충돌 후에는 0.25~0.3초 동안의 속도변화 또는 가속도가 기록된다. 유럽의 베로니카 연구에서는 차량속도 등의 운행 및 운전 정보가 충돌 전 30초 동안 기록되고, 충돌 후에도 10초 동안의 데이터를 기록할 것을 제안하고 있다. 다음 **표2-9**는 베로니카 연구에서 제안한 각종 EDR 데이터의 요구 기록시간을 나타낸 것이다.

〈표 2-9〉 베로니카 연구에서 제안한 EDR 데이터 기록 시간

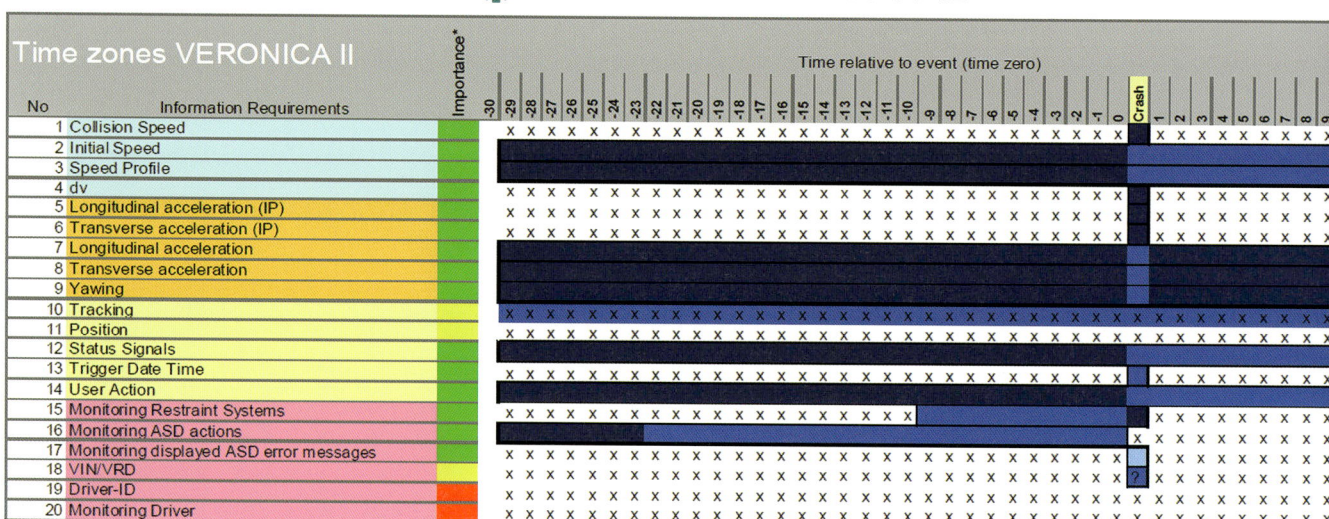

4 일본 사고기록장치(EDR) 법규 동향

01 서론

2008년 3월 일본 국토교통성(J-MLIT)은 충돌 사고 전·후 사고 데이터를 기록하는 장치(Event Data Recorder)에 관한 기술적 요구사항을 규정한 가이드라인(J-EDR)을 제정했다. 이 규정에는 EDR의 적용차량, 용어의 정의, 작동조건, 데이터의 내충격성, 데이터 요소, 데이터 형식 등의 요구사항이 기술되어 있다.

02 J-EDR의 주요 내용

(1) EDR 적용차량

적용대상 차량은 승차정원 10인 이하의 승용차(이륜차, 삼륜차 등 제외)와 3.5톤 이하의 화물차량이다.

(2) EDR 작동조건

에어백 전개를 수반하는 사고의 경우는 사고 데이터를 기록한다. 그 후 기록된 사고 데이터는 덮어쓰기 해서는 아니된다. 에어백이 전개되지 않은 사고의 경우에는 트리거 임계값(150ms 이내에 차량의 속도변화가 8km/h 이상) 또는 자동차 제작자에 의해 정해진 트리거 임계값을 초과한 경우에는 새로운 사고 데이터를 포착하고 기록한다.

(3) EDR 데이터 기록 및 저장

이전 에어백 미전개 사고 데이터가 기록된 비휘발성 메모리의 여유 공간이 있는 경우에는 새로운 에어백 미전개 사고 데이터를 기록한다. 이전 에어백 미전개 사고 데이터가 기록된 비휘발성 메모리의 여유 공간이 없다면, 자동차 제작자는 새로운 에어백 미전개 사고 데이터를 덮어쓰기 하거나 기록하지 않거나 둘 중 하나를 선택 할 수 있다. 에어백 전개 사고 데이터가 기록된 비휘발성 메모리는 새로운 에어백 전개 사고 데이터에 의해 덮어 쓰지 말아야한다. 비휘발성 메모리에 기록된 데이터는 소멸하지 아니하고 변경되지 않아야 한다.

(4) EDR 데이터의 내충격성

EDR 시스템 또는 EDR 데이터가 저장된 비휘발성 메모리는 법규 충돌 시험 후 기록된 데이터 요소가 저장된 상태를 유지하고, 시험 실시 후 상온 상습 상태에서 적어도 10일간 보관된 후 기록된 데이터를 읽을 수 있어야 한다. 다만 엔진스로틀 열람량, 브레이크 스위치 ON/OFF, 엔진회전수 정보는 제외한다.

(5) EDR 데이터의 요소

EDR에 요구되는 필수 데이터는 진행방향 속도변화 누계, 차량속도, 엔진스로틀 또는 가속페달 변위량, 제동페달 작동상태, 안전벨트 착용상태(운전석), 에어백경고등 상태, 에어백 전개시간 등 12개 요소다. 그 외 특정 조건하에서 측면방향 속도변화 누계, 길이방향 또는 측면방향 가속도, 엔진회전수, 조향핸들 각도 등 35개의 데이터를 추가 기록할 수 있다. J-EDR에서 규정한 필수 및 선택 데이터 요소는 다음 표2-10 및 표2-11과 같다.

〈표 2-10〉 J-EDR에 규정된 필수 데이터 요소

순번	기록항목	기록 시간	초당 기록횟수
1-1	진행방향 속도변화 누계	0~250ms	100
1-2	진행방향 최대 속도변화값	0~250ms	해당없음
1-3	최대 속도변화값 시간	0~250ms	
1-4	자동차 속도	-5.0~0 s	2
1-5	스로틀밸브/가속페달 변위	-5.0~0 s	2
1-6	브레이크 스위치 ON/OFF	-5.0~0 s	2
1-7	점화사이클, 충돌	-1.0 s	해당없음
1-8	점화사이클, 정보추출	At time	
1-9	운전석 좌석안전띠 착용 여부	-1.0 s	
1-10	정면 에어백 경고등 점등 여부	-1.0 s	
1-11	운전석 정면 에어백 전개 시간	Event	
1-12	동승석 정면 에어백 전개 시간	Event	

<표 2-11> J-EDR에 규정된 선택 추가 데이터 요소

순번	기록 항목	기록 간격·시간	초당기록횟수
2-1	측면방향 가속도	0~250ms	100
2-2	진행방향 가속도	0~250ms	100
2-3	수직방향 가속도	0~250ms	100
2-4	측면방향 속도변화 누계	0~250ms	100
2-5	측면방향속도 최대변화값	0~300ms	-
2-6	측면방향속도 최대변화값 시간	0~300ms	-
2-7	합성속도 최대변화값 시간	0~300ms	-
2-8	엔진 회전수(RPM)	-5.0~0.0 s	2
2-9	자동차 전복경사각도	-1.0~5.0 s	10
2-10	ABS 작동 여부	-5.0~0.0 s	2
2-11	안정성제어장치(ESC) 작동 여부	-5.0~0.0 s	2
2-12	조향핸들 각도	-5.0~0.0 s	2
2-13	동승석 좌석안전띠 착용 여부	-1.0 sec	-
2-14	동승석 에어백 억제스위치 상태	-1.0 sec	-
2-15	운전석 다단 에어백의 2단계부터 단계별 전개시간	Event	-
2-16	동승석 다단 에어백의 2단계부터 단계별 전개시간	Event	-
2-17	운전석 다단 에어백의 2단계부터 단계별 추진체 강제처리 여부	Event	-
2-18	동승석 다단 에어백의 2단계부터 단계별 추진체 강제처리 여부	Event	-
2-19	운전석 측면 에어백 전개 시간	Event	-
2-20	동승석 측면 에어백 전개 시간	Event	-
2-21	운전석 커튼 에어백 전개 시간	Event	-
2-22	동승석 커튼 에어백 전개 시간	Event	-
2-23	운전석 좌석안전띠 프리로딩장치 전개 시간	Event	-
2-24	동승석 좌석안전띠 프리로딩장치 전개 시간	Event	-
2-25	운전자 시트 트랙위치	-1.0 sec	-
2-26	동승석 시트 트랙위치	-1.0 sec	-
2-27	운전석 승객 크기 유형	-1.0 sec	-
2-28	동승석 승객 크기 유형	-1.0 sec	-
2-29	운전자 정위치 착석 여부	-1.0 sec	-
2-30	동승석 정위치 착석 여부	-1.0 sec	-
2-31	다중사고(횟수)	Event	-
2-32	다중사고 시간간격	Event	-
2-33	EDR 정상기록 여부	Yes / No	-
2-34	프리충돌 위험 경보	-5.0~0.0 s	-
2-35	충돌완화 브레이크 작동	-5.0~0.0 s	-

(6) EDR 데이터의 형식

트리거의 기준이 되는 종방향 및 횡방향 속도변화 누계의 기록 범위는 −100km/h~+100km/h, 정밀도(Accuracy)는 ±10%, 해상도(Resolution)는 1km/h이고, 차량속도의 측정 범위는 0~200km/h, 정밀도는 ±1km/h, 해상도는 1km/h이다. 그 외 전체적인 데이터의 측정범위, 정밀도, 해상도 기준은 미국의 기술적 요구사항과 동일하다. J-EDR에 규정된 데이터의 측정 범위, 정밀도, 해상도의 기준은 다음 **표2-12**와 같다.

〈표 2-12〉 J-EDR에 규정된 EDR 형식

	データ要素	範囲(最小値)	精度	分解能
2-1	横方向加速度	−5gtから+5g	±10%	0.5g
2-2	縦方向加速度	−50gから+50g	±10%	0.5g
2-3	垂直加速度	−5gtから+5g	±10%	0.5g
1-1	デルタV, 縦方向	−100km/hから+100km/h	±10%	1km/h
2-4	デルタV, 横方向	−100km/hから+100km/h	±10%	1km/h
1-2	最大デルタV, 縦方向	−100km/hから+100km/h	±10%	1km/h
2-5	最大デルタV, 横方向	−100km/hから+100km/h	±10%	1km/h
1-3	最大デルタV時間, 縦方向	0から300ms, または, 0から終了イベント時間+300msのいずれか短いもの	±3ms	2.5ms
2-6	最大デルタV時間, 横方向	0から300ms, または, 0から終了イベント時間+300msのいずれか短いもの	±3ms	2.5ms
2-7	最大デルタV時間, 合成	0から300ms, または, 0から終了イベント時間+300msのいずれか短いもの	±3ms	2.5ms
2-9	車両ロール角	−1080度から+1080度	±10%	10度
1-4	車両表示速度	0km/hから200km/h	±1km/h	1km/h
1-5	エンジンスロットル, 全開%(またはアクセルペダル, 全開%)	0から100%	±5%	1%
2-8	エンジン回転数	0から1,000rpm	±100rpm	100rpm
1-6	主ブレーキ, オン/オフ	オンおよびオフ	なし	オンおよびオフ
2-10	ABS活動, 作動/不作動	オンおよびオフ	なし	オンおよびオフ
2-11	安定性制御システム, オン/オフ/作動	オン, オフ, 作動	なし	オン, オフ, 作動
2-12	ステアリングホイール角	−250度CWから+250度CCW	±5%	1%
1-7	イグニッションサイクル, 衝突	0から60,000	±1サイクル	1サイクル

	データ要素	範囲(最小値)	精度	分解能
1-8	イグニッションサイクル, ダウンロード	から60,000	±1サイクル	1サイクル
1-9	安全ベルトの状態, 運転者, 装着/非装着	オンまたはオフ	なし	オンまたはオフ
2-13	安全ベルトの状態, 助手席, 装着/非装着	オンまたはオフ	なし	オンまたはオフ
1-10	前部エアバック警告ランプ, オン/オフ	オンまたはオフ	なし	オンまたはオフ
2-14	エアバック抑止スイッチの状態, 助手席, オン/オフ	オンまたはオフ	なし	オンまたはオフ
1-11	前部エアバック展開, 展開/第一段階までの時間, 運転者	0から250ms	±2ms	1ms
1-12	前部エアバック展開, 展開/第一段階までの時間, 助手席	0から250ms	±2ms	1ms
2-15	前部エアバック展開, 第n段階までの時間, 運転者	0から250ms	±2ms	1ms
2-16	前部エアバック展開, 第n段階までの時間, 助手席	0から250ms	±2ms	1ms
2-17	前部エアバック展開, 第n段階までの配置, 運転者, はい/いいえ	はい/いいえ	なし	はい/いいえ
2-18	前部エアバック展開, 第n段階までの配置, 助手席, はい/いいえ	はい/いいえ	なし	はい/いいえ
2-19	サイドエアバック展開, 展開までの時間, 運転者	0から250ms	±2ms	1ms
2-20	サイドエアバック展開, 展開までの時間, 助手席	0から250ms	±2ms	1ms
2-21	サイドカーテン/チューブエアバック展開, 展開までの時間, 運転者	0から250ms	±2ms	1ms
2-22	サイドカーテン/チューブエアバック展開, 展開までの時間, 助手席	0から250ms	±2ms	1ms
2-23	プレテンショナー展開, 初動までの時間, 運転者	0から250ms	±2ms	1ms
2-24	プレテンショナー展開, 初動までの時間, 助手席	0から250ms	±2ms	1ms
2-25	シートトラック位置スイッチ, 最前状態, 運転者	はい/いいえ	なし	はい/いいえ
2-26	シートトラック位置スイッチ, 最前状態, 助手席	はい/いいえ	なし	はい/いいえ
2-27	乗員の体格分類, 運転者, 女性5%タイルサイズ, はい/いいえ	はい/いいえ	なし	はい/いいえ
2-28	乗員の体格分類, 助手席, 子供, はい/いいえ	はい/いいえ	なし	はい/いいえ
2-29	乗の位置分類, 運転者, 正常位置外, はい/いいえ	はい/いいえ	なし	はい/いいえ

	データ要素	範囲(最小値)	精度	分解能
2-30	乗員の位置分類, 助手席, 正常位置外, はい/いいえ	はい/いいえ	なし	はい/いいえ
2-31	多重事故, 事故の回数, 1/2	1または2	なし	1または2
2-32	発生事故1から2までの時間	0から5.0sec	0.1sec	0.1sec
2-33	完全なファイル記録済, はい/いいえ	はい/いいえ	なし	はい/いいえ
2-34	プリクラッシュ警報, オン/オフ/作動	オン, オフ, 作動	なし	オン, オフ, 作動
2-35	衝突軽減ブレーキ, オン/オフ/作動	オン, オフ, 作動	なし	オン, オフ, 作動

CHAPTER

EDR 데이터의 진단 및 추출

CHAPTER

3

EDR 데이터의 진단 및 추출

1 BOSCH CDR

01 개요

BOSCH의 CDR(Crash Data Retrieval)은 에어백이나 엔진의 ECU(Electronic Control Unit)에 저장된 EDR 데이터를 추출하고, 추출된 데이터를 프로그램을 통해 분석하는 장비(Tool)를 말한다. BOSCH는 EDR 정보처리 및 이미징 기술의 세계적인 선두 기업으로써

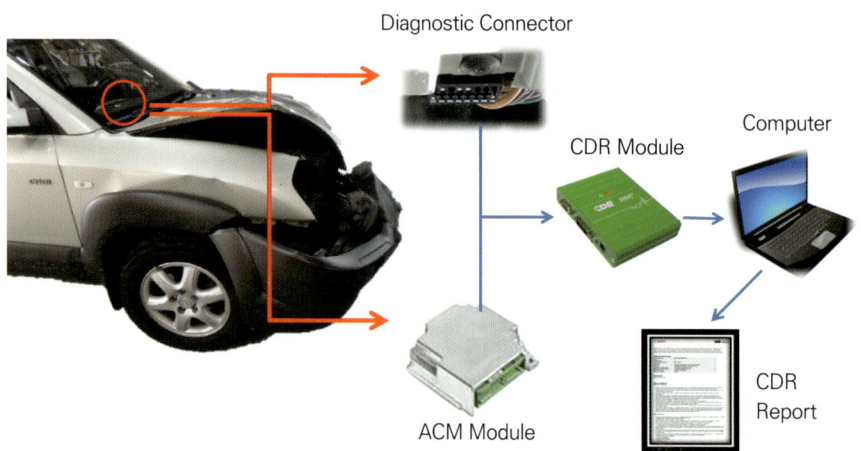

[fig. 3-1] BOSCH CDR SYSTEM 개념도

2000년부터 GM, 포드, 크라이슬러, 폭스바겐, BMW, 벤츠 등 세계 유수의 자동차 메이커와 계약을 맺고 EDR 데이터를 진단하고 추출할 수 있는 Tool을 제공하고 있다. BOSCH CDR SYSTEM은 EDR 데이터를 검색하고 추출하는 진단모듈(Interface Module), 차량 ECU와 진단모듈을 연결하는 진단커넥터 및 케이블(Diagnostic Link Connector & Cables), 그리고 EDR에서 추출된 데이터를 이미지화 시켜주는 소프트웨어 프로그램(CDR Software)으로 구성되어 있다.

02 BOSCH CDR 진단이 가능한 자동차 제조사 및 차종 유형

BOSCH CDR 시스템을 활용해 EDR 진단이 가능한 자동차제조사 및 EDR 적용시점을 정리하면 다음 표3-1과 같다. 다만, 세부 차종별 적용시점은 각 제조사의 차량 종류 및 모델, 판매 지역에 따라 차이가 있고, CDR 시스템의 업데이트 버전에 따라 세부 확인이 필요하다.

〈표 3-1〉 BOSCH CDR 시스템으로 진단이 가능한 자동차제조사 및 적용시점

제조사	적용시점(이후)	제조사	적용시점(이후)
Acura	2012	Lexus	2001
Buick	1994	Lincoln	2001
BMW	2013	Mazda	2011
Cadilac	1994	Mercury	2001
Chevrolet	1994	Mitsubishi	2007
Chrystler	2006	Nissan	2012
Dodge	2005	Oldsmobile	1995
Fiat	2012	Opel	2013
Ford	2001	Pontiac	1994
GMC	1996	Rolls-Royce	2013
Holden	2009	Saab	2005
Honda	2012	Saturn	1995
Hummer	2003	Scion	2004
Infiniti	2013	Sterling	2008
Isuze	1998	Suzuki	2007
Jeep	2006	Toyota	2002
Lancia	2012	Volvo	2011
Audi	2015	Mercedes-benz	2014
Mini	2014	Bentley	2016
Maserati	2014	Volkswagen	2014

또한 국내에서 판매되고 있는 쉐보레, 아우디, 폭스바켄, BMW, 메르세데스 벤츠, 혼다, 닛산, 미니, 크라이슬러, 포드, 볼보 등 주요 제조사의 EDR 적용 모델은 다음과 같다.

Make	Model	Module		Adapter/Cable	Module Location
Audi	A3, S3	ACM CSV	Data	F00K108387 & Cable# 805	Under Center Stack
Audi	A4, allroad	ACM CSV	Data	F00K108387 & CDR 500 & Cable# 813	Center tunnel, between first row and second row seats
Audi	A5, S5, RS5	ACM CSV	Data	F00K108387 & Cable# 804	Center tunnel, between first row and second row seats
Audi	A6, S6	ACM CSV	Data	F00K108387 & Cable# 804	Center tunnel, between first row and second row seats
Audi	A7, S7, RS7	ACM CSV	Data	F00K108387 & Cable# 804	Center tunnel, between first row and second row seats
Audi	A8, S8	ACM CSV	Data	F00K108387 & Cable# 804	Center tunnel, between first row and second row seats
Audi	Q3	ACM CSV	Data	F00K108387 & Cable# 804	Under Center Stack
Audi	Q5, SQ5	ACM CSV	Data	F00K108387 & Cable# 804	Center tunnel, between first row and second row seats
Audi	Q7	ACM CSV	Data	F00K108387 & CDR 500 & Cable# 813	Under Center Stack
Audi	R8	ACM CSV	Data	F00K108387 & Cable# 804	Under Center Stack

[fig. 3-2] BOSCH CDR 시스템으로 진단이 가능한 아우디 세부 모델 유형(2016년 기준)

Make	Model	Module		Adapter/Cable	Module Location
Chrysler	200	ACM CSV	Data	F00K108387 & F00K108785	Center Stack
Chrysler	300	ACM CSV	Data	F00K108387 & F00K108598	Center Stack
Chrysler	Pacifica	ACM CSV	Data	F00K108387 & F00K108785	Center Console

[fig. 3-3] BOSCH CDR 시스템으로 진단이 가능한 크라이슬러 세부 모델 유형(2016년 기준)

Make	Model	Module	Adapter/Cable	Module Location
BMW	2 Series: 230i Coupe & Convertible M240i Coupe & Convertible M2 Coupe	ACM CSV	Data	F00K108387 & F00K108796	Driver side, behind instrument panel between steering column and center console
BMW	3 Series: 320i Sedan 328d Sedan & Wagon 330e Wagon 330i Sedan, Wagon & GT 340i Sedan, Wagon & GT M3 Wagon	ACM CSV	Data	F00K108387 & F00K108796	Driver side, behind instrument panel between steering column and center console **335i:** Passenger side, behind the glove box
BMW	4 Series: 430i Coupe, Sedan & Convertible 440i Coupe, Sedan & Convertible M4 Coupe, GTS & Convertible	ACM CSV	Data	F00K108387 & F00K108796	Driver side, behind instrument panel between steering column and center console
BMW	5 Series: 535i GT Wagon	ACM CSV	Data	F00K108387 & F00K108796	Passenger side, behind the glove box
BMW	6 Series: 640i Coupe, Sedan & Convertible 650i Coupe, Sedan & Convertible Alpina B6 Sedan M6 Coupe & Convertible	ACM CSV	Data	F00K108387 & F00K108796	Passenger side, behind the glove box
BMW	7 Series Sedan: 740e Sedan 740i Sedan 750i Sedan Alpina B7 LWB Sedan M760i Sedan	ACM CSV	Data	F00K108387 & CDR 500 & Cable# 822	Refer to service manual
BMW	i3 (note 2)	ACM CSV	Data	F00K108387 & CDR 500 & Cable# 807	Refer to service manual
BMW	i8 (note 2)	ACM CSV	Data	F00K108387 & CDR 500 & Cable# 807	Refer to service manual
BMW	X1 (note 2)	ACM CSV	Data	F00K108387 & CDR 500 & Cable# 807	Center Tunnel, Between Front Seats

[fig. 3-4] BOSCH CDR 시스템으로 진단이 가능한 BMW 세부 모델 유형(2016년 기준)

Make	Model	Module	Adapter/Cable	Module Location
Chevrolet	Aveo (note 6)	ACM CSV	Data F00K108454	Center tunnel
Chevrolet	Camaro (note 6)	ACM CSV	Data F00K108454	Center tunnel
Chevrolet	Caprice - Police Vehicle (note 6)	ACM CSV	Data F00K108454	Center tunnel
Chevrolet	Captiva (note 6)	ACM CSV	Data F00K108454	Center tunnel
Chevrolet	Captiva Sport (note 6)	ACM CSV	Data F00K108454	Center tunnel
Chevrolet	City Express	ACM CSV	Data F00K108387 & F00K108780	Center Tunnel, Between Front Seats
Chevrolet	Colorado(note 6)	ACM CSV	Data F00K108454	Center tunnel
Chevrolet	Corvette (note 6)	ACM CSV	Data F00K108454	Center tunnel, behind Driver Information Display
Chevrolet	Cruze (note 6)	ACM CSV	Data F00K108454	Center tunnel, forward
Chevrolet	Cruze Limited (note 6)	ACM CSV	Data F00K108454	Center tunnel, forward
Chevrolet	Equinox (note 6)	ACM CSV	Data F00K108454	Center tunnel
Chevrolet	Express (note 6)	ACM CSV	Data F00K108454	Under LF seat
Chevrolet	Impala (note 6)	ACM CSV	Data F00K108454	Center tunnel
Chevrolet	Impala Limited (note 6)	ACM CSV	Data F00K108454	Under RF Seat
Chevrolet	Malibu (note 6)	ACM CSV	Data F00K108454	Center tunnel
Chevrolet	Malibu Limited (note 6)	ACM CSV	Data F00K108454	Center tunnel
Chevrolet	Orlando (note 6)	ACM CSV	Data F00K108454	Center tunnel
Chevrolet	Silverado (includes HD) (note 6)	ACM CSV	Data F00K108454	Center tunnel
Chevrolet	Sonic (note 6)	ACM CSV	Data F00K108454	Center tunnel, forward
Chevrolet	Spark (including EV)	ACM	Data F00K108454	Center tunnel

[fig. 3-5] BOSCH CDR 시스템으로 진단이 가능한 쉐보레 세부 모델 유형(2016년 기준)

Make	Model	Module		Adapter/Cable	Module Location
Ford	C-MAX	ACM CSV	Data	F00K108387 & F00K108783	Center Tunnel
Ford	Econoline	ACM CSV	Data	F00K108387 & F00K108384	Under Driver Seat
Ford	Edge (note 9)	ACM CSV	Data	F00K108387 & F00K108783 DLC Imaging, use F00K108784 with the F00K108287 DLC cable	Center Tunnel
Ford	Escape	ACM CSV	Data	F00K108387 & F00K108783	Center Tunnel
Ford	Expedition	ACM CSV	Data	F00K108387 & F00K108783	Center Tunnel
Ford	Explorer (includes Police Interceptor) (note 9)	ACM CSV	Data	F00K108387 & F00K108783 DLC Imaging, use F00K108784 with the F00K108287 DLC cable	Center Tunnel
Ford	F-150 (note 9)	ACM CSV	Data	F00K108387 & F00K108783 DLC Imaging, use F00K108784 with the F00K108287 DLC cable	Center Tunnel
Ford	F-250, 350, 450 & 550 Super Duty	ACM CSV	Data	F00K108387 & F00K108384	Center Tunnel
Ford	Fiesta	ACM CSV	Data	F00K108387 & F00K108783	Center Tunnel
Ford	Flex	ACM CSV	Data	F00K108387 & F00K108384	Center Tunnel
Ford	Focus	ACM CSV	Data	F00K108387 & F00K108783	Center Tunnel
Ford	Fusion (note 9)	ACM CSV	Data	F00K108387 & F00K108783 DLC Imaging, use F00K108784 with the F00K108287 DLC cable	Center Tunnel
Ford	Mondeo (note 9)	ACM CSV	Data	F00K108387 & F00K108783	Center Tunnel

[fig. 3-6] BOSCH CDR 시스템으로 진단이 가능한 포드 세부 모델 유형(2016년 기준)

Make	Model	Module		Adapter/Cable	Module Location
Honda	Accord	ACM CSV	Data	F00K108387 & Cable# 810	Under Dashboard, Center
Honda	Civic	ACM CSV	Data	F00K108387 & Cable# 810	Under Dashboard, Center
Honda	Fit	ACM CSV	Data	F00K108387 & F00K108789	Under Dashboard, Center
Honda	HR-V	ACM CSV	Data	F00K108387 & F00K108789	Under Dashboard, Center
Honda	Ridgeline	ACM CSV	Data	F00K108387 & Cable# 810	Under Dashboard, Center

[fig. 3-7] BOSCH CDR 시스템으로 진단이 가능한 혼다 세부 모델 유형(2015-2016년 기준)

Make	Model	Module		Adapter/Cable	Module Location
Infiniti	Q50	ACM CSV	Data	F00K108387 & F00K108780	Center Tunnel, Between Front Seats
Infiniti	Q60	ACM CSV	Data	F00K108387 & F00K108780	Center Tunnel, Between Front Seats
Infiniti	Q70	ACM CSV	Data	F00K108387 & F00K108780	Center Tunnel, Between Front Seats
Infiniti	QX50, 60, 70 & 80	ACM CSV	Data	F00K108387 & F00K108780	Center Tunnel, Between Front Seats

[fig. 3-8] BOSCH CDR 시스템으로 진단이 가능한 인피니티 세부 모델 유형(2016년 기준)

Make	Model	Module		Adapter/Cable	Module Location
MINI	Clubman (includes S)	ACM CSV	Data	F00K108387 & CDR 500 & Cable# 807	Center Tunnel, Between Front Seats
MINI	Convertible (includes S)	ACM CSV	Data	F00K108387 & CDR 500 & Cable# 807	Center Tunnel, Between Front Seats
MINI	Countryman (includes JCW & ALL4)	ACM CSV	Data	F00K108387 & F00K108797	Center Tunnel, Between Front Seats
MINI	Hardtop / Hardtop S, 2 & 4 Door (includes JWC) (note 2)	ACM CSV	Data	F00K108387 & CDR 500 & Cable# 807	Center Tunnel, Between Front Seats
MINI	Paceman (includes JCW & ALL4)	ACM CSV	Data	F00K108387 & F00K108797	Center Tunnel, Between Front Seats

[fig. 3-9] BOSCH CDR 시스템으로 진단이 가능한 미니 세부 모델 유형(2016년 기준)

Make	Model	Module		Adapter/Cable	Module Location
Mercedes-Benz	AMG GT	ACM	Data CSV	F00K108387 & F00K108800	Center tunnel, below radio
Mercedes-Benz	B-Class	ACM	Data CSV	F00K108387 & F00K108598	Center tunnel, below radio
Mercedes-Benz	B-Class Electric Drive	ACM	Data CSV	F00K108387 & F00K108598	Center tunnel, below radio
Mercedes-Benz	C-Class	ACM	Data CSV	F00K108387 & F00K108801	Center tunnel, below radio
Mercedes-Benz	CLA-Class	ACM	Data CSV	F00K108387 & F00K108598	Center tunnel, below radio
Mercedes-Benz	CLS-Class	ACM	Data CSV	F00K108387 & F00K108800	Center tunnel, below radio
Mercedes-Benz	E-Class	ACM	Data CSV	F00K108387 & F00K108800	Center tunnel, below radio
Mercedes-Benz	G-Class	ACM	Data CSV	F00K108387 & F00K108598	Center tunnel, below radio
Mercedes-Benz	GLA-Class	ACM	Data CSV	F00K108387 & F00K108598	Center tunnel, below radio
Mercedes-Benz	GLC-Class	ACM	Data CSV	F00K108387 & F00K108801	Center tunnel, below radio
Mercedes-Benz	GLE-Class	ACM	Data CSV	F00K108387 & F00K108598	Center tunnel, below radio
Mercedes-Benz	GL-Class	ACM	Data CSV	F00K108387 & F00K108598	Center tunnel, below radio
Mercedes-Benz	Maybach S600	ACM	Data CSV	F00K108387 & F00K108801	Center tunnel, below radio
Mercedes-Benz	S-Class	ACM	Data CSV	F00K108387 & F00K108801	Center tunnel, below radio
Mercedes-Benz	SL-Class	ACM	Data CSV	F00K108387 & F00K108800	Center tunnel, below radio
Mercedes-Benz	SLK-Class	ACM	Data CSV	F00K108387 & F00K108800	Center tunnel, below radio
Mercedes-Benz	Metris	ACM	Data CSV	F00K108387 & F00K108598	Center tunnel, below radio

[fig. 3-10] BOSCH CDR 시스템으로 진단이 가능한 메르세데스 벤츠 세부 모델 유형(2016년 기준)

Make	Model	Module	Adapter/Cable		Module Location
Nissan	370Z Coupe/Roadster	ACM CSV	Data	F00K108387 & F00K108780	Center Tunnel, Between Front Seats
Nissan	Altima Sedan	ACM CSV	Data	F00K108387 & F00K108780	Center Tunnel, Between Front Seats
Nissan	Frontier	ACM CSV	Data	F00K108387 & F00K108780	Center Tunnel, Between Front Seats
Nissan	GT-R	ACM CSV	Data	F00K108387 & F00K108780	Center Floor, Between Front Seats
Nissan	Juke	ACM CSV	Data	F00K108387 & F00K108780	Center Tunnel, Between Front Seats
Nissan	Leaf (note 3)	ACM CSV	Data	F00K108387 & F00K108780	Center Tunnel, Between Front Seats
Nissan	Maxima Sedan	ACM CSV	Data	F00K108387 & F00K108780	Center Tunnel, Between Front Seats
Nissan	MICRA®	ACM CSV	Data	F00K108387 & F00K108780	Refer to Service Manual
Nissan	Murano	ACM CSV	Data	F00K108387 & F00K108780	Center Tunnel, Between Front Seats
Nissan	NV Cargo & Passenger Van	ACM CSV	Data	F00K108387 & F00K108780	Under Center Console, Aft of Center Stack
Nissan	NV200 Taxi & Compact Cargo	ACM CSV	Data	F00K108387 & F00K108780	Under Center Console, Aft of Center Stack
Nissan	Pathfinder	ACM CSV	Data	F00K108387 & F00K108780	Center Tunnel, Between Front Seats
Nissan	Quest	ACM CSV	Data	F00K108387 & F00K108780	Under Center Console, Toward the Front
Nissan	Rogue	ACM CSV	Data	F00K108387 & F00K108780	Under the front row passenger seat
Nissan	Sentra	ACM CSV	Data	F00K108387 & F00K108780	Center Tunnel, Between Front Seats
Nissan	Titan	ACM CSV	Data	F00K108387 & F00K108780	Center Tunnel, Between Front Seats

[fig. 3-11] BOSCH CDR 시스템으로 진단이 가능한 닛산 세부 모델 유형(2016년 기준)

Make	Model	Module		Adapter/Cable	Module Location
Volkswagen	Beetle (includes convertible)	ACM CSV	Data	F00K108387 & Cable# 804	Under Center Stack
Volkswagen	CC	ACM CSV	Data	F00K108387 & Cable# 804	Under Center Stack
Volkswagen	EOS	ACM CSV	Data	F00K108387 & Cable# 806	Under Center stack
Volkswagen	Golf, eGolf, GTI	ACM CSV	Data	F00K108387 & Cable# 805	Under Center Stack
Volkswagen	Jetta (gas only)	ACM CSV	Data	F00K108387 & Cable# 804	Under Center Stack
Volkswagen	Passat	ACM CSV	Data	F00K108387 & Cable# 804	Under Center Stack
Volkswagen	Tiguan	ACM CSV	Data	F00K108387 & Cable# 804	Under Center Stack
Volkswagen	Touareg	ACM CSV	Data	F00K108387 & Cable# 804	Under the gear selector

[fig. 3-12] BOSCH CDR 시스템으로 진단이 가능한 폭스바켄 세부 모델 유형(2016년 기준)

Make	Model	Module		Adapter/Cable	Module Location
Volvo	S60	ACM CSV	Data	F00K108387 & F00K108799	Center Tunnel, Under Console
Volvo	S80	ACM CSV	Data	F00K108387 & F00K108799	Center Tunnel, Under Console
Volvo	V60 (includes Cross Country)	ACM CSV	Data	F00K108387 & F00K108799	Center Tunnel, Under Console
Volvo	V70	ACM CSV	Data	F00K108387 & F00K108799	Center Tunnel, Under Console
Volvo	XC60	ACM CSV	Data	F00K108387 & F00K108799	Center Tunnel, Under Console
Volvo	XC70	ACM CSV	Data	F00K108387 & F00K108799	Center Tunnel, Under Console
Volvo	XC90	ACM CSV	Data	F00K108387 & Cable# 816	Center Tunnel, Under Console

[fig. 3-13] BOSCH CDR 시스템으로 진단이 가능한 볼보 세부 모델 유형(2016년 기준)

03 BOSCH CDR 진단 시스템의 구성

BOSCH CDR 진단 시스템은 인터페이스 진단 모듈(CDR), 차종별 ACM 연결 케이블, OBD 연결 DLC 케이블, 보조 어댑터(Adapter), 노트북 PC, CDR 소프트웨어 프로그램 등으로 구성되어 있다.

[fig. 3-14] BOSCH CDR 진단 시스템 구성

(1) 인터페이스 진단 모듈(CDR)[1]

차량의 에어백 제어모듈(ACM) 등에 저장된 사고 데이터를 진단하고 추출하는 통신용 모듈 장비이다. 차량과 통신 가능한 프로토콜(Protocol)[2]을 지원하고 EDR에 저장된 사고 데이터를 연결된 노트북 또는 데스크 탑 PC로 전달하는 기능을 한다.

[fig. 3-15] 인터페이스 진단 모듈(CDR)

---

1) Crash Data Retrieval 사고 데이터 추출 장치
2) 컴퓨터나 네트워크 장비가 서로 통신하기 위해 미리 정해놓은 규약

(2) 차종별 ACM[3] 연결 케이블

인터페이스 진단 모듈(CDR)과 사고데이터가 저장된 에어백제어모듈(ACM)을 직접 연결할 때 사용하는 케이블이다. 이 연결 케이블은 자동차 제작사 및 차종에 따라 커넥터의 형태와 핀 배열이 다르기 때문에 각각의 차종과 모델에 맞는 케이블의 구비가 필요하다.

[fig. 3-16] 차종별 ACM 연결 케이블

(3) OBD[4] 연결 DLC 케이블

인터페이스 진단 모듈(CDR)과 차량 자기진단용 OBD 커넥터를 연결할 때 사용하는 케이블이다. 각 차량에 설치된 OBD 진단 커넥터는 그 형태와 핀 배열이 표준화된 규격으로 설치되어 있어 OBD 연결 DLC[5] 케이블을 이용하여 통신 연결이 가능하다.

[fig. 3-17] OBD 연결 DLC 케이블(cable)

---

3) Air bag Control Module 에어백 제어 모듈

4) On Board Diagnosis 차량 진단 시스템

5) Data Link Connector 데이터 송수신 커넥터

(4) 보조 어댑터

차종 및 모델에 따라 통신의 호환성을 확보하기 위해 인터페이스 모듈(CDR)의 접속부위에 추가적으로 연결하는 EDR 진단 보조용 어댑터이다. DLC 어댑터, PCM 파워 어댑터 등이 있다.

(5) CDR 소프트웨어 프로그램

사용자가 에어백제어모듈(ACU) 등에 저장된 EDR 데이터를 추출하여 진단, 분석, 출력할 수 있는 소프트웨어 프로그램이다. 인터페이스 모듈을 제어하여 EDR 데이터를 추출하고, 추출된 RAW 데이터를 사용자가 쉽게 알 수 있는 이미지와 단위로 변환시키는 기능을 제공한다.

PCM Adapter

DLC Adapter

[fig. 3-18] 보조 어댑터

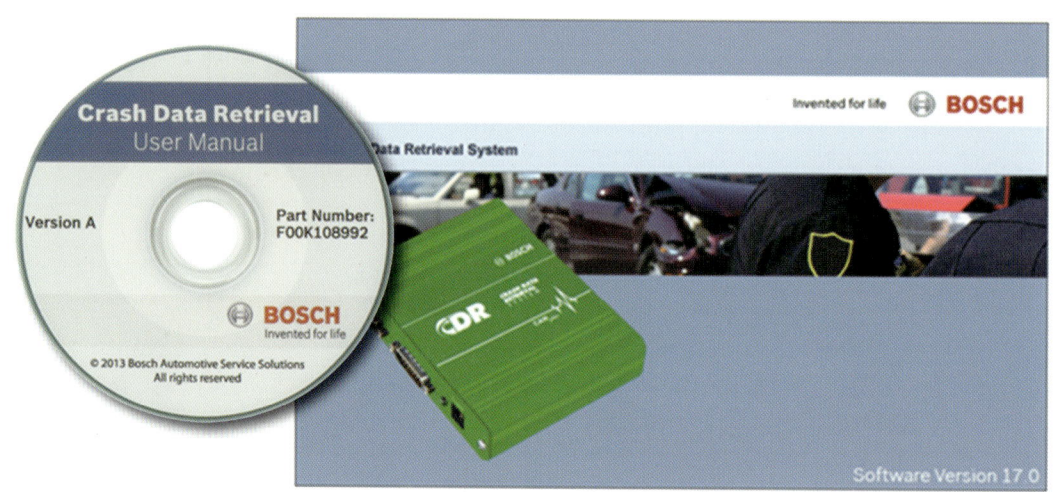

[fig. 3-19] CDR 소프트웨어 프로그램

(6) 노트북 또는 데스크 탑 PC

소프트웨어 프로그램을 설치하여 EDR의 추출, 진단, 출력을 제어하는 개인용 컴퓨터이다. 노트북 또는 데스크 탑 PC와 인터페이스 모듈(CDR)를 USB 케이블로 연결하여 사용한다.

(7) 전원 장치 및 USB 케이블 등 기타

기타 인터페이스 모듈(CDR)에 12V 전원을 공급하는 파워 팩, 인터페이스 모듈과 PC을 연결하는 USB 케이블 등이 있다.

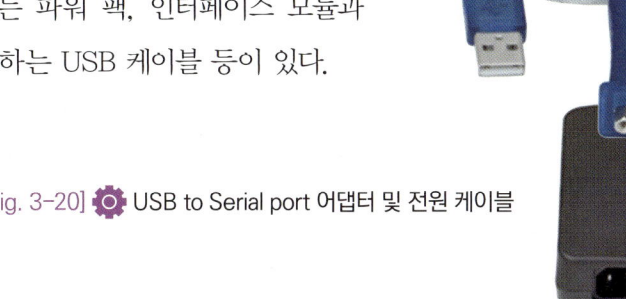

[fig. 3-20] USB to Serial port 어댑터 및 전원 케이블

04 BOSCH CDR 진단 시스템의 활용방법

(1) 소프트웨어의 설치 및 등록

① CDR 소프트웨어 설치

제공된 CDR 소프트웨어 프로그램 또는 BOSCH CDR 인터넷 서비스 사이트(www.boschdiagnostics.com)에 접속하여 소프트웨어를 다운로드한 후 설치한다. 소프트웨어 설치 후 CDR 프로그램을 실행시키면 다음과 같은 초기 화면이 나타난다.

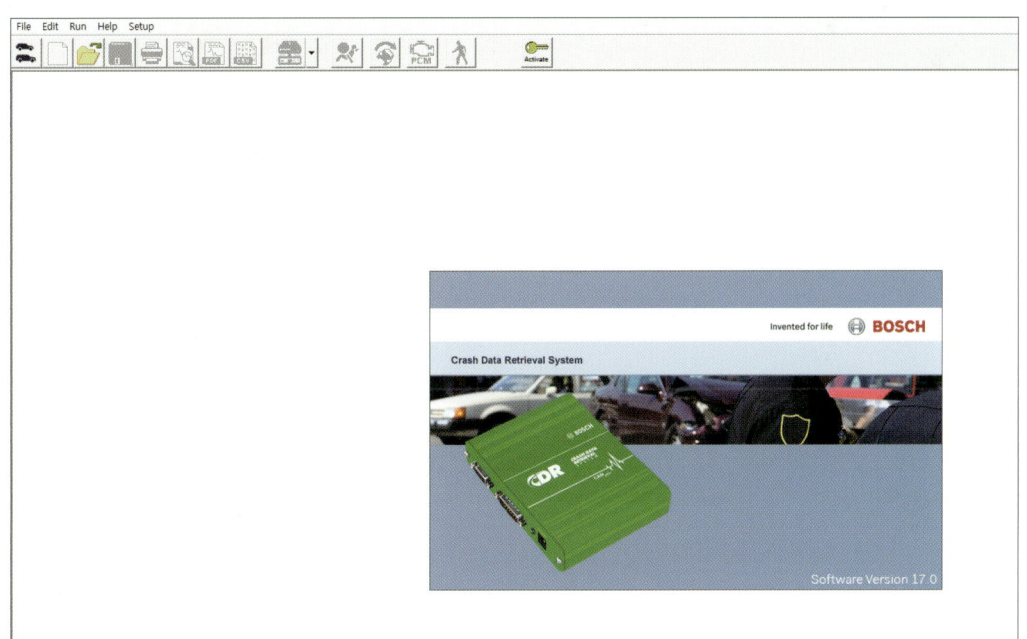

[fig. 3-21] CDR 소프트웨어 프로그램 실행 초기 화면

② 프로그램 사용자 등록

CDR 프로그램의 초기 화면에서 □ 표시된 키 버튼을 클릭하여 제공된 라이센스 인증 파일을 찾아 등록하고 프로그램을 활성화 시킨다.

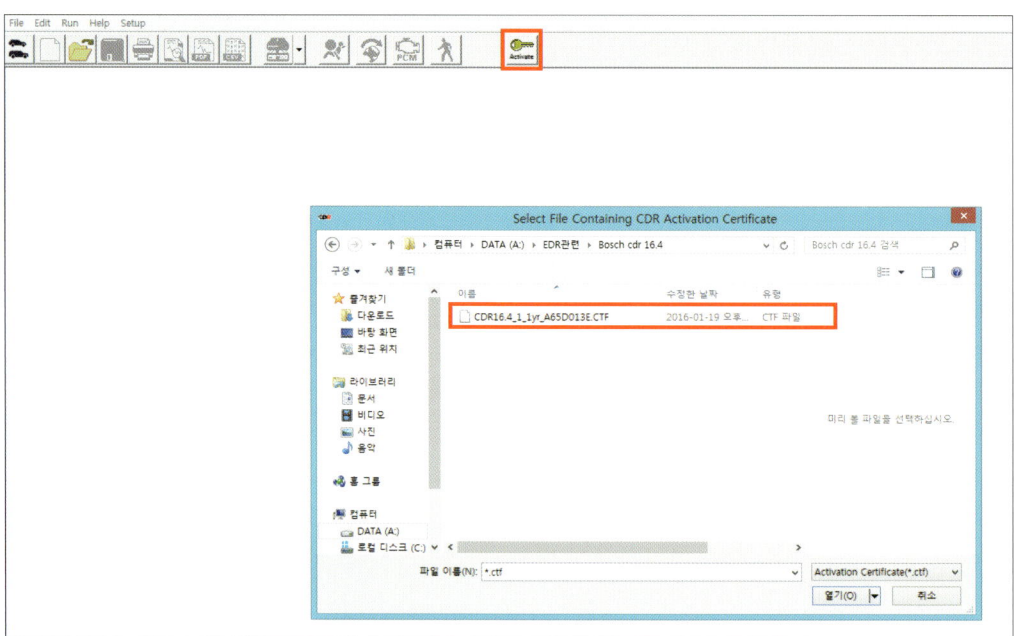

[fig. 3-22] CDR 소프트웨어 프로그램 사용자 등록 및 활성화

[fig. 3-23] CDR 소프트웨어 프로그램 메뉴 구성

(2) OBD 진단 커넥터를 이용한 EDR 데이터 추출

① CDR 시스템을 연결한다.

CDR 모듈과 연결된 OBD 케이블을 차량의 OBD 진단 커넥터에 연결하고, CDR 모듈과 노트북 PC를 연결한다. 차량의 OBD 진단 커넥터는 보통 운전석 하단 계기패널 밑부분이나 실내 휴즈박스 안쪽에 설치되어 있다.

② 차량의 시동스위치를 ON 시킨다.

차량을 안전한 장소에 주차시킨 상태에서 운전석에 승차하여 차량의 시동스위치를 ON 시킨다. 이때 CDR 모듈에 전원이 들어오는지 확인한다.

[fig. 3-24] OBD 진단 커넥터와 CDR 시스템 연결 모습

[fig. 3-25] 차량의 시동스위치 ON 및 CDR 진단모듈의 전원 램프 상태 확인하기

전원 램프

③ CDR 프로그램 실행 및 통신 포트를 연결한다.

CDR 프로그램을 실행시키고 프로그램 메뉴 상단의 setup 버튼을 클릭하여 차량과 호환되는 통신 포트를 선택한다. 이때 자동선택(Auto Selection)을 클릭하면 프로그램이 자동으로 통신 포트를 찾아 선택한다. 이 과정을 거쳐 정상적으로 통신 포트가 연결되면 프로그램 화면 우측 하단에 "OK interface"라는 문구가 표시된다. 만약 "NO interface"라는 문구가 표시되어 있으면 시스템이 정상적으로 연결되지 않은 상태를 의미한다.

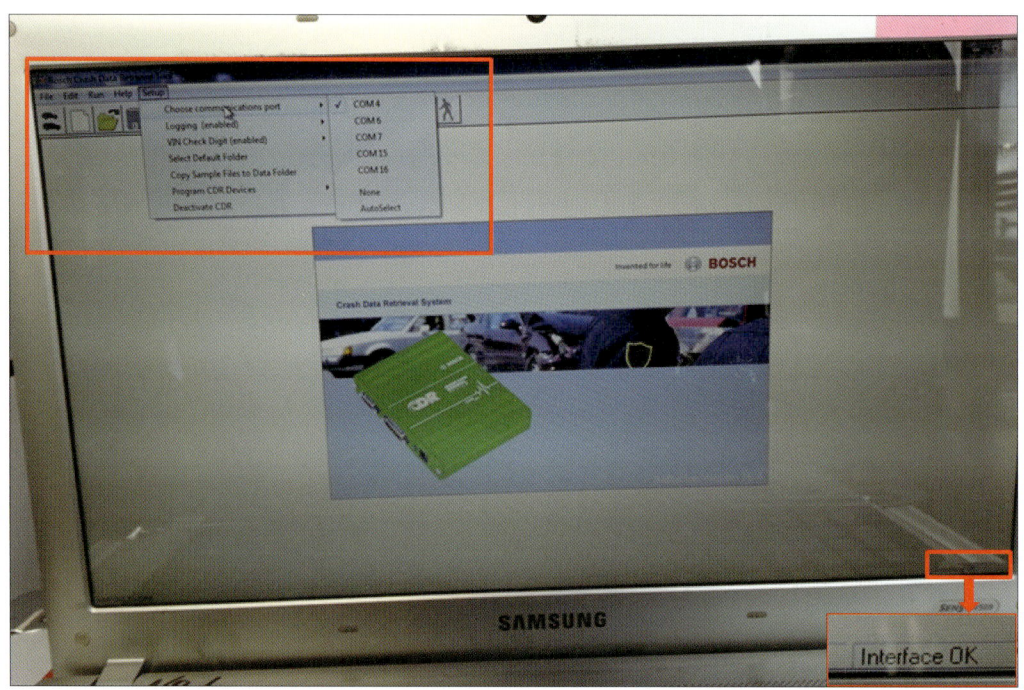

[fig. 3-26] CDR 프로그램 실행 및 통신 포트 자동 연결하기

④ "NEW" 버튼을 클릭하여 제조사를 선택한다.

CDR 프로그램 좌측 상단의 "NEW" 버튼(□) 클릭하면 다음과 같은 차량 제조사 선택 창이 나타나고, 여기에서 제조사를 선택하면 다음 화면으로 진행된다.

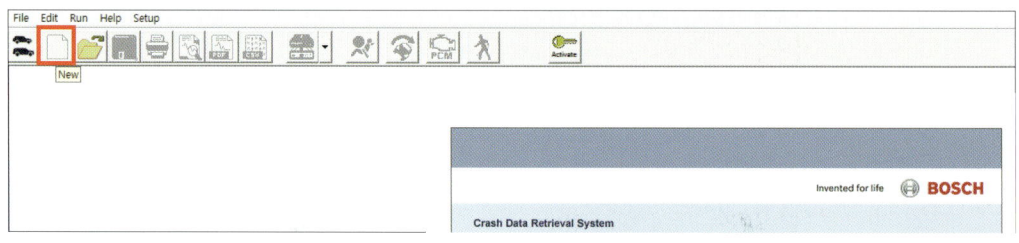

[fig. 3-27] CDR 프로그램에서 'NEW' 버튼 클릭하기

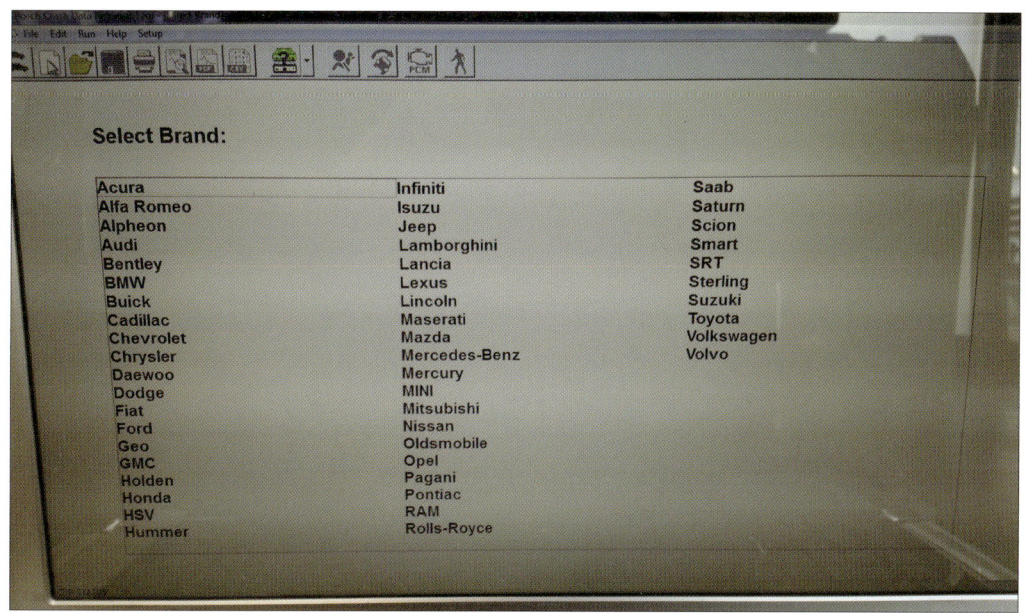

[fig. 3-28] CDR 프로그램에서 'NEW' 버튼 선택 후 차량 제조사 선택하기

⑤ **사고차량의 차대번호를 검색 또는 입력한다.**

다음 프로그램 화면에서 "Read VIN from Vehicle"을 클릭하여 사고차량의 차대번호를 자동으로 인식시킨다. 차량의 차대번호가 자동으로 검색되지 않은 경우에는 사용자가 직접 수동으로 차대번호를 입력하고 "Done"을 눌러 다음 단계로 진행한다.

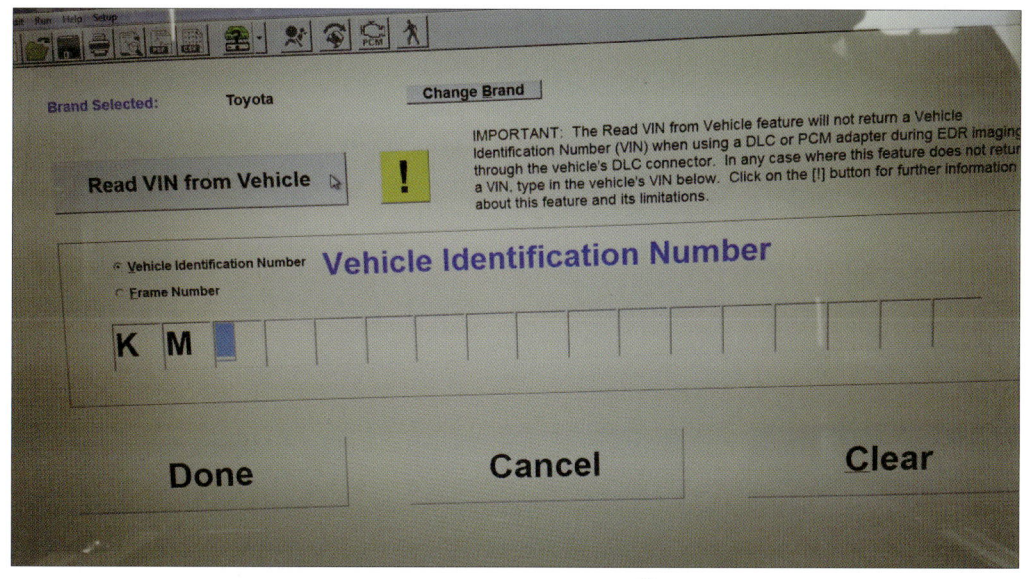

[fig. 3-29] CDR 프로그램에서 차대번호 불러오기

제3장 · EDR 데이터의 진단 및 추출 **79**

⑥ 사고정보를 입력한다.

다음의 프로그램 화면에서 EDR 출력 리포트에 표시할 사용자, 사고일자, 관리번호, 짧은 의견이나 해설 등 코멘트(Comment)할 내용을 입력한다. 이 화면의 입력창에는 사용자가 내용을 입력하지 않아도 된다. 내용 입력 또는 입력하지 않은 상태에서 "Done" 부분을 클릭하여 다음 단계로 진행한다.

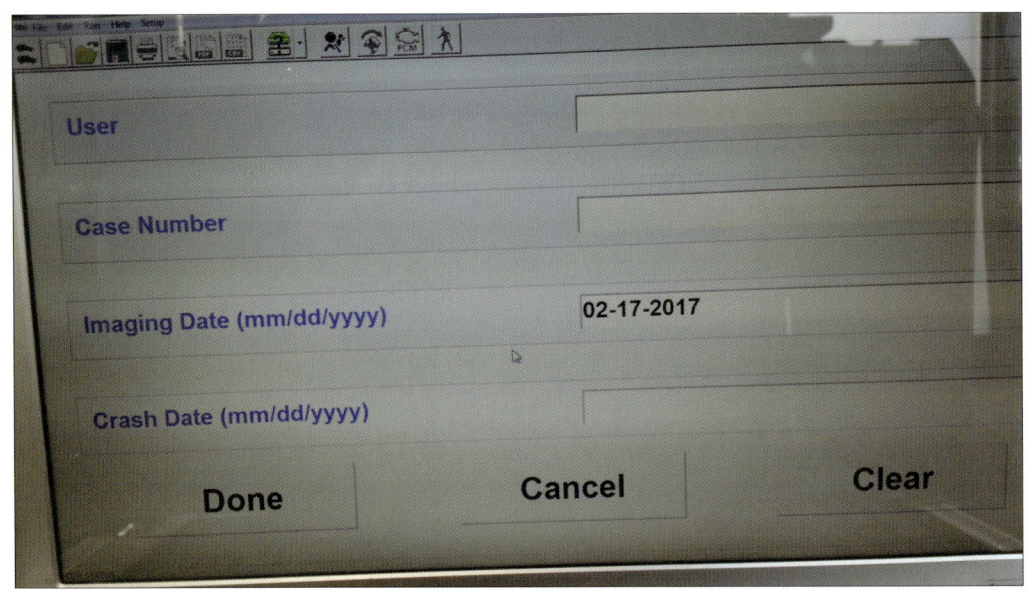

[fig. 3-30] CDR 프로그램에서 사용자, 사고일자, 관리번호 등의 코멘트 입력하기

⑦ 활성화된 제어모듈을 클릭하여 저장된 EDR 데이터를 추출한다.

이전 단계의 "Done" 버튼을 클릭하면 초기 화면이 생성되면서 ACM[1], ROS[2], PCM[3], PPM[4] 등의 아이콘에 활성화된 부분이 나타나는데, 이때 활성화된 제어모듈 부분을 클릭하면 각 제어모듈에 저장된 EDR 데이터에 대한 추출이 시작된다. 프로그램 상단 메뉴 "RUN"을 클릭하면 활성화된 제어모듈이 표시되는데 이곳에서 활성 제어모듈을 선택해도 데이터 추출이 시작된다. 대부분의 EDR 데이터는 에어백제어모듈(ACM)에 저장되고 있다.

---

1) 에어백제어모듈(Air Bag Control Module)의 약어. 차량의 에어백 작동을 제어하는 컨트롤 유닛
2) 전복센서(Roll Over Sensor)의 약어. 차량의 전복상황을 감지하는 센서
3) 동력제어모듈(Powertrain Control Module)의 약어. 엔진과 동력전달을 제어하는 컨트롤 유닛
4) 보행자보호장치모듈(Pedestrian Protection Module)의 약어. 보행자 보호를 위한 안전장치의 작동을 제어하는 컨트롤 유닛. 보행자용 에어백, 후드 안전장치 등이 있다.

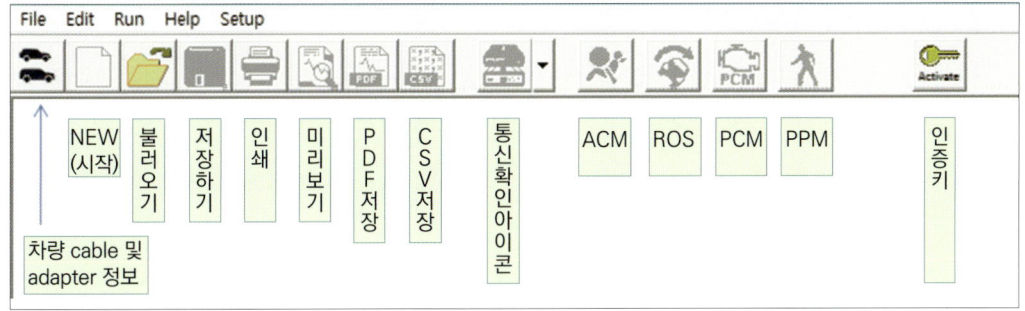

[fig. 3-31] CDR 프로그램 아이콘 의미

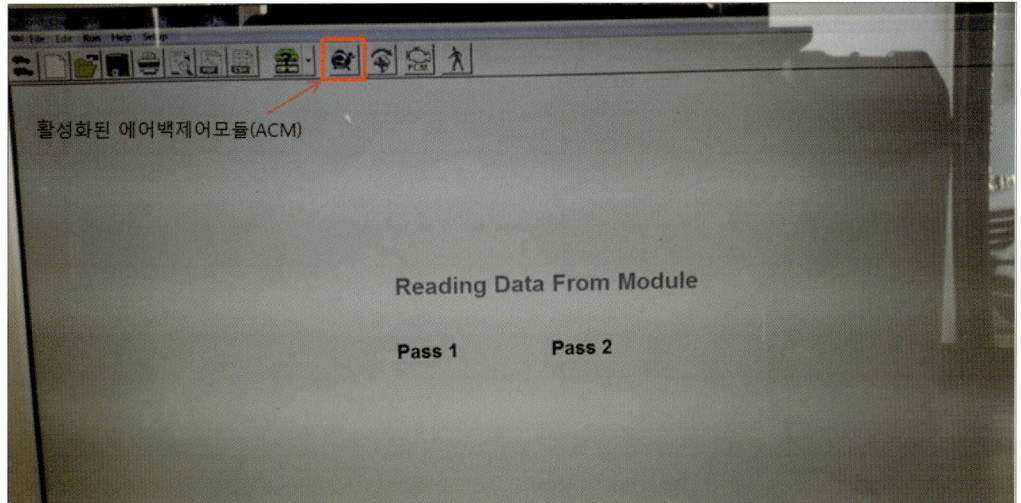

[fig. 3-32] CDR 프로그램에서 사고정보가 저장된 모듈을 선택하여 EDR 데이터 추출하기

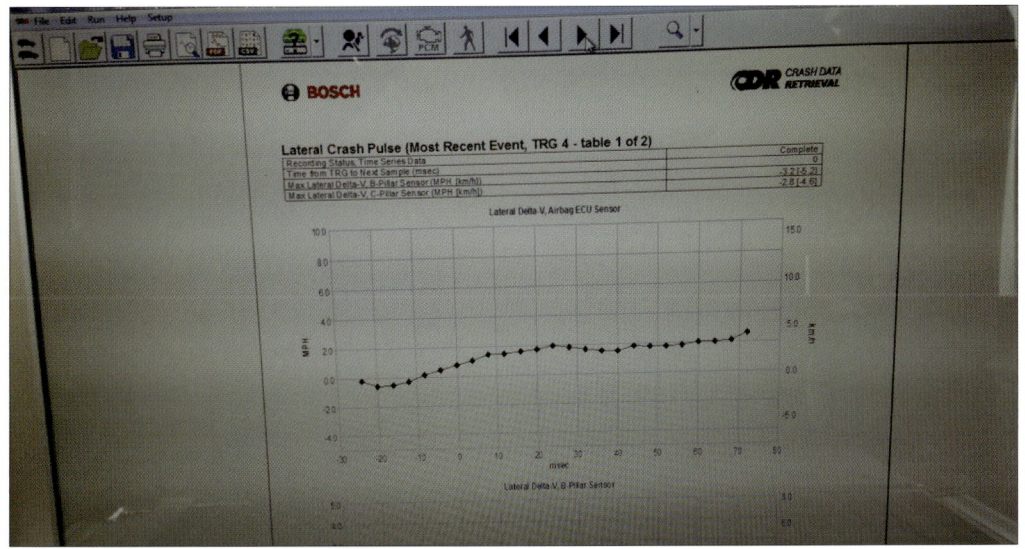

[fig. 3-33] CDR 프로그램을 통해 추출된 EDR 데이터 예시

(3) ACM 등 제어모듈을 직접 연결한 EDR 데이터 추출

① 사고차량에서 EDR 데이터가 저장된 제어모듈(ACM)을 탈거한다.

사고차량에서 EDR 데이터가 저장된 ACM, PCM, PPM 등과 같은 제어모듈을 탈거한다. CDR 프로그램의 'Help'정보 목록에서 EDR 데이터가 저장되는 제어모듈의 유형과 제어모듈의 장착 위치를 대략적으로 확인할 수 있다. 제어모듈의 상세 장착위치는 제조사의 정비지침서를 통해 확인할 수 있다. 보통 에어백제어모듈(ACM)은 운전석과 동승석의 중간 계기패널 하단 또는 콘솔박스 하단에 장착되는 경우가 대부분이다.

[fig. 3-34] 차량에 장착된 에어백 제어모듈(ACM) 탈착하기

② CDR 시스템을 연결한다.

적합한 케이블을 이용하여 CDR 모듈과 사고 데이터가 저장된 ACM 등의 제어모듈을 직접 연결하고, CDR 모듈과 노트북 PC를 연결한다. 또한 12V 전원 팩을 이용하여 CDR 모듈에 전원을 공급한다. 단, 차종과 모델에 따라 CDR 모듈과 ACM을 직접 연결할 때 추가적인 어댑터가 필요한 것도 있다. CDR 프로그램의 " 🚗 아이콘 및 'Help'정보란에 사고차량과 적합한 케이블 정보와 어댑터 정보가 표시되어 있으므로 참고한다.

③ CDR 프로그램 실행 및 통신 포트를 연결한다.

CDR 프로그램을 실행시키고 프로그램 메뉴 상단의 setup 버튼을 클릭하여 차량과 호환되는 통신 포트를 선택한다. 이때 자동선택(Auto Selection)을 클릭하면 프로그램

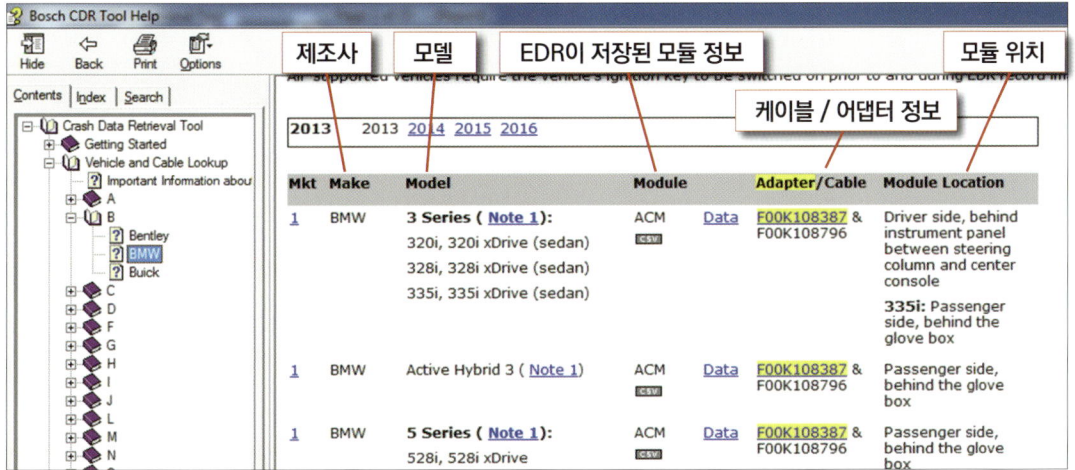

[fig. 3-35] CDR 소프트웨어 프로그램의 차종 ACM 케이블 및 어댑터 정보

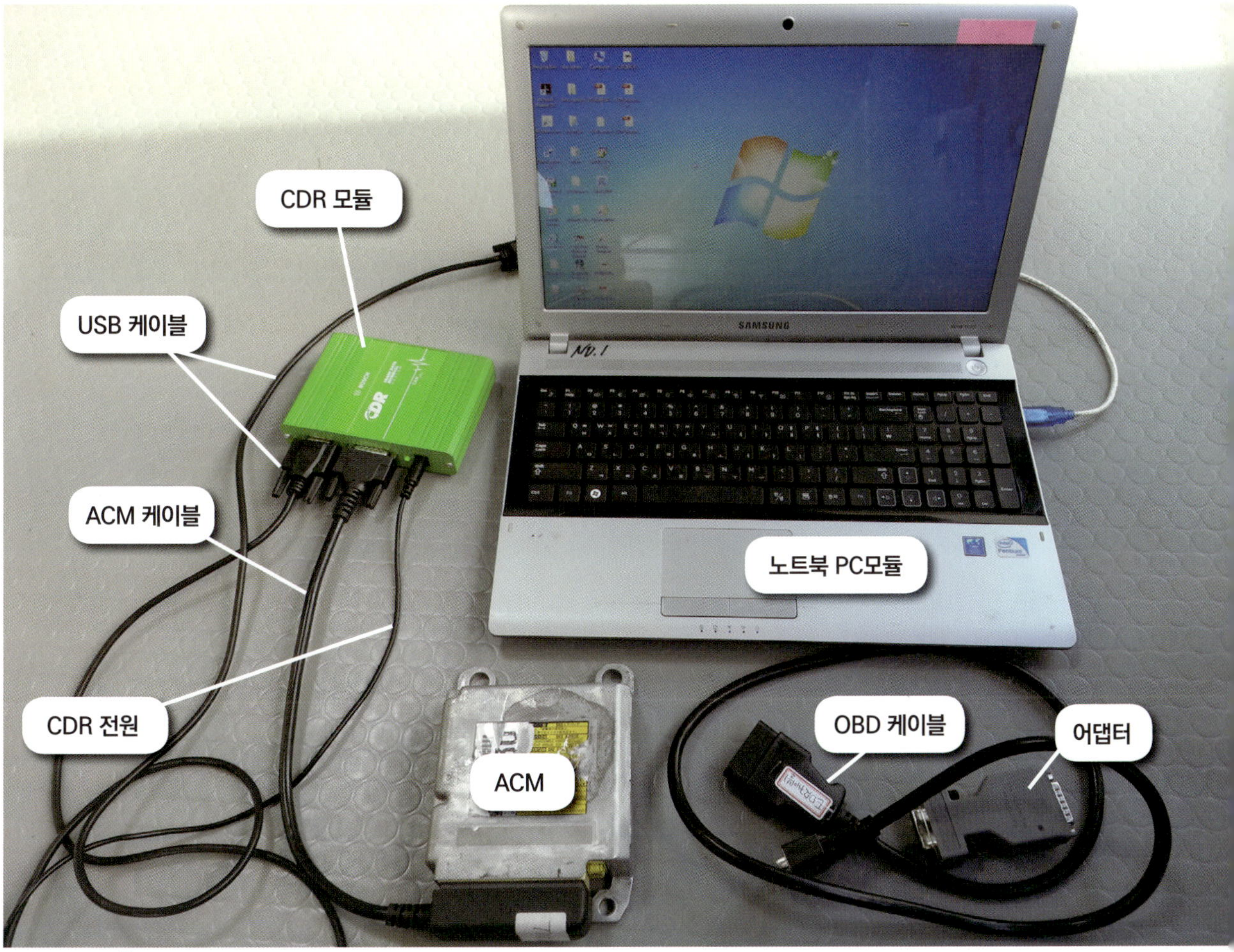

[fig. 3-36] 에어백제어모듈(ACM)과 CDR 시스템 연결 모습

이 자동으로 통신 포트를 찾아 선택하게 된다. 이 과정을 거쳐 정상적으로 통신 포트가 선택되면 프로그램 화면 우측 하단에 'OK interface' 라는 문구가 표시된다. 만약 'NO interface'라는 문구가 표시되어 있으면 시스템이 정상적으로 연결되지 않은 상태를 의미한다.

④ "NEW" 버튼을 클릭하여 제조사를 선택한다.

CDR 프로그램 좌측 상단의 'NEW' 버튼을 클릭하면 차량 제조사 선택 창이 나타나고, 여기에서 제조사를 선택하면 다음 화면으로 진행된다.

⑤ 사고차량의 차대번호를 입력한다.

프로그램 화면에서 차량의 차대번호를 사용자가 직접 수동으로 입력하고 'Done'을 눌러 다음 단계로 진행한다. CDR 진단 시스템에 ACM를 직접 연결한 경우에는 'Read VIN from Vehicle'을 클릭해도 사고차량의 차대번호를 인식하지 못한다.

⑥ 사고정보를 입력한다.

다음의 프로그램 화면에서 EDR 출력 리포트에 표시할 사용자, 사고일자, 관리번호, 짧은 의견이나 해설 등 코멘트(Coment)할 내용을 입력한다. 이 화면의 입력창에는 사용자가 내용을 입력하지 않아도 된다. 내용 입력 또는 입력하지 않은 상태에서 "Done" 부분을 클릭하여 다음 단계로 진행한다.

⑦ 활성화된 제어모듈을 클릭하여 저장된 EDR 데이터를 추출한다.

이전 단계의 "Done" 버튼을 클릭하면 초기 화면이 생성되면서 ACM, ROS, PCM, PPM 등의 아이콘에 활성화된 부분이 나타나는데, 이때 활성화된 제어모듈 부분을 클릭하면 각 제어모듈에 저장된 EDR 데이터가 추출된다.

위 ③~⑦항의 데이터 추출 및 검색 과정은 앞서 CDR 프로그램 설명 내용 및 그림인 **fig. 3-26 ~ fig. 3-33** 및 다음 **fig. 3-37**를 참고한다.

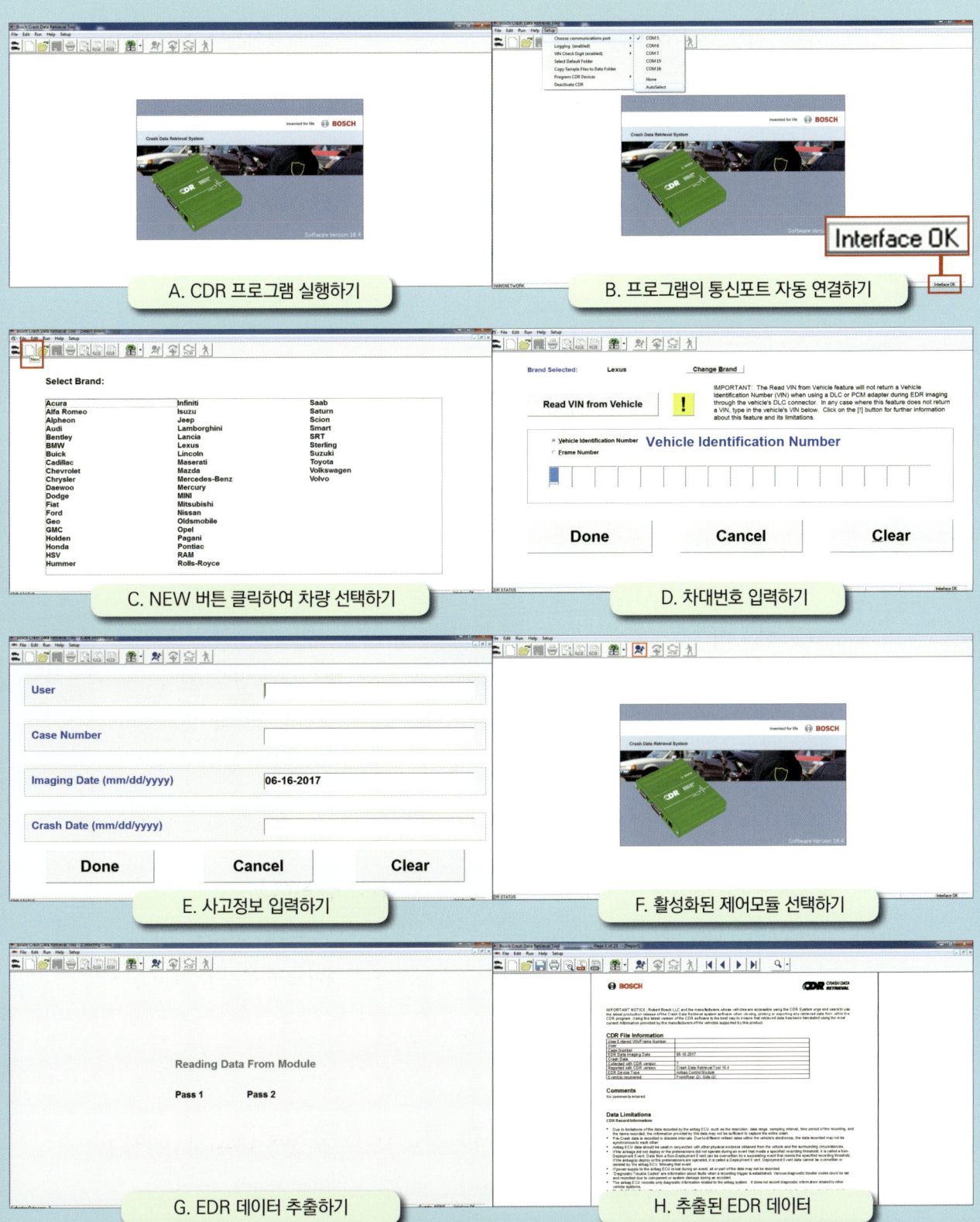

[fig. 3-37] 에어백 제어모듈(ACM)의 EDR 데이터 추출과정

제3장 · EDR 데이터의 진단 및 추출 **85**

2 현대 · 기아 EDR

01 개요

현대 및 기아자동차에서는 BOSCH CDR 시스템을 적용하지 않고 자체적으로 자사 차량의 EDR 데이터를 추출할 수 있는 전용 장비를 구축해 사용하고 있다.

02 EDR 진단 시스템 구성

현대, 기아 EDR 진단 시스템은 인터페이스 진단 모듈(VCI), 차종별 ACM 연결 케이블, OBD 연결 DLC 케이블, 노트북 PC, EDR 소프트웨어 프로그램 등으로 구성되어 있다. 기본적인 구성은 BOSCH CDR 진단 시스템과 거의 유사하다.

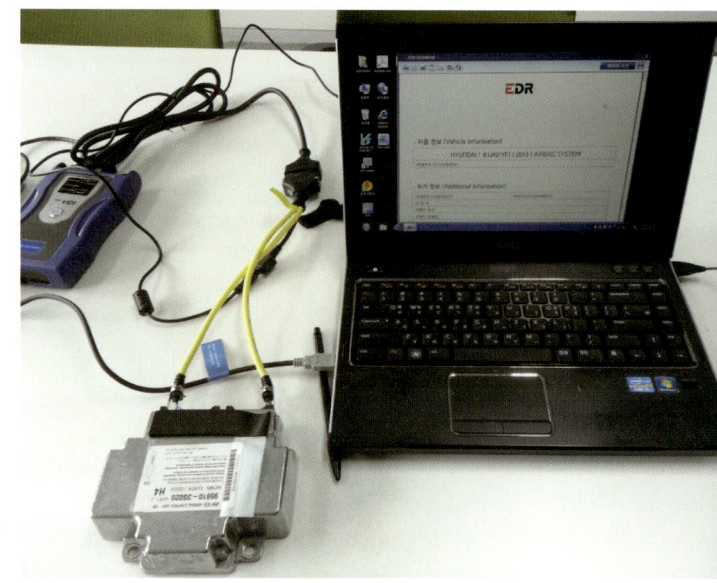

[fig. 3-38] 현대/기아 EDR 진단 시스템 구성

(1) 인터페이스 진단 모듈(VCI)

차량의 에어백 제어모듈(ACM) 등에 저장된 사고 데이터를 진단하고 추출하는 통신용 모듈 장비이다. 차량과 통신 가능한 프로토콜(Protocol)[1]을 지원하고 EDR에 저장된 사고 데이터를 연결된 노트북 또는 데스크 탑 PC로 전달하는 기능을 한다.

---

1) 컴퓨터나 네트워크 장비가 서로 통신하기 위해 미리 정해놓은 규약

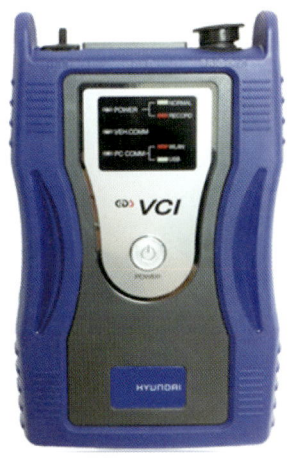
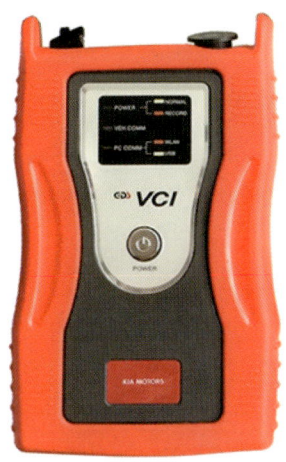

현대 진단모듈(VCI)   기아 진단모듈(VCI)

[fig. 3-39] 현대/기아 인터페이스 진단 모듈(VCI)

(2) 차종별 ACM 연결 케이블

인터페이스 진단 모듈(VCI)과 사고데이터가 저장된 에어백제어모듈(ACM)을 직접 연결할 때 사용하는 케이블이다. 차종에 따라 커넥터의 형태와 핀 배열이 다르기 때문에 차종에 맞는 연결 케이블을 선택하여 사용해야 한다. 각각의 케이블에 사용 가능한 차종별로 Part Number 라벨이 표시되어 있다.

[fig. 3-40] 차종별 ACM 연결 케이블

(3) OBD 연결 DLC 케이블

인터페이스 진단 모듈(VCI)과 차량 자기진단용 OBD 커넥터를 연결할 때 사용하는 케이블이다. 각 차량에 설치된 OBD 진단 커넥터는 그 형태와 핀 배열이 표준화된 규격으로 설치되어 있어 OBD 진단 DLC 케이블을 이용하여 모든 차종에 통신 연결이 가능하다.

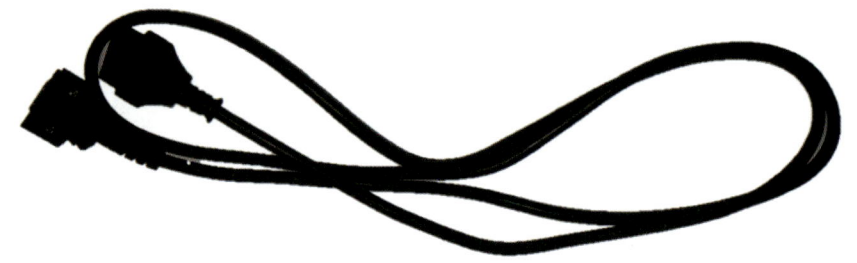

[fig. 3-41] OBD 연결 DLC 케이블

(4) EDR 소프트웨어 프로그램

사용자가 에어백제어모듈(ACU) 등에 저장된 EDR 데이터를 추출하여 진단, 분석, 출력할 수 있는 소프트웨어 프로그램이다. 인터페이스 모듈을 제어하여 EDR 데이터를 추출하고, 추출된 Raw 데이터를 사용자가 쉽게 알 수 있는 이미지와 단위로 변화시키는 기능을 제공한다.

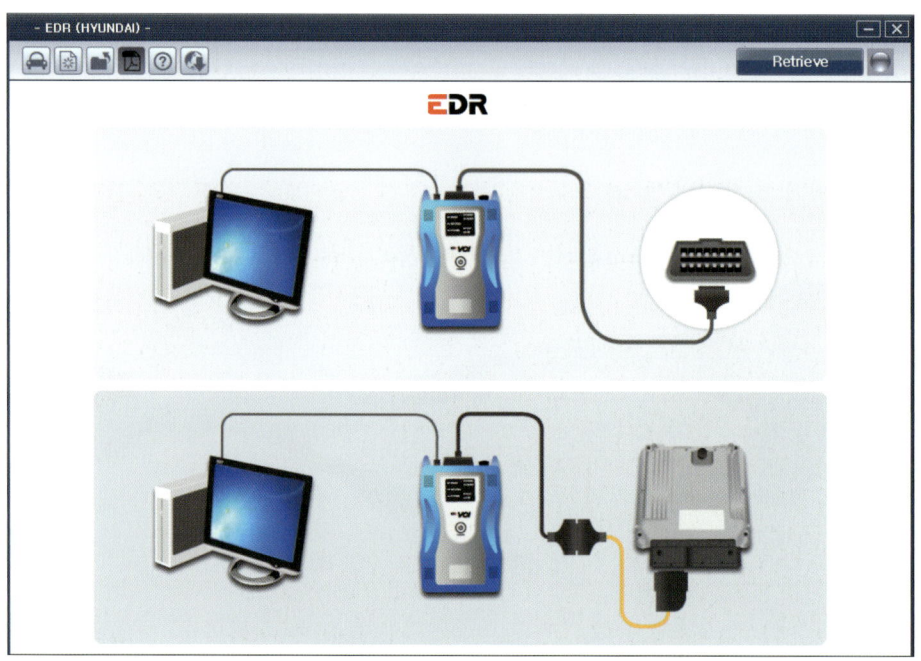

[fig. 3-42] 현대 EDR 소프트웨어 프로그램

(5) 노트북 또는 데스크 탑 PC

소프트웨어 프로그램을 설치하여 EDR의 추출, 진단, 출력을 제어하는 개인용 컴퓨터이다. 노트북 또는 데스크 탑 PC와 인터페이스 모듈(VCI)를 USB 케이블로 연결하여 사용한다.

(6) 전원 장치 및 USB 케이블 등 기타

기타 인터페이스 모듈(VCI)에 12V 전원을 공급하는 파워 팩, 인터페이스 모듈과 PC을 연결하는 USB 케이블 등이 있다.

03 EDR 데이터 추출 방법

EDR 데이터의 추출은 BOSCH CDR 시스템과 동일하게, 인터페이스 모듈(VCI)을 차량의 OBD 진단 커넥터에 연결하여 데이터를 추출하는 방법과 인터페이스 모듈(VCI)을 직접 ACM에 연결하여 데이터를 추출하는 방법이 있다. 시스템의 연결방법이나 추출 방법은 BOSCH CDR 시스템과 거의 유사하다. 여기에서는 인터페이스 모듈(VCI)을 차량의 OBD 진단 커넥터에 연결하여 진단하는 방법만을 설명하기로 한다.

(1) EDR 진단 시스템을 연결한다.

VCI 모듈과 연결된 OBD 연결 케이블을 차량의 OBD 진단 커넥터에 연결하고, VCI 모듈과 노트북 PC를 연결한다.

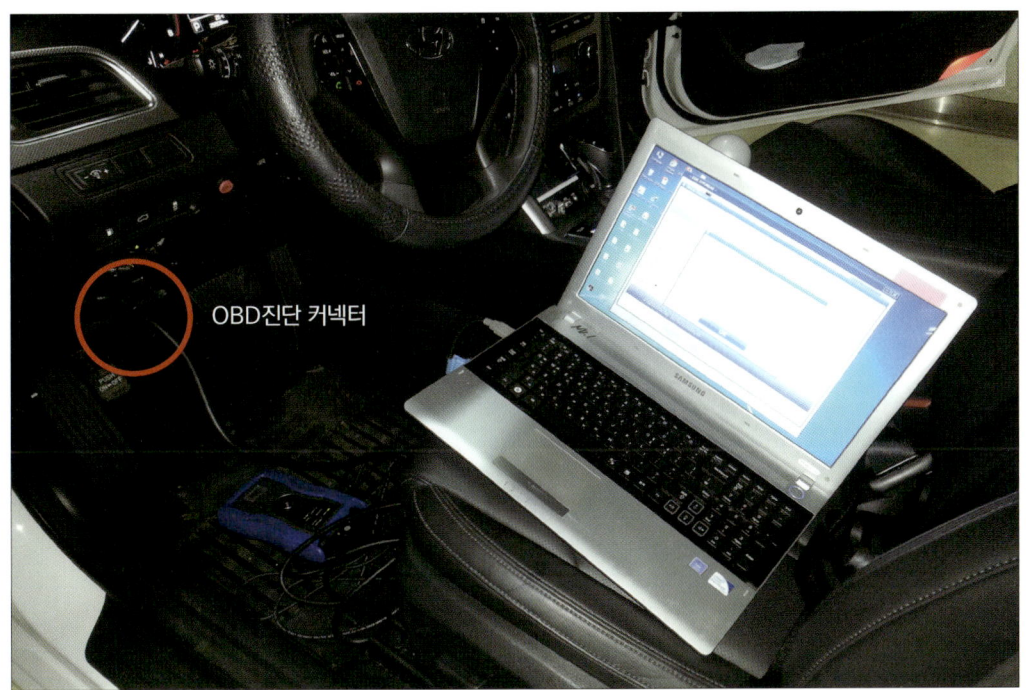

[fig. 3-43] OBD 진단 커넥터와 EDR 시스템 연결 모습

(2) 차량의 시동스위치를 ON 시킨다.

차량을 안전한 장소에 주차시킨 상태에서 운전석에 승차하여 차량의 시동스위치를 ON 시킨다. 이때 VCI 모듈에 전원이 들어오는지 확인한다.

(3) EDR 프로그램을 실행시킨다.

PC에 설치된 EDR 프로그램을 실행시키면 초기화면이 생성되면서 VCI 모듈과 PC, VCI 모듈과 차량의 OBD 커넥터가 정상적으로 연결되어 있는지 자동으로 체크된다. 이때 시스템의 연결이 불완전하면 해당되는 경고 메시지가 출력된다.

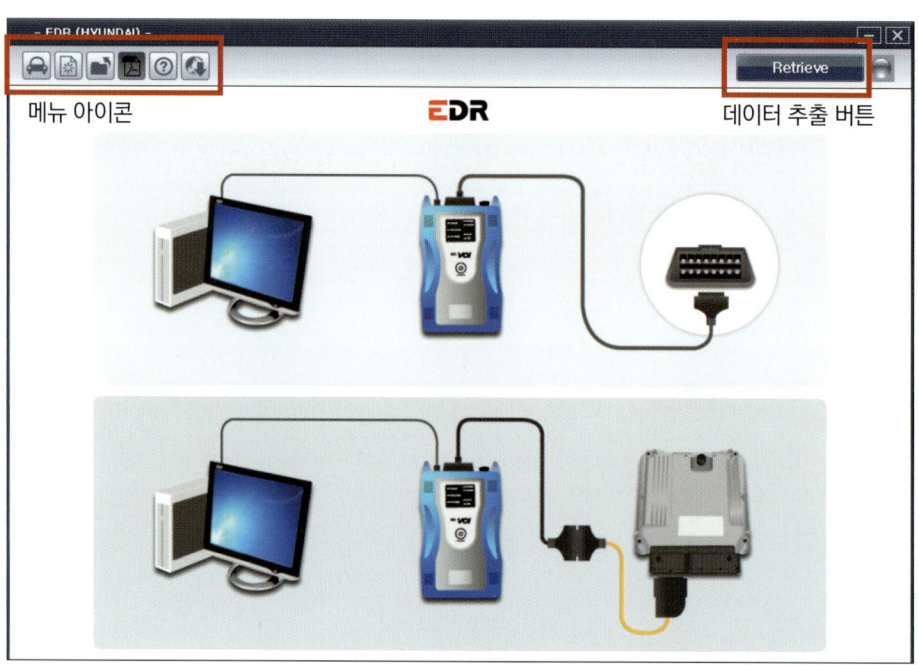

[fig. 3-44] EDR 소프트웨어 프로그램 초기화면

(4) 대상차량을 검색하여 선택한다.

EDR 프로그램 좌측 상단의 자동차모양 아이콘(□) 클릭하면 fig. 3-45와 같은 차량선택 화면이 출력된다. 화면 상단의 "Auto VIN Search"를 누르면 시스템에 연결된 차량의 차대번호가 자동으로 검색되어 입력된다. 차대번호 검색 후 해당 차량의 모델(Model), 연식(Year), 엔진(Engine) 유형을 선택하고, "OK"를 누르면 다음 단계로 진행된다. 프로그램 메뉴에서 엔진 유형은 표시된 "ALL"을 선택하면 된다.

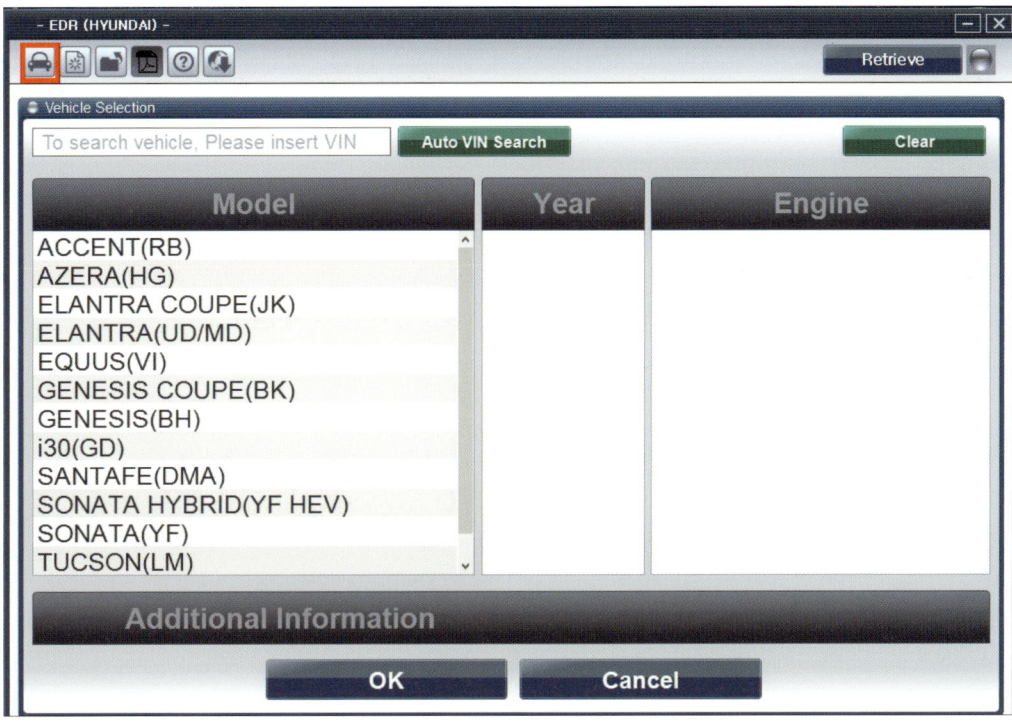

[fig. 3-45] EDR 프로그램의 차량 선택 화면

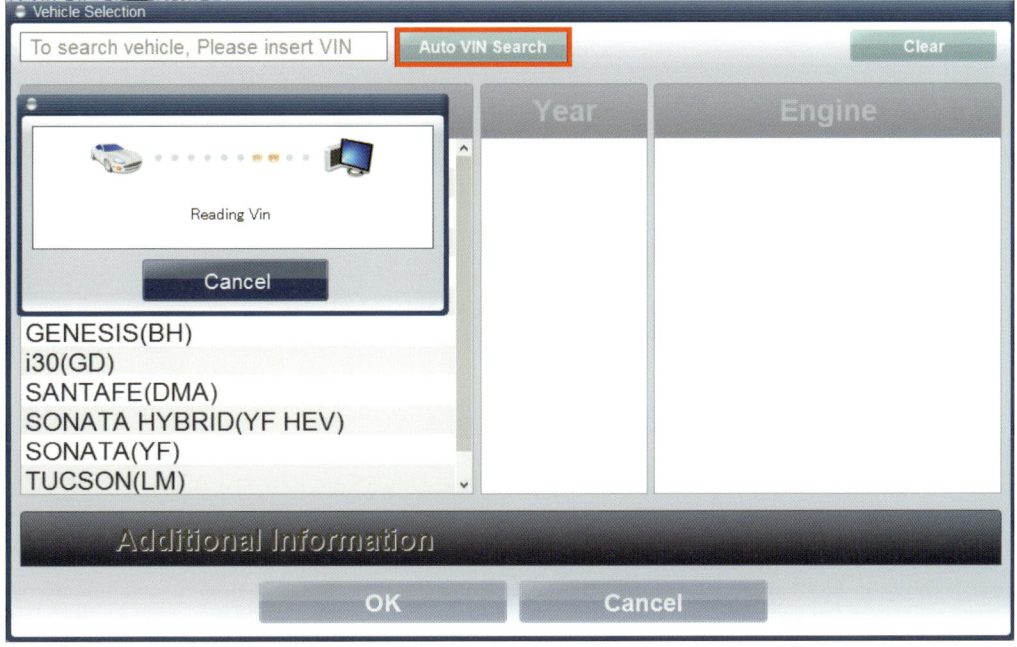

[fig. 3-46] EDR 프로그램의 차량 선택 창에서 차대번호 검색하기

[fig. 3-47] EDR 프로그램에서 사고차량의 모델, 연식, 엔진 선택하기

(5) 선택된 차량을 확인하고, 사고 정보를 입력한다.

전 단계에서 선택된 차량의 차대번호, 모델, 연식 등이 올바른지 확인하고, 사용자, 사고 일자, 관리번호 등의 내용을 입력한 후 "OK"를 누르면 다음 단계로 진행된다. 차량을 잘못 선택한 경우에는 화면의 우측 상단에 표시된 "Clear"를 눌러 대상 차량을 다시 선택한다.

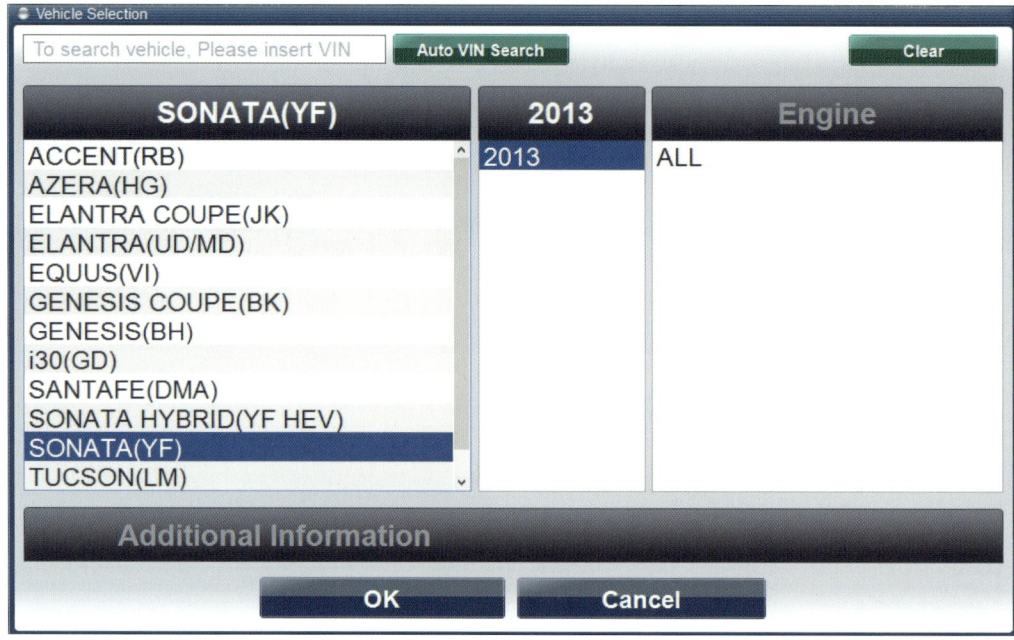

[fig. 3-48] EDR 프로그램의 사고정보 입력하기

(6) EDR 데이터를 추출한다.

사고 정보 입력 후 "OK"를 누르면 다시 초기화면이 나오는데, 여기에서 화면 우측 상단에 보이는 "Retrieve"를 누르면 에어백제어모듈(ACM)에 저장된 EDR 데이터에 대한 추출이 시작된다.

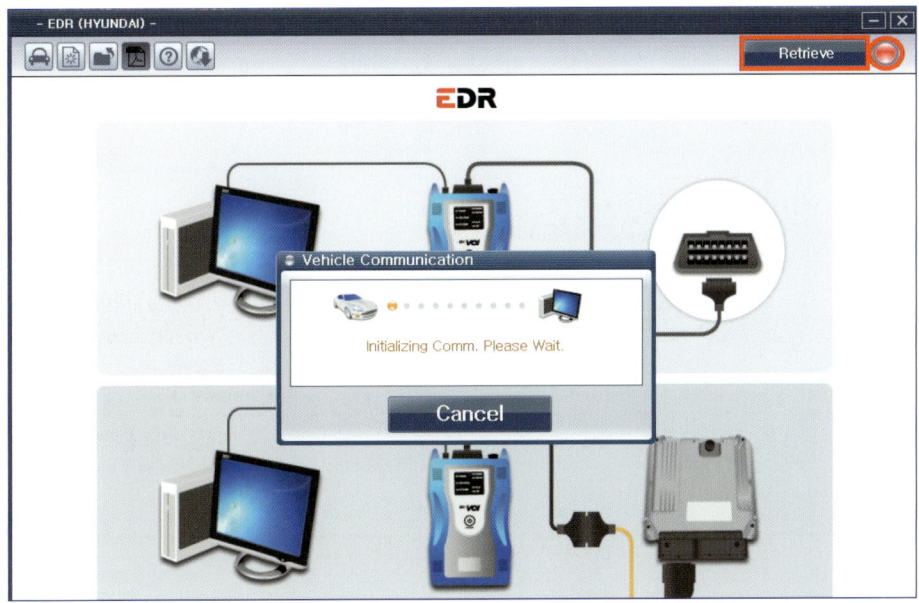

[fig. 3-49] EDR 프로그램의 데이터 추출하기

(7) 추출된 EDR 데이터를 확인한다.

데이터의 추출이 완료되면 다음 화면과 같은 EDR 데이터가 도표 및 이미지 형태로 출력된다. 출력된 EDR 데이터는 PDF 파일로 저장할 수 있다.

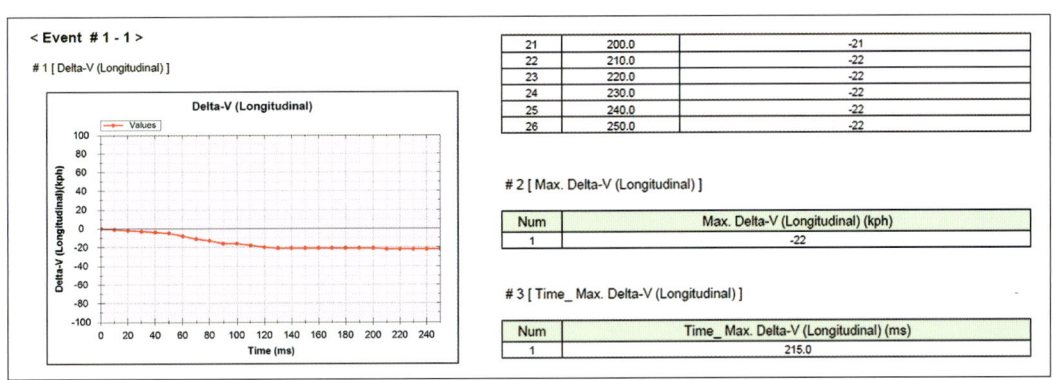

[fig. 3-50] 추출된 EDR 데이터의 출력 모습

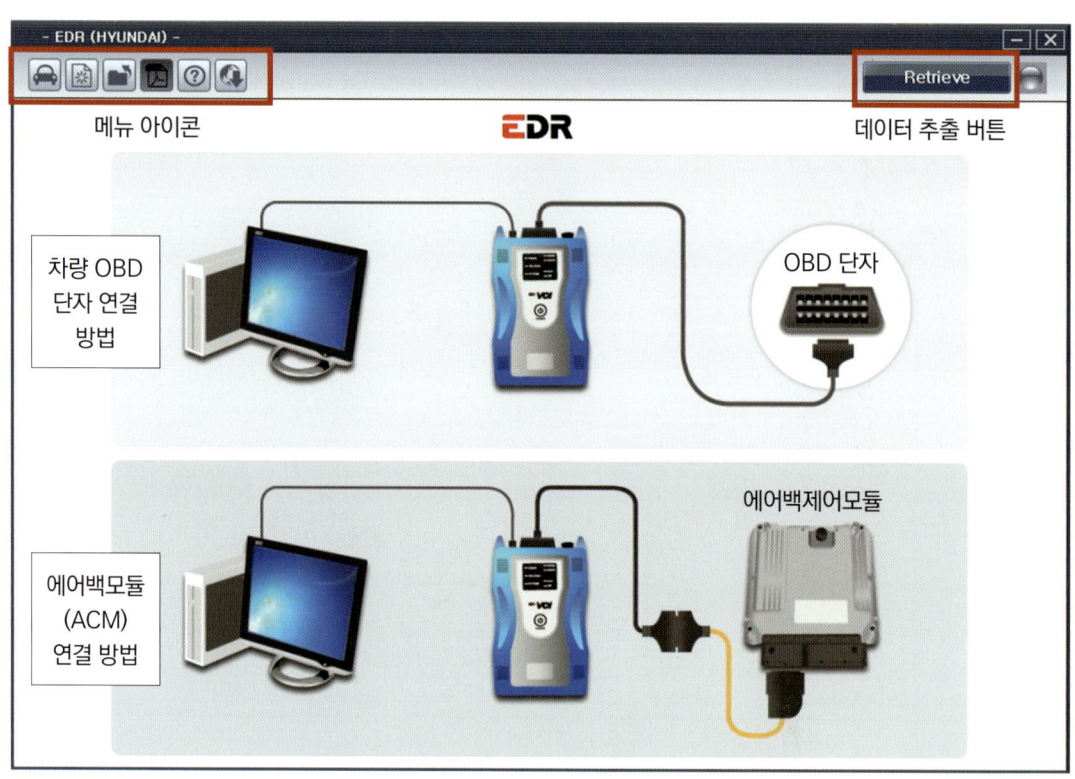

[fig. 3-51] 현대/기아 EDR 프로그램 아이콘 설명 및 시스템 연결 개략도

<표 3-2> 국내 자동차의 사고기록장치(EDR) 적용 현황

현대자동차	기아자동차	GM대우/쉐보레
엑센트 (2013)	모닝 (2013)	마티즈 (2008)
아반떼 (2013)	레이 (2013)	레조 (2008)
i30 (2013)	K3 (2013)	라세티프리미어 (2008)
벨로스터 (2013)	K5 (2013)	베리타스 (2008)
쏘나타/하이브리드 (2013)	K7 (2013)	윈스톰 (2008)
i40 (2013)	K9 (2013)	스파크/EV (2010)
아이오닉 (2016)	스팅어 (2017)	아베오 (2011)
그랜저/하이브리드 (2013)	쏘울/EV (2013)	크루즈 (2010)
아슬란 (2014)	니로/하이브리드 (2013)	말리부 (2012)
제네시스 (2013)	스포티지 (2013)	임팔라 (2014)
에쿠스 (2013)	쏘렌토 (2013)	알페온 (2011)
코나 (2017)	카니발 (2014)	트랙스 (2013)
투싼(2013)		올란도 (2011)
싼타페 (2013)		캡티바 (2011)
		카마로 (2011)
		볼트/EV (2011)

※현대/기아 차종의 경우 공식적으로는 2013년도 모델부터 적용됨. 다만 일부 차종의 경우에는 2010~2012년 모델에도 부분적으로 적용되어 있음.

M·E·M·O

CHAPTER 4

EDR 데이터의 이해

CHAPTER 4

EDR 데이터의 이해

사고차량의 에어백제어모듈(ACM) 등에 기록되는 EDR 데이터는 차종과 모델에 따라 다소 상이하나 크게 사고(Event) 발생시 또는 직전에 모터니링된 차량 시스템 정보(Vehicle System Data), 에어백 또는 프리텐셔너의 전개 정보(Air Bag Deployment Data), 사고 발생시의 충돌 정보(Crash Data), 사고 발생 전 5초 동안의 운행정보(Pre-Crash Data) 등이 포함되어 있다.

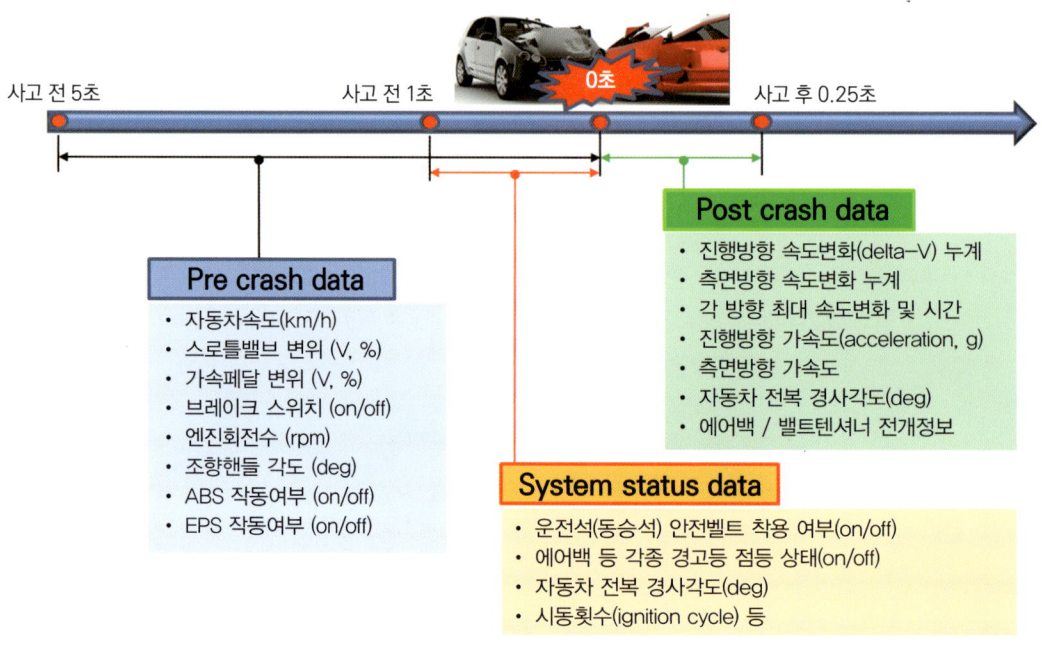

[fig. 4-1] EDR 데이터의 주요 구성

1 차량의 시스템 상태 정보

EDR에 기록되는 차량 시스템 정보에는 시동횟수(Ignition Cycle), 사고(Event)의 유형, 다중충돌(Multiple Event) 상태, 시트벨트 착용 여부, 에어백의 경고등 상태, 변속위치, 고장진단 상태, 데이터의 정상적인 기록 상태 정보 등이 있다.

01 시동횟수(IGNITION CYCLE)

엔진 시동장치를 작동시킨 누적 횟수를 말한다. 차량의 시동 키(Key)를 조작하여 엔진을 작동시킬 때마다 1회씩 증가된다. EDR에서는 이벤트가 발생한 시점의 누적 시동횟수(Ignition Cycle_crash)와 EDR 데이터를 추출한 시점의 누적 시동횟수(Ignition Cycle_download)가 각각 기록된다.

(1) Ignition Cycle, Download

EDR 데이터를 추출한 시점의 누적 시동횟수(Ignition Cycle_download)를 말한다. 신차 출고 후 100일 동안 하루에 4번씩 시동을 on/off 작동시켰다면 정보 추출시 누적 시동횟수는 400회가 된다.

System Status at Retrieval

Original VIN	ZAM56RRA1F......'256
Ignition Cycle, Download	1775
ACM Part Number	670001821
ECU Serial Number	T52MD227300045
ACM Supplier	Bosch
ECU Supply Voltage at Time of Retrieval	11.5

[fig. 4-2] 데이터 추출 시점의 누적 시동횟수. 누적 시동횟수가 1775회로 기록됨

(2) Ignition Cycle, Crash

이벤트가 발생한 시점의 누적 시동횟수(Ignition Cycle_crash)를 말한다. 신차 출고 후 사고 발생 시점까지 100일 동안 하루에 4번씩 시동을 on/off 작동시켰다면 충돌 사고시 누적 시동횟수는 400회가 된다. 만약 사고 발생 후 계속적으로 운행을 하다가 나중에 EDR 데이터를 추출하였다면 충돌시 시동횟수와 정보 추출시 시동횟수는 다르게 기록된다.

Supply Voltage at Event, ECU (V)	14.9
Temperature, Outside (deg C)	9
Odometer at Event (km)	14759.8
Ignition Cycle, Crash	1683
VIN, Original	ZAM56RRA1E1082256
VIN Recorded at Event (last 8 characters)	E1082256
Passenger Airbag Disable Lamp Failure Status	Off
Airbag Warning Lamp Failure Status	Off
Passenger Airbag Disable Indicator (PADI)	Off

[fig. 4-3] 충돌 또는 이벤트 발생 시점의 누적 시동횟수. 충돌시 누적 시동횟수는 1683회로 기록됨

02 이벤트(EVENT)의 유형

EDR 데이터가 기록된 이벤트의 유형을 말한다. 이벤트의 유형은 에어백이 전개 여부에 따라 전개 데이터(Deployment Data)와 미전개 데이터(Non-Deployment Data)로 표시된다. 또한 충돌 유형(Crash Type)에 따라 전방충돌(Front Crash), 후방충돌(Rear Crash), 측면충돌(Side Crash), 전복사고(Rollover)로 구분되어 표시되기도 한다.

차종에 따라 전방충돌과 후방충돌이 혼합되어 표시(Front/Rear Crash)되기도 하는데 이 때에는 충돌 데이터인 속도변화(Delta-V)의 방향에 따라 전방충돌과 후방충돌을 구분할 수 있다. 예를 들어 충돌시 기록된 속도변화의 값이 (+)값이면 후방충돌, (-)값이면 전방충돌로 이해할 수 있다.

Recording Status, Front/Rear Crash Info.	Complete
Crash Type	Front/Rear Crash
TRG Count (times)	2
Previous Crash Type	Side
Time from Pre-Crash TRG (msec)	2
Linked Pre-Crash Page	0
Time to Deployment Command, Front Airbag, Driver (msec)	8
Time to Deployment Command, Front Airbag, Passenger (msec)	8
Event Severity Status, Driver	Level 3
Event Severity Status, Passenger	Level 3
Time to Deployment Command, Pretensioner (msec)	8

[fig. 4-4] EDR에 기록된 충돌 유형 구분. 충돌유형이 'Front/Rear Crash'로 기록됨

03 다중충돌(MULTI-EVENT) 상태

2개 이상의 사고 데이터가 기록된 경우에는 Multi-Event로 표시된다. 다중충돌의 경우 충돌의 횟수와 각 이벤트 발생 시점 사이의 시간 간격이 표시된다.

시간간격은 보통 ms[1] 단위로 표시된다. 예를 들어 후미를 추돌당한 차량이 앞으로 밀려 전방 차량을 재차 충돌하였다면 첫 번째 충돌(후미)과 2번째 충돌(전방) 사이의 시간간격이 표시된다.

Events Recorded	TRG Count	Crash Type	Time (msec)	Event & Crash Pulse Data Recording Status
Most Recent Frontal/Rear Event	3	Front/Rear Crash	0	Complete (Front/Rear Page 2)
1st Prior Frontal/Rear Event	2	Front/Rear Crash	-340	Complete (Front/Rear Page 1)
Prior Frontal/Rear Event	1	Front/Rear Crash	-680	Complete (Front/Rear Page 0)

[fig. 4-5] EDR에 기록된 다중충돌 표시 모습. 0.68초(680ms) 동안에 3번의 정면충돌 정보가 기록된 상태임. 3번째 충돌 시점(Most Recent Front/Rear Event)을 기준할 때 0.68초 이전에 첫 번째 충돌이 발생한 상황임

04 시트벨트(SEAT BELT) 착용 상태

EDR 데이터에는 운전자(Driver) 및 동승석 탑승자(Passenger) 등에 대한 시트벨트 착용상태가 표시된다. 보통 시트벨트를 체결하는 버클(Buckle)에는 착용 상태를 감지하는 on/off 스위치가 장착되어 있는데 이 스위치의 on/off 상태를 감지하여 시트벨트 착용 여부를 판단한다. 시트벨트의 착용상태는 보통 충돌 1초 전 시점에 감지하여 기록한다.

Safety Belt Status, Driver	Belted
Safety Belt Status, Right Front Passenger	Unbelted
Seat Track Position Switch, Foremost, Status, Driver	Rearward
Frontal Air Bag Suppression Switch Status	On
Occupant Size Classification, Front Passenger	Not Adult
Frontal Air Bag Warning Lamp (On, Off)	Off
Ignition Cycle, Crash	664

[fig. 4-6] EDR에 기록된 시트벨트 착용상태.
운전석(Driver) 안전벨트는 착용(Belted), 동승석(Passenger) 안전벨트는 미착용(Unbelted) 상태로 기록됨

05 에어백 경고등 상태 등 기타

기타 차량 시스템 정보로써 에어백 경고등의 점등 상태(on/off), 동승석 에어백의 작동 상태(켜짐, 꺼짐, 자동), 변속기의 레버위치(P,R,N,D 등), 운전석 및 동승석 탑승자의 승객 유형

---

[1] 1/1000초 단위. 10ms는 0.01초임

(Adult, Child, Not Occupied 등), 고장진단코드(DTC)의 발생 상태, 데이터의 정상적인 저장 상태(Complete File Recorded) 여부 등이 표시된다.

System Status at Event (Most Recent Event)

Complete File Recorded	Yes
Safety Belt Status, Driver	Not Buckled
Safety Belt Status, Outboard Front Passenger	Not Buckled
Airbag Warning Lamp, On/Off	Off
Seat Track Position Switch, Foremost, Status, Driver	No
Seat Track Position Switch, Foremost, Status, Outboard Front Passenger	No
Maximum Delta-V Longitudinal (MPH [km/h])	-3.7 [-6]
Time, Maximum Delta-V, Longitudinal (msec)	238
Maximum Delta-V Lateral (MPH [km/h])	8.1 [13]
Time, Maximum Delta-V, Lateral (msec)	282
Time, Operation System Time (sec)	1646661
Time, Airbag Warning Lamp On (min)	0
Event Number	1
Total Number of Events Recorded	1
Multi-Event, Number of Events (1,2)	1
Time from Event 1 to 2 (sec)	> 5
Operation Via Energy Reserve Only (Yes, No)	No
Supply Voltage at Event, ECU (V)	14.9
Temperature, Outside (deg C)	9
Odometer at Event (km)	14759.8
Ignition Cycle, Crash	1683
VIN, Original	ZAM56RRA1E1082256
VIN Recorded at Event (last 8 characters)	E1082256
Passenger Airbag Disable Lamp Failure Status	Off
Airbag Warning Lamp Failure Status	Off
Passenger Airbag Disable Indicator (PADI)	Off

[fig. 4-7] EDR에 기록된 각종 차량시스템 정보

2. 에어백 및 프리텐셔너 작동 정보

01 에어백 전개 정보

사고시 일정 조건의 충격이 발생하면 승객 보호를 위한 에어백이 충돌 초기 매우 짧은 시간 이내에 전개된다. 에어백은 크게 충격을 감지하는 충격센서(Crash Sensor), 충격량을 감지하여 에어백의 작동 여부를 판단하는 제어모듈(Air-bag Control Module), 제어신호에 따라 점화되면서 가스를 발생시키는 인플레이터(Inflator), 팽창된 가스에 의해 부풀어 오르는 백(Bag)으로 구성되어 있다. 에어백은 보통 충돌 후 0.05초 이내에 에어백이 팽창되면서 탑승자의 충격을 완화시키고 수축하게 된다.

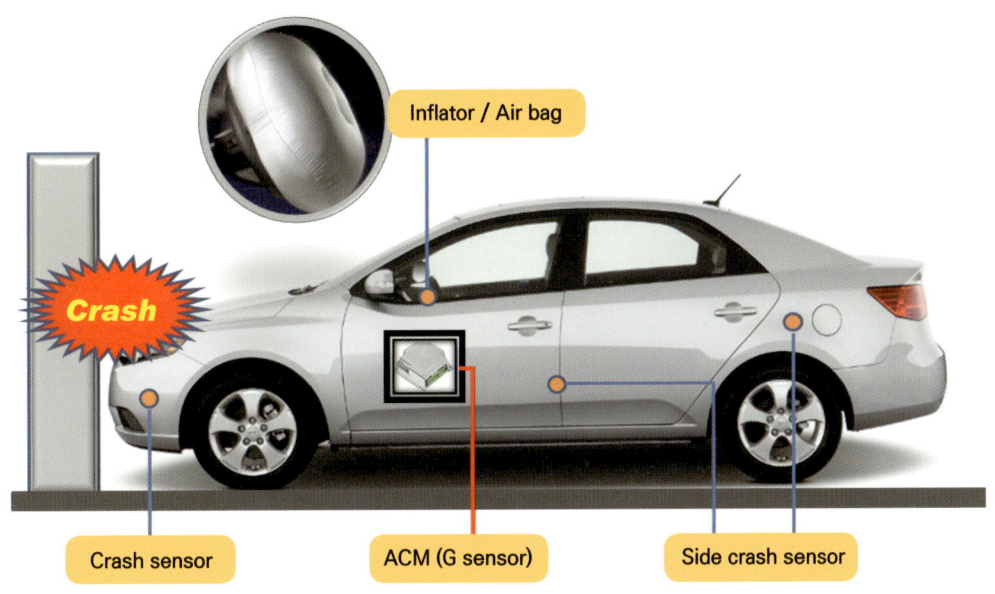

[fig. 4-8] 에어백의 기본 구조

차량의 에어백이 작동된 경우에는 에어백 전개와 관련된 각종 전개 시간 정보가 기록된다. EDR에 기록되는 에어백 전개 시간은 충돌 시점인 0초부터 전개(Deployment) 명령 신호가 발생한 시점까지의 시간이 ms($=\frac{1}{1000}$초) 단위로 표시된다. 만약 에어백의 작동시간이 10ms로 기록되어 있다면 충돌 후 0.01초 시점에 전개 명령 신호가 발생된 것이다.

- 운전석 에어백의 전개 시간(1단계 또는 다단)
- 운전석 측면 에어백의 전개시간
- 운전석 커튼 에어백의 전개시간
- 운전석 무릎 에어백 전개시간
- 좌/우 롤바(roll bar) 전개시간
- 동승석 에어백의 전개시간 (1단계 또는 다단)
- 동승석 측면 에어백의 전개시간
- 동승석 커튼 에어백의 전개시간
- 동승석 무릎 에어백의 전개시간

Deployment Command Data (Record 1, Most Recent)

Frontal Air Bag, Time to First Stage Deployment, Driver (msec)	8
Frontal Air Bag, Time to Second Stage Deployment, Driver (msec)	13
Frontal Air Bag, Time to Third Stage Deployment (Vent), Driver (msec)	Unknown
Frontal Air Bag, Second Stage Disposal, Driver	No Disposal
Frontal Air Bag, Third Stage Disposal (Vent), Driver	No Disposal
Frontal Air Bag, Time to First Stage Deployment, Front Passenger (msec)	8
Frontal Air Bag, Time to Second Stage Deployment, Front Passenger (msec)	13
Frontal Air Bag, Time to Third Stage Deployment (Vent), Front Passenger (msec)	Unknown
Frontal Air Bag, Second Stage Disposal, Front Passenger	No Disposal
Frontal Air Bag, Third Stage Disposal (Vent), Front Passenger	No Disposal
Side Air Bag, Time to Deployment First Stage, Driver (msec)	Unknown
Side Curtain/Tube Air Bag, Time to Deployment, Driver Side (msec)	Unknown
Pretensioner, Time to Deploy, Driver (msec)	Unknown
Knee Bag, Time to Deploy, Driver (msec)	8
Side Air Bag, Time to Deployment First Stage, Front Passenger (msec)	Unknown
Side Curtain/Tube Air Bag, Time to Deployment, Passenger Side (msec)	Unknown
Pretensioner, Time to Deploy, Front Passenger (msec)	Unknown
Knee Bag, Time to Deploy, Front Passenger (msec)	Unknown

[fig. 4-9] EDR에 기록된 에어백 전개 정보. 운전석(driver)과 동승석(passenger) 에어백, 운전석 무릎에어백(knee bag) 전개 명령 정보가 기록된 상태임

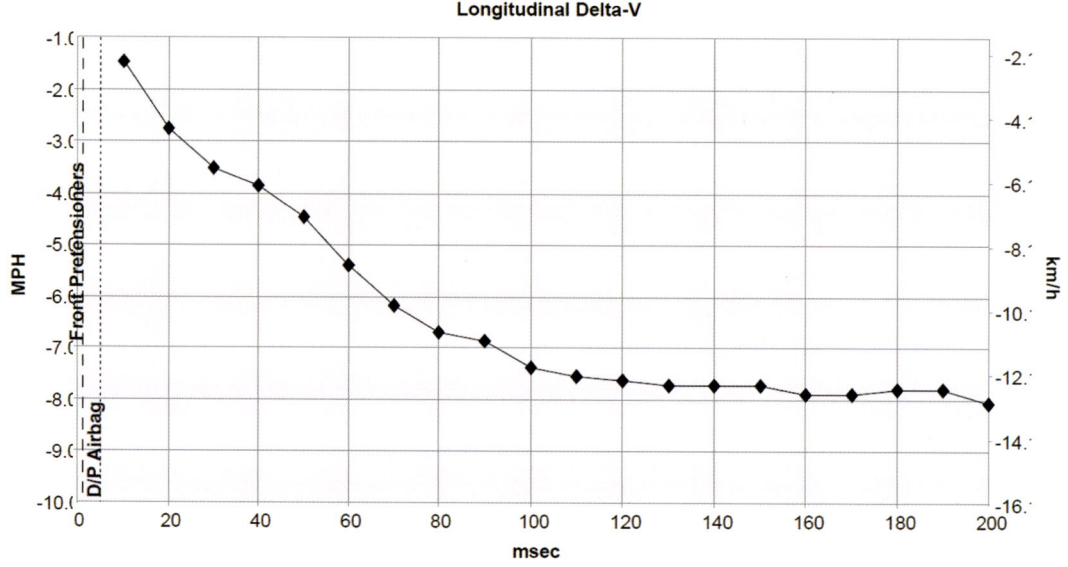

[fig. 4-10] EDR의 속도변화 그래프에 표시된 에어백 전개 정보.
프리텐셔너가 먼저 작동된 후 운전석 및 동승석 에어백의 전개 명령이 작동된 것으로 기록됨

02 프리텐셔너(PRE-TENSIONER) 작동 정보

프리텐셔너는 차량 충돌 시 시트벨트를 순간적으로 되감아 탑승자의 신체를 시트에 안전하게 고정시켜주는 비가역 안전장치다. 에어백과 동일한 충격센서로 충격량을 감지하며, 화약 또는 기계적인 변형을 통해 액추에이터(Actuator)를 작동시켜 벨트를 되감는 구조로 되어 있다. 보통 프리텐셔너는 에어백의 작동 조건보다 다소 낮은 충격 부하에서 작동되며, 점화식의 경우 에어백제어모듈(ACM)에서 충격량을 판단하여 작동 여부를 결정한다.

시트벨트 프리텐셔너가 작동된 경우에는 충돌 후 작동 및 점화된 시간 정보가 기록된다. 운전석과 동승석에 설치된 프리텐셔너 작동 명령 정보가 기록되며, 작동시간은 0초부터 점화(Fire) 명령 신호가 발생한 시점까지의 시간이 ms 단위로 표시된다.

- 운전석 프리텐셔너 작동시간
- 동승석 프리텐셔너 작동시간

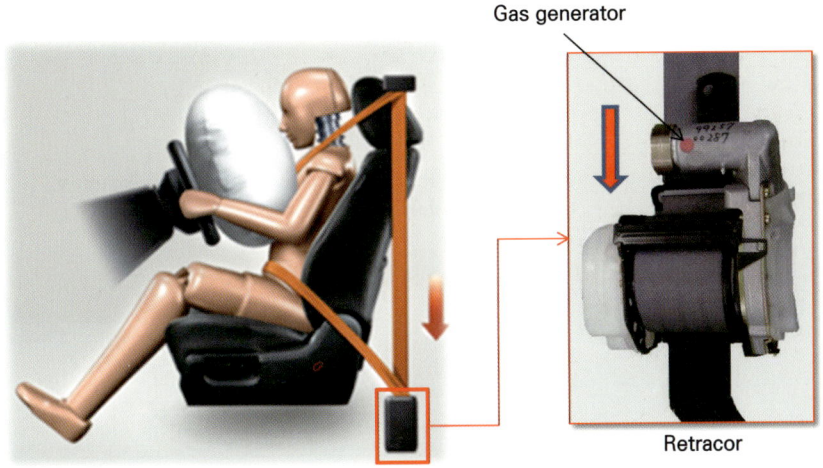

[fig. 4-11] 안전벨트 프리텐셔너의 구조 및 작동 원리

Deployment Command Data (Event Record 1)

Pretensioner Deployment, Time to Fire, Driver (msec)	23
Frontal Air Bag Deployment, Time to Deploy/First Stage, Driver (msec)	23
Frontal Air Bag Deployment, Time to Deploy/First Stage, Right Front Passenger (msec)	0
Frontal Air Bag Deployment, 2nd Stage Disposal, Driver (Yes/No)	Yes
Frontal Air Bag Deployment, 2nd Stage Disposal, Right Front Passenger (Yes/No)	No
Frontal Air Bag Deployment, Time to 2nd Stage, Driver (msec)	123
Lap Pretensioner deployment, time to fire, driver (msec)	30

[fig. 4-12] EDR에 기록된 프리텐셔너 작동 정보

3 충돌 데이터(CRASH DATA OR CRASH PULSE)

EDR에는 이벤트 개시 이후 발생된 충돌 펄스(Pulse)가 일정시간 동안 기록된다. 충돌 펄스의 유형으로는 진행방향 속도변화 누계, 측면방향 속도변화 누계, 진행방향 가속도, 측면방향 가속도, 전복시의 자세변화(Roll Angle) 등이 있다. 보통 사고 직후 또는 사고 전후 200~300ms(0.2~0.3초) 동안의 물리적인 운동변화가 10ms 단위로 기록된다.

[fig. 4-13] EDR에 기록되는 충돌 데이터 유형

01 길이방향 속도변화(LONGITUDINAL DELTA-V) 누계

(1) 의미

이벤트 개시 이후 차량의 진행방향으로 발생한 속도변화의 누계 값을 말한다. 물리적으로는 차량에 발생한 충돌 전후의 속도차이라고 정의할 수 있다. 예를 들어 차량이 50km/h의 속도로 단단한 고정벽에 충돌한 후 정지(0km/h)하였다면 이때의 속도변화는 50km/h가 된다. 충격의 강도가 클수록 차량이 크게 파손되면서 급격히 감속되므로 속도변화는 커지게 된다. 이러한 물리적인 특성으로 인해 속도변화는 충격의 심각도(Severity) 또는 인체의 상해 위험성, 차내 탑승자의 운동특성, 차량의 파손 변형 등을 가늠하는 주요 척도가 된다. 자동차의 충돌시간은 보통 0.1~0.2초(100ms~200ms) 이내의 매우 짧은 시간이므로 속도변화의 최대치도 대부분 0.1~0.2초 이내에 발생하게 된다. 참고로 국내 및 미국 법규에 의한 EDR의 사고기록 작동 조건은 0.15초(150ms) 이내에 길이방향 속도변화 누계가 8km/h 이상인 경우다.

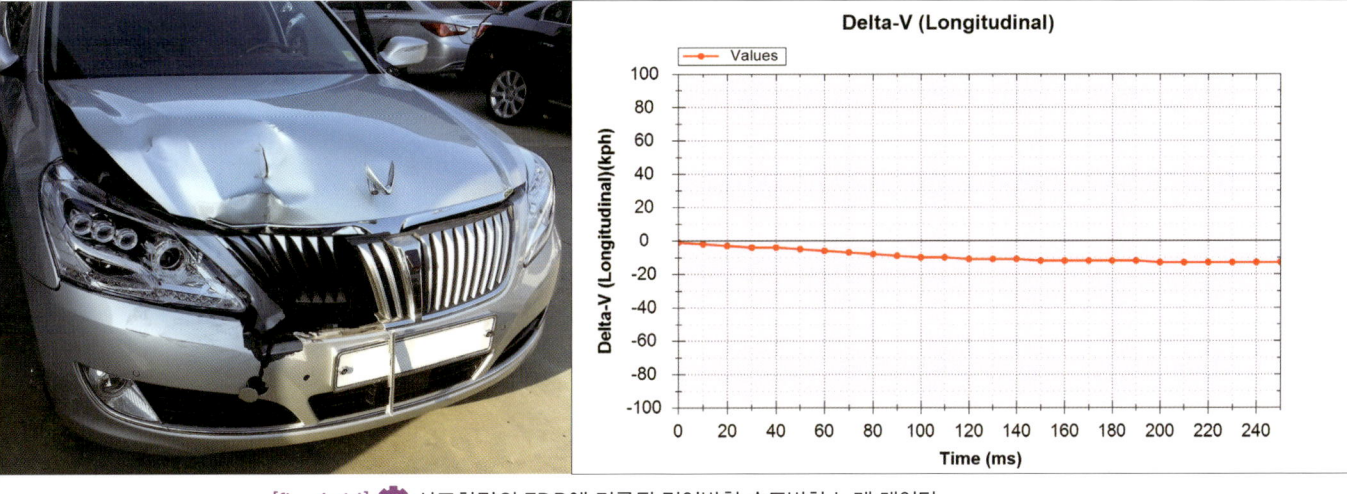

[fig. 4-14] 사고차량의 EDR에 기록된 길이방향 속도변화 누계 데이터

(2) 감지방법

충돌시 차량의 진행방향 충격량을 감지하는 센서로는 전방 충격센서와 에어백 제어모듈(ACM)에 내장된 가속도센서가 활용되고 있다. 센서에 의해 감지된 가속도와 시간 자료를 통해 속도변화를 연산한다. 보통 EDR 기록되는 데이터는 ACM에 내장된 가속도센서가 주로 사용되고 있다.

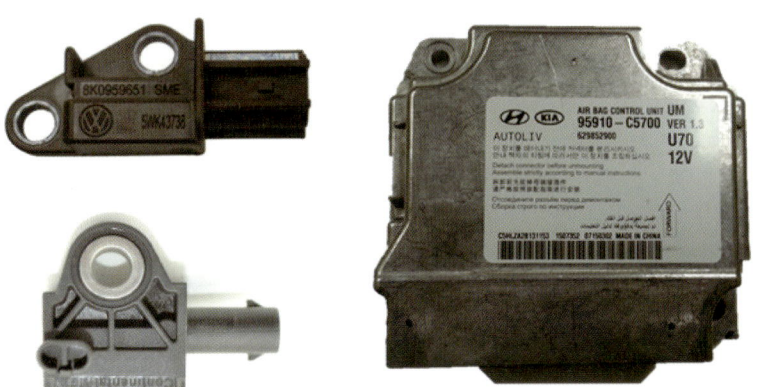

[fig. 4-15] 충돌시 길이방향의 속도변화를 감지하는 충격센서 및 가속도센서가 내장된 에어백제어모듈(ACM)

(3) 데이터의 표시방법

길이방향 속도변화는 전방충돌이나 후방충돌의 상황에 따라 (+) 또는 (-)값으로 기록된다. 표시되는 기록 단위는 시속도인 km/h 또는 MPH(Mile Per Hour)이다.

① (+) 속도변화

(+) 속도변화는 충돌 후 차량이 전방으로 가속된 경우이다. 후방에서 추돌당하면 차량이 앞으로 튕겨나가 가속되기 때문에 속도변화는 (+)값으로 나타난다. 이는 후방충돌의 전형적인 속도변화 방향이다.

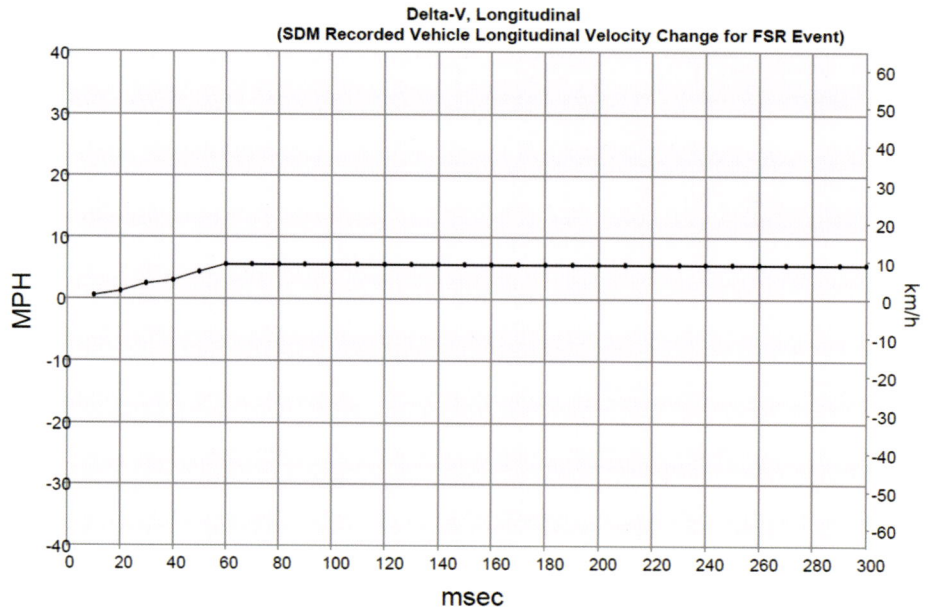

[fig. 4-16] 추돌된 차량의 속도변화 방향성. 추돌된 차량은 (+) 속도변화를 나타냄.

② (-) 속도변화

(-) 속도변화는 충돌 후 차량이 진행방향으로 감속된 경우이다. 전방에서 충돌하면 차량이 손상되면서 감속되기 때문에 속도변화는 (-)값으로 나타난다. 이는 전방충돌의 전형적인 속도변화이다.

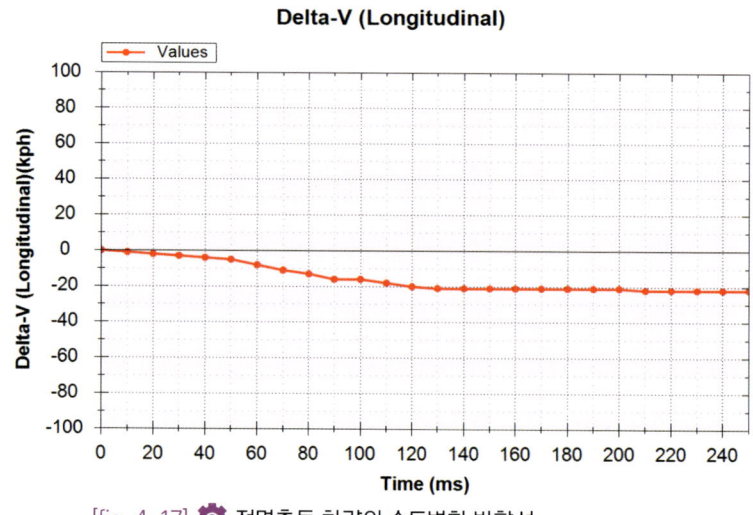

[fig. 4-17] 정면충돌 차량의 속도변화 방향성. 정면충돌 차량은 (-) 속도변화를 나타냄

③ 최대 속도변화

충돌 단계에서 진행방향으로 발생한 최대 속도변화가 기록된다. 또한 EDR에는 최대 속도변화가 발생한 시간이 동시에 기록된다.

(4) 기록간격 및 횟수

EDR은 충돌 직후 200~300ms(0.2~0.3초) 동안의 속도변화 누계를 기록한다. 기록간격은 10ms(0.01초) 이다. 예를 들어 50ms 시점에서 속도변화가 5km/h, 100ms 시점에서의 속도변화가 10km/h로 표시되었다면, 충돌 후 50ms 시간 동안 발생한 속도변화 누계는 5km/h이고, 충돌 후 100ms 시간동안 발생한 속도변화 누계는 10km/h라는 의미가 된다. 국내 EDR 기준에는 최대 0.03초까지 초당 100회를 기록하도록 규정하고 있다.

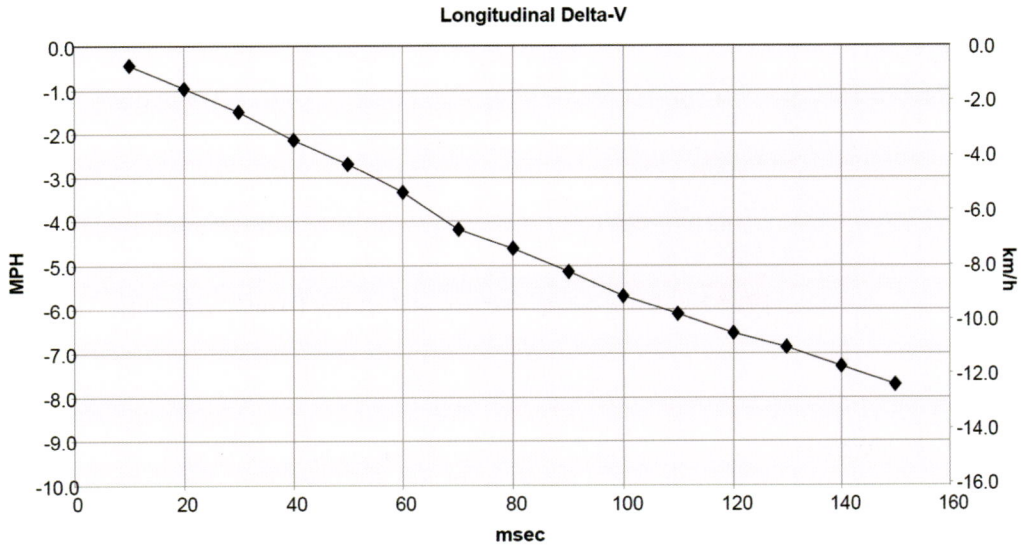

[fig. 4-18] ⚙ EDR에 기록된 길이방향 누계 속도변화 데이터. 그래프의 x축은 시간(ms), y축은 속도변화의 누계값임. 충돌 후 150ms 시점의 속도변화 누계는 12.7km임

02 측면방향 속도변화(LATERAL DELTA-V) 누계

(1) 의미

이벤트 개시 이후 차량의 측면방향으로 발생한 속도변화의 누계 값을 말한다. 물리적으로는 차량에 발생한 충돌 전후의 측면방향 속도차이라고 정의할 수 있다. 주로 측면충돌 또는

충격이 비스듬히 사선방향으로 가해진 경우에 나타난다. 진행방향 속도변화와 마찬가지로 충격의 강도가 클수록 차량이 크게 파손되면서 급격히 감속되므로 속도변화도 비례하여 커지게 된다. 측면방향 속도변화는 차량의 측면 손상이나 탑승자의 측면방향 운동 특성을 이해하는데 중요한 자료가 된다. 사이드에어백이 장착되지 않은 경우에는 측면방향 속도변화가 기록되지 않는다. 국내 및 미국 법규에 의한 EDR의 사고기록 작동 조건은 0.15초(150ms) 이내에 측면방향 속도변화 누계가 8km/h 이상인 경우다.

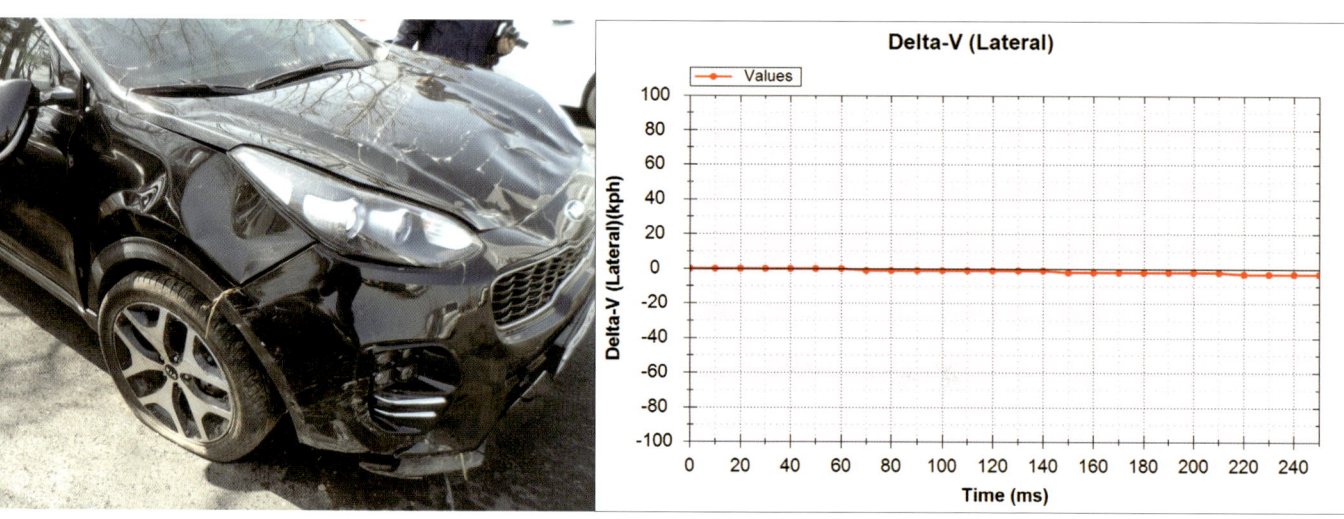

[fig. 4-19] 사고차량의 EDR에 기록된 측면방향 속도변화 누계

(2) 감지방법

충돌시 차량의 측면방향 충격량은 차체 측면의 B필러("B" Pillar ; 센터필러), C필러("C" Pillar ; 리어필러)에 설치된 압력센서 또는 가속도센서가 활용된다. 또한 에어백제어모듈(ACM)에 내장된 가속도센서가 활용되고 있다.

[fig. 4-20] 충돌시 측면방향의 속도변화를 감지하는 충격센서

(3) 데이터의 표시방법

측면방향 속도변화는 측면 충돌의 방향에 따라 (+) 또는 (−)값으로 기록된다. 기록되는 물리 단위는 진행방향 속도변화와 같이 km/h 또는 MPH(Mile Per Hour)이다.

① 최대 속도변화

충돌 단계에서 측면방향으로 발생한 최대 속도변화가 기록된다. 또한 최대 속도변화가 발생한 충돌 후 시간이 동시에 기록된다.

② (+) 속도변화

(+) 속도변화는 충돌 후 차량이 측면방향 좌측에서 우측으로 가속된 경우이다. 즉 측면 운전석쪽에서 충격을 받아 차량이 동승석 방향으로 밀려났다면 측면방향 속도변화는 (+) 값으로 표시된다.

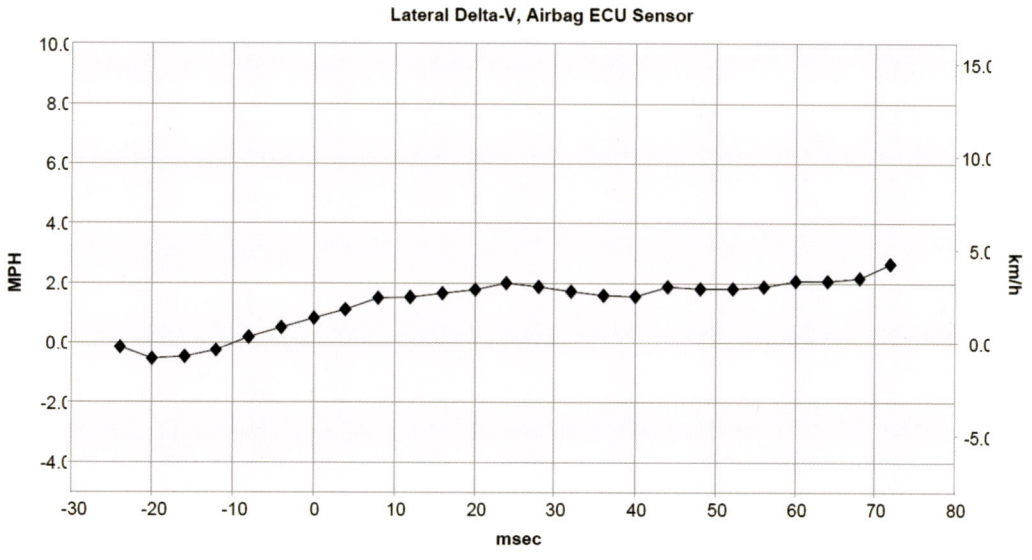

[fig. 4-21] (+)값으로 기록된 측면방향 속도변화.
에어백제어모듈(ACM)에 내장된 가속도 센서에 의해 측정된 데이터임.

③ (−) 속도변화

(−) 속도변화는 충돌 후 차량이 측면방향 우측에서 좌측으로 가속된 경우이다. 즉 측면 동승석쪽에서 충격을 받아 차량이 운전석 방향으로 밀려났다면 측면방향 속도변화는 (−) 값으로 표시된다.

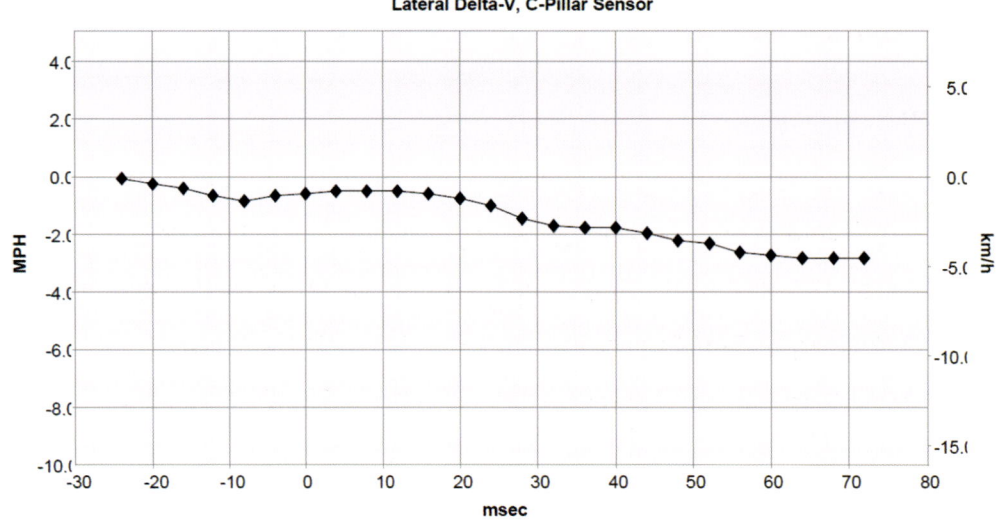

[fig. 4-22] (-)값으로 기록된 측면방향 속도변화. C-Pillar Sensor의 측정 데이터임

(4) 기록간격 및 횟수

EDR은 충돌 직후 200~300ms(0.2~0.3초) 동안의 측면방향 속도변화 누계를 기록하며, 기록간격은 10ms(0.01초) 이다. 국내 EDR 기준에는 최대 0.03초까지 초당 100회를 기록하도록 규정하고 있다.

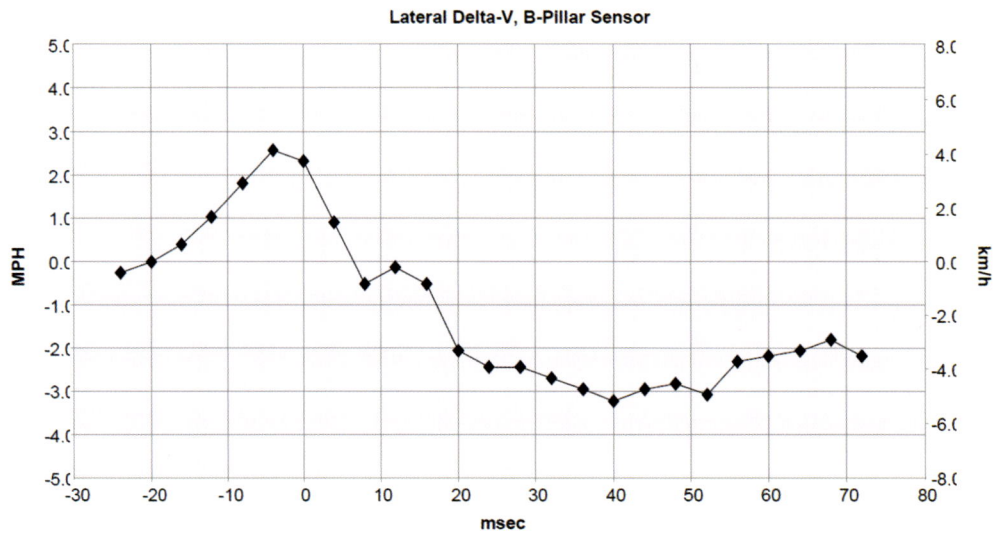

[fig. 4-23] EDR에 기록된 측면방향 속도변화. B-Pillar Sensor의 측정 데이터임

03 길이방향 가속도(LONGITUDINAL ACCELERATION)

(1) 의미

충돌 개시 이후 차량의 길이방향으로 발생한 충격 가속도를 말한다. 물리적으로 가속도란 단위 시간 동안에 변화된 속도변화를 의미한다. 따라서 속도변화가 일어난 단위 시간을 알면 가속도의 산출이 가능하고, 단위 시간 동안에 발생한 가속도 수치를 통해 속도변화를 산출할 수 있다. 예를 들어 충돌 후 10ms 시간 동안에 발생한 속도변화가 5km/h 였다면 다음 산출내역과 같이 10ms 시간 동안에 발생한 충격가속도는 약 14.2g가 된다.

$$a = \frac{\Delta v}{\Delta t} = \frac{1.38 m/s}{0.01 s} = 138.9 m/s^2 = 14.2g$$

> a : 가속도(m/s^2) Δv : 속도변화(m/s) Δt : 단위시간(s) g : 중력가속도($9.8 m/s^2$)

∵ 속도변화 5km/h를 초속도로 환산하면, Δv =5/3.6=1.38m/s

충돌시 발생한 가속도는 속도변화와 마찬가지로 충격의 강도가 클수록 비례하여 높아지게 된다. 또한 속도변화와 같이 충격의 심각도 또는 인체의 상해 위험성, 차내 탑승자의 운동특성, 차량의 파손 변형 등을 가늠하는 주요 척도가 된다.

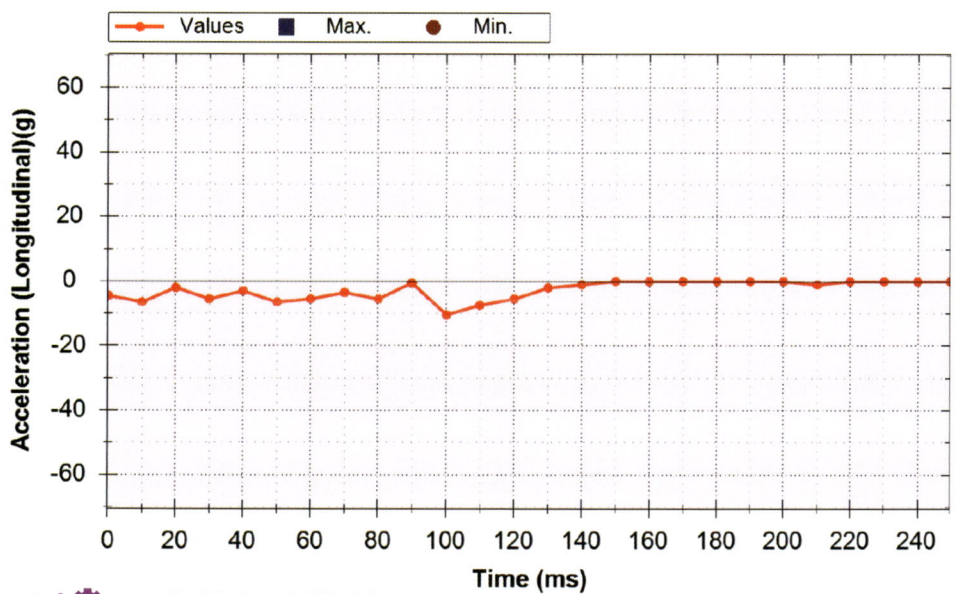

[fig. 4-24] EDR에 기록된 길이방향 가속도

(2) 감지방법

충돌시 차량의 진행방향 충격량을 감지하는 센서로는 전방 충격센서와 에어백 제어모듈(ACM)에 내장된 가속도센서가 활용되고 있다. 보통 EDR에 기록되는 가속도 데이터는 ACM에 내장된 가속도센서가 활용되고 있다.

(3) 데이터의 표시방법

길이방향 가속도는 전방충돌이나 후방충돌의 상황에 따라 (+) 또는 (−)값으로 기록된다. 기록 단위는 m/s^2 또는 g(중력가속도)의 배수로 기록된다.

① (+) 가속도

(+) 가속도는 충돌 후 차량이 진행방향으로 가속된 경우이다. 후방에서 추돌당하면 차량이 앞으로 튕겨나가 가속되기 때문에 가속도는 (+)값으로 나타난다. 후방충돌시 나타나는 전형적인 가속도 값이다.

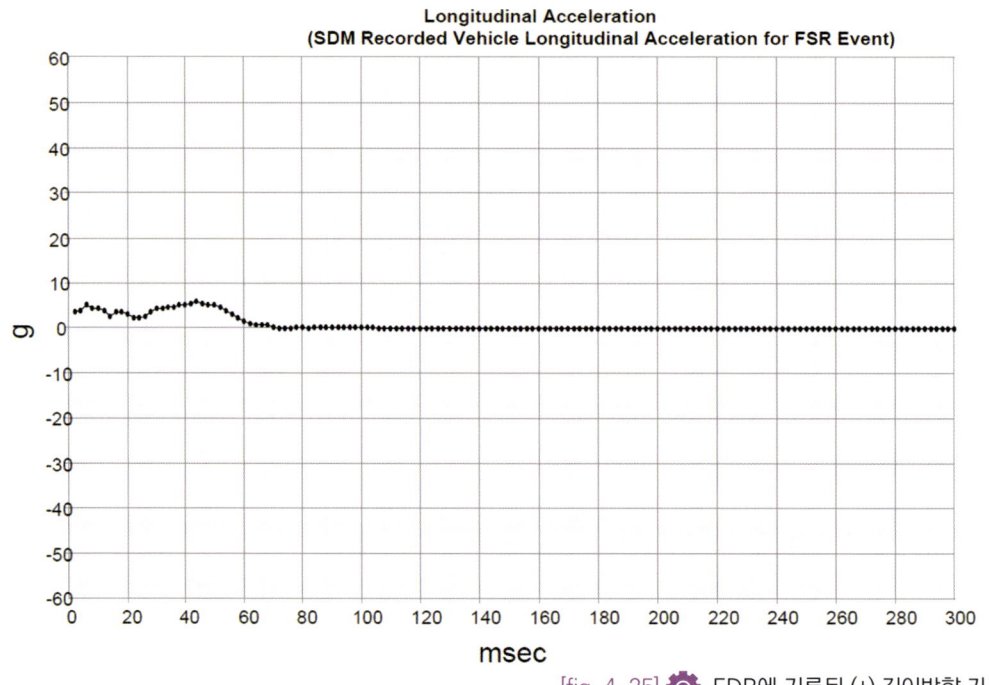

[fig. 4-25] EDR에 기록된 (+) 길이방향 가속도

② (−) 가속도

(−) 가속도는 충돌 후 차량이 진행방향으로 감속된 경우이다. 전방에서 충돌하면 차량

이 파손되면서 감속되기 때문에 가속도는 (-)값으로 나타난다. 전방충돌시 나타나는 전형적인 가속도 값이다.

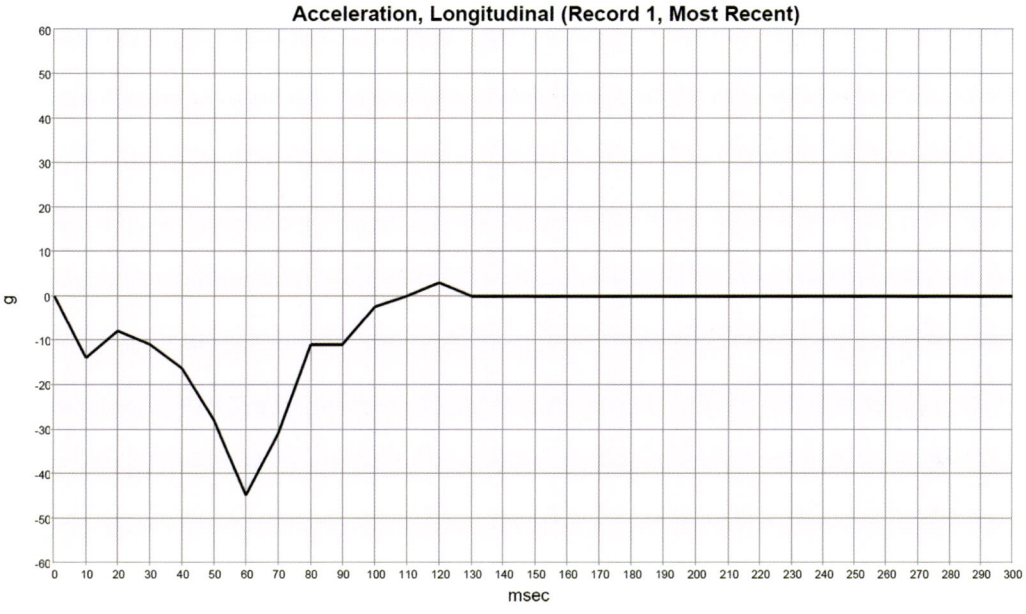

[fig. 4-26] EDR에 기록된 (-) 길이방향 가속도

(4) 기록간격 및 횟수

EDR은 충돌 직후 200~300ms(0.2~0.3초) 동안에 나타나는 가속도를 기록한다. 기록간격은 2~10ms(0.002~0.01초) 정도다. 예를 들어 기록간격이 10ms 라면 10ms 마다 발생하는 가속도의 크기를 기록한다. 국내 EDR 기준에는 최대 0.03초까지 기록하도록 규정하고 있으며, 초당 기록횟수는 규정되어 있지 않다.

04 측면방향 가속도(LATERAL ACCELERATION)

(1) 의미

이벤트 개시 이후 차량의 측면방향으로 발생한 충격 가속도 값을 말한다. 진행방향 가속도와 마찬가지로 단위 시간 동안에 측면방향으로 발생한 속도변화를 알면 측면방향 가속도 산출이 가능하고, 단위 시간 동안에 발생한 측면방향 가속도를 알면 측면방향 속도변화를 추정할 수 있다. 측면으로 가해진 충격의 강도가 클수록 비례하여 가속도가 커지고, 측면방향 가속도는 차량의 측면 손상이나 탑승자의 측면방향 운동 특성을 이해하는데 중요한 자료가 된다.

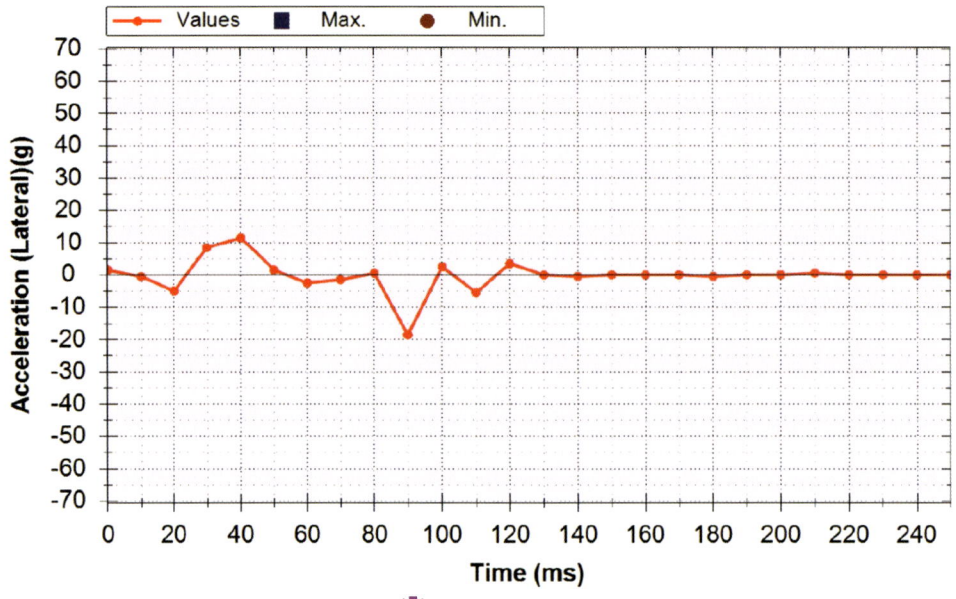

[fig. 4-27] EDR에 기록된 측면방향 가속도

(2) 감지방법

측면방향 충격량을 감지하는 센서로는 차체 측면의 B필러("B" Pillar ; 센터필러), C필러 ("C" Pillar ; 리어필러)에 설치된 압력센서 또는 가속도센서가 있고, 에어백제어모듈(ACM) 에 내장된 가속도센서가 활용되고 있다.

(3) 데이터의 표시방법

측면방향 가속도는 측면 충돌의 방향에 따라 (+) 또는 (−)값으로 기록된다. 단위는 m/s^2 또는 g(중력가속도)의 배수로 표시된다.

① (+) 가속도

(+) 가속도는 충돌 후 차량이 측면방향 좌측에서 우측으로 가속된 경우이다. 측면 운전석쪽에서 충격을 받아 차량이 동승석 방향으로 밀려났다면 측면방향 가속도는 (+)값으로 기록된다.

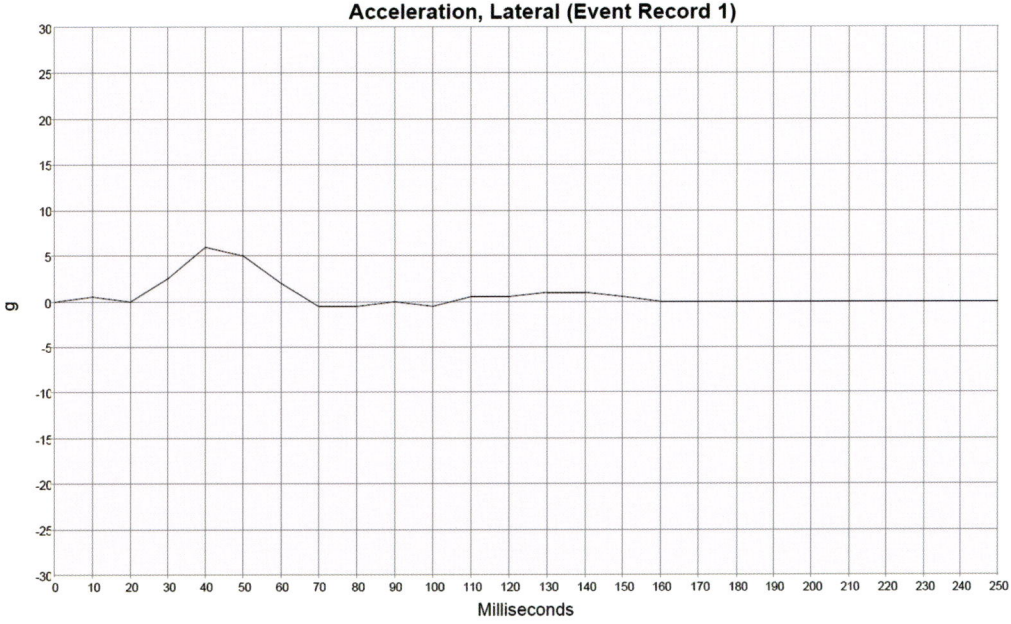

[fig. 4-28] EDR에 기록된 (+) 측면방향 가속도

② (-) 가속도

(-) 가속도는 충돌 후 차량이 측면방향 우측에서 좌측으로 가속된 경우이다. 측면 동승석쪽에서 충격을 받아 차량이 운전석 방향으로 밀려났다면 측면방향 가속도는 (-)값으로 표시된다.

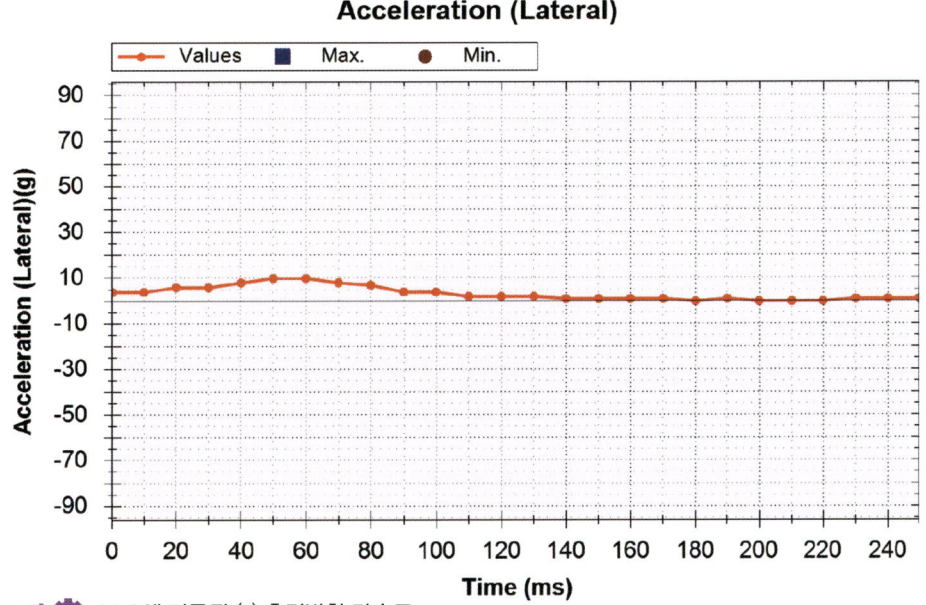

[fig. 4-29] EDR에 기록된 (-) 측면방향 가속도

(4) 기록간격 및 횟수

충돌 직후 200~300ms(0.2~0.3초) 동안에 발생하는 가속도를 기록한다. 기록간격은 2~10ms(0.002~0.01초) 정도다. 국내 EDR 기준에는 최대 0.03초까지 기록하도록 규정하고 있으며, 초당 기록횟수는 규정되어 있지 않다.

05 롤오버 각도 및 가속도(ROLL OVER ANGLE OR ACCELERATION)

(1) 의미

롤오버(Rollover)란 차가 옆으로 구르거나 전복되는 운동이다. SUV나 RV형 차량과 같이 무게중심이 높은 차량의 에어백 시스템에는 전복 위험을 감지하여 측면 및 커튼 에어백을 작동시키는 구조가 있다. 전복 위험을 감지하는 에어백 시스템이 장착된 경우에는 차량의 EDR에 롤 각도와 측면 가속도가 기록된다. EDR에 기록된 롤각도는 전복사고의 운동 형태를 이해하는데 좋은 자료가 된다. 전복운동의 방향이나 시간을 비교적 상세히 파악할 수 있고, 이때 기록된 측면방향 가속도는 차량의 측면에 가해진 충격 강도나 탑승자의 측면 방향 운동을 이해하는데 유용하다.

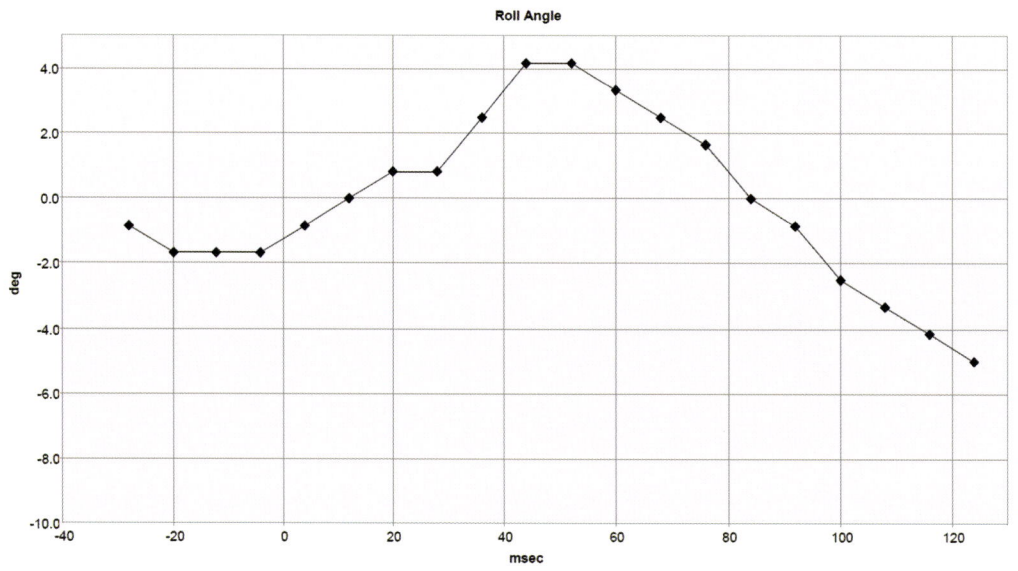

[fig. 4-30] EDR에 기록된 롤오버 데이터

(2) 감지방법

차량의 롤오버 데이터는 주로 ACM에 내장되어 차량의 횡운동을 감지하는 요레이트(Yaw Rate) 센서와 측면방향으로 충격을 감지하는 가속도센서(G_y)가 활용된다.

[fig. 4-31] 차량의 롤오버 감지 센서

(3) 데이터의 표시방법

롤오버 각도는 차량이 기울어진 방향에 따라 (+) 또는 (-)값으로 기록된다. 기록 단위는 각도(° ; Degrees)로 표시된다. (+) 각도는 차량이 시계방향으로 기울어져 회전된 상태이고, (-) 각도는 차량이 시계반대방향으로 기울어지면서 회전된 상태를 나타낸다.

(4) 기록간격 및 횟수

보통 충돌 전·후 200~300ms(0.2~0.3초) 동안에 나타나는 차체의 기울어짐 및 측면 가속도를 기록한다. 기록간격은 2~10ms(0.002~0.01초) 정도다. 국내 EDR 기준에는 -1초부터 1초까지 초당 10회 이상을 기록하도록 규정하고 있다.

Rollover Crash Pulse

Time (msec)	Roll Angle (degrees)	Lateral Acceleration, Airbag ECU Sensor (m/sec^2)
-28	-0.8	-1.0
-20	-1.7	-1.0
-12	-1.7	-1.9
-4	-1.7	-41.2
4	-0.8	-102.5
12	0.0	-113.0
20	0.8	-122.6
28	0.8	-82.4
36	2.5	-1.0
44	4.2	-105.3
52	4.2	-119.7
60	3.3	-55.5
68	2.5	-36.4
76	1.7	-37.4
84	0.0	-20.1
92	-0.8	-30.6
100	-2.5	-51.7
108	-3.3	-43.1
116	-4.2	-25.9
124	-5.0	-29.7

[fig. 4-32] EDR에 기록된 차량의 롤오버 데이터.
(+)각도는 차량이 우측으로 기울어진 상태를 나타냄.

충돌 전 운행 데이터(PRE-CRASH DATA)

 EDR에 기록되는 충돌 전 데이터에는 차량속도, 엔진회전수(rpm), 엔진스로틀, 가속페달 변위량, 브레이크 스위치 on/off, 엔진회전수, 조향핸들 각도, ABS 작동여부, ESP(ESC) 작동여부 등이 있다.

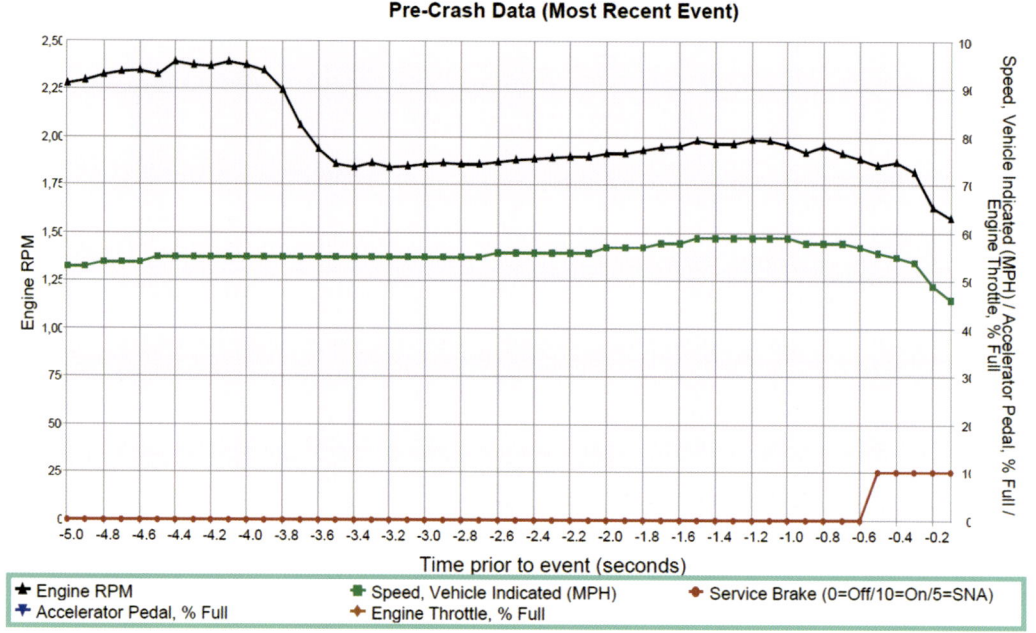

[fig. 4-33] EDR에 기록된 충돌 전 운행 데이터의 차트 분석 사례

01 차량속도(VEHICLE SPEED)

(1) 의미

 차량속도란 사고 전에 기록된 차량의 주행속도를 말한다. 이 속도는 차량의 바퀴(Wheel)가 단위시간 동안에 회전하면서 이동한 거리를 산정한 값이다. 때문에 속도의 정확도는 타이어의 구름반경, 휠의 고정(Lock)이나 슬립(Slip) 여부, 감속비의 변화 등에 의해 영향을 받을 수 있다. 차량의 엔진시스템에서는 전송받은 차량속도와 엔진회전수를 비교하여 최적의 연료분사와 점화시기, 변속단 등을 결정하게 된다. EDR에 기록된 차량속도는 사고당시 차량의 과속이나 가속, 감속, 서행, 정차 등의 절대속도 및 주행속도 변화를 파악할 수 있으

며, 충돌시 발생된 속도변화나 가속도를 비교하여 충돌의 치명도를 연관시켜 추정할 수 있다. 또한 사고 직전의 주행속도 변화를 상세히 파악함으로써 운전자의 운전과실이나 사고회피 가능성을 추정하는데 중요한 기초자료로 활용할 수 있다.

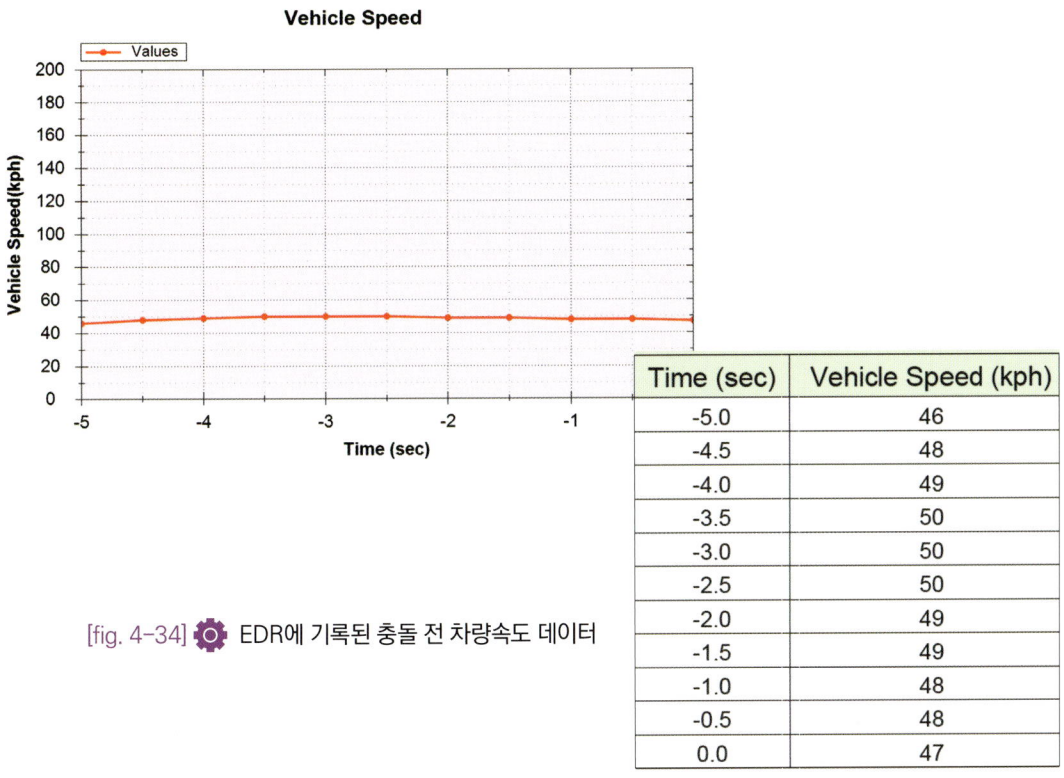

[fig. 4-34] EDR에 기록된 충돌 전 차량속도 데이터

Time (sec)	Vehicle Speed (kph)
-5.0	46
-4.5	48
-4.0	49
-3.5	50
-3.0	50
-2.5	50
-2.0	49
-1.5	49
-1.0	48
-0.5	48
0.0	47

(2) 감지방법

차량속도 데이터는 보통 변속기 출력축에 부착된 차속센서 또는 ABS(ESC) 시스템에서 검출된 휠스피드센서(Wheel Speed Sonsor)가 활용된다. ABS 시스템에서 각 바퀴의 속도 측정은 홀 효과(Hall Effect) 또는 전자유도(Electromagnetic Induction) 방식의 센서가 주로 사용되는데, 이 센서는 휠 허브의 회전수에 비례하여 파형 및 주파수를 변화시키고, 이 변화에 의해 차륜의 속도를 감지한다.

ABS 모듈은 휠 센서로부터 차속 신호를 CAN 통신을 이용해 PCM과 계기판의 MICOM으로 송신하고, 계기판의 MICOM은 송신 받은 차속정보를 계기판(속도계)에 표시하게 된다. 다만 계기판에 표출되는 속도는 과속 예방 및 안전을 고려해 실제 차량 속도보다 약간 높게 표시된다.

[fig. 4-35] 차량의 바퀴 안쪽에 설치된 휠스피드센서 구조

(3) 데이터의 표시방법

차량속도는 시속인 km/h 또는 MPH(Mile Per Hour)로 기록된다. 데이터의 정밀도에 관하여 우리나라의 법규에는 특별한 기준이 없으나 미국의 EDR 규정에 표시된 정밀도(Accuracy)는 ±1km/h, 최소 기록단위인 해상도(Resolution)는 1km/h 이다. 데이터의 최소 표시범위는 0~200km/h이다.

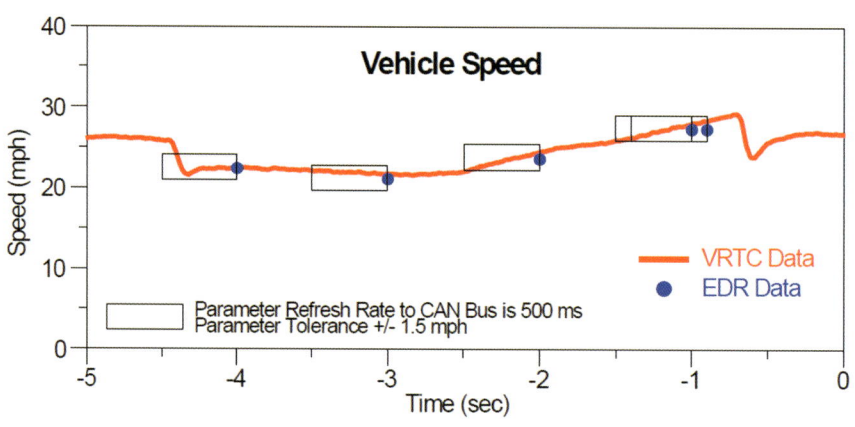

[fig. 4-36] 실제 차량속도와 EDR 차량속도의 샘플링 비교[1]

(4) 기록간격 및 횟수

보통 충돌(이벤트) 전 5초부터 0초까지 0.5초 간격으로 기록된다. 즉 충돌 전 5초 동안 초당 2회씩 기록된다면 총 10회의 데이터가 기록되는 셈이다. 다음 fig. 4-37은 EDR에 기록

---

1) Event Data Recorder-Pre Crash Data Validation of Toyota Products, USA NHTSA, 2011

된 전형적인 차량 속도 데이터를 나타낸 것이다. 여기서 0초란 이벤트가 발생한 시점을 말한다.

Time Stamp (sec)	Speed, Vehicle Indicated (MPH [km/h])	Engine Throttle, % full	Service Brake (On, Off)
-5.0	27 [44]	18	Off
-4.5	28 [45]	21	Off
-4.0	28 [45]	20	Off
-3.5	29 [46]	19	Off
-3.0	29 [46]	15	Off
-2.5	29 [46]	2	Off
-2.0	29 [46]	0	Off
-1.5	29 [46]	0	Off
-1.0	28 [45]	0	Off
-0.5	27 [44]	0	Off
0.0	27 [44]	3	Off

[fig. 4-37] EDR에 기록된 차량속도 데이터

02 엔진회전수(RPM)

(1) 의미

차량에 장착된 엔진의 회전속도를 말한다. 엔진회전수는 엔진 내부의 크랭크축(Crank Shaft)이 1분 동안 회전하는 횟수로 측정된다. 예를 들어 1분 동안 크랭크축이 500회 회전하였다면 엔진회전수는 500rpm으로 표시된다. 엔진회전수는 운전자의 가속페달 변위에 비례하여 증대된다. 운전자가 가속페달을 밟으면 엔진의 연소실로 유입되는 공기, 연료, 혼합기의 양이 증대되고, 그로 인해 출력이 높아지면서 엔진회전수가 올라가게 된다. 엔진회전수를 통해 시동 off, 공회전, 급가속 등의 운전 상태를 추정할 수 있으며, 가속페달 변위, 엔진스로틀, 차량속도 등과 함께 보다 상세한 운전 상태를 파악할 수 있다.

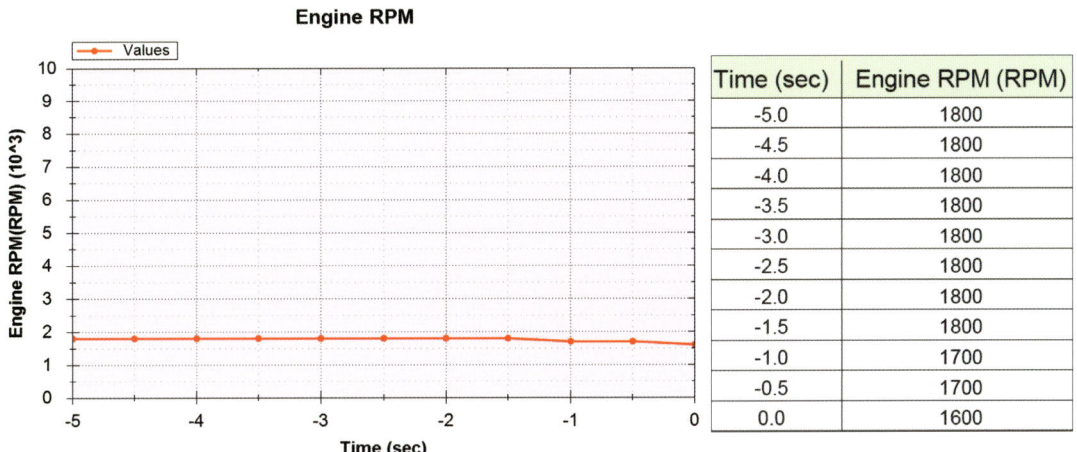

[fig. 4-38] EDR에 기록된 충돌 전 엔진회전수 데이터

(2) 감지방법

엔진회전수는 크랭크축의 회전 각도와 회전수를 검출하는 크랭크 위치 센서(Crank Position Sensor)가 활용된다. 크랭크 위치 센서는 크랭크축에 형성된 돌기를 통해 교류 신호를 검출하는 마그네틱 픽업 방식과 원형 슬롯 구멍의 통과 빛을 검출하는 광전식 등이 사용된다.

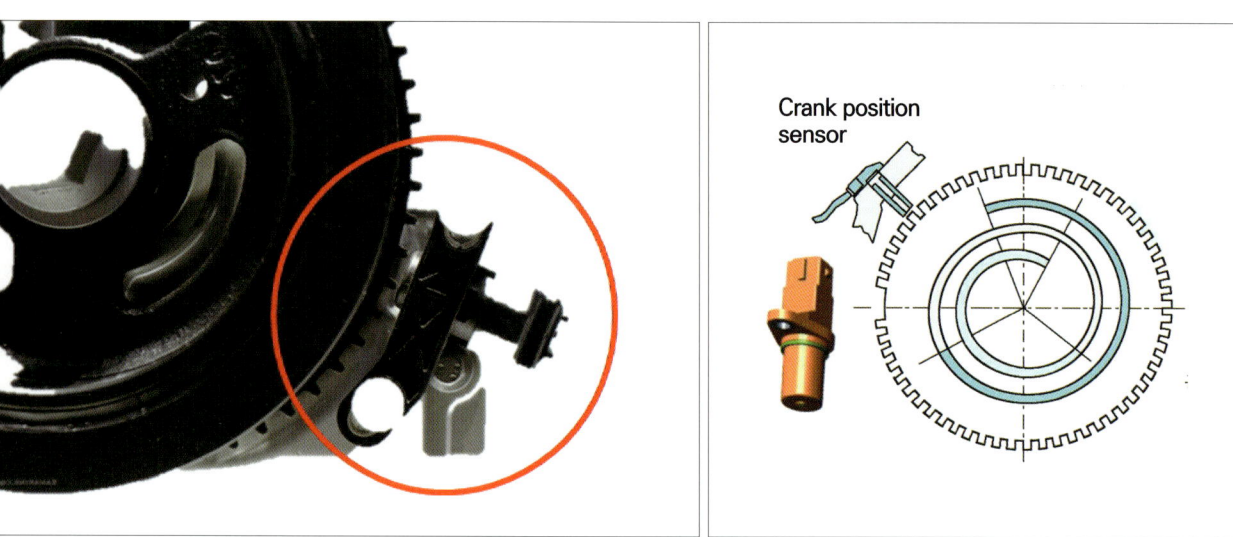

[fig. 4-39] 크랭크 위치 센서 및 엔진회전수 측정 원리

(3) 데이터의 표시방법

엔진회전수는 크랭크축이 1분 동안에 회전하는 회전수로 RPM 또는 rpm 표시된다. rpm은 분당회전수를 뜻하는 Revolution Per Minute의 약자이다. 미국의 EDR 기준에 의한 rpm의 정확도(Accuracy)는 ±100rpm, 최소 기록단위인 해상도(Resolution)는 100rpm이다. 예를 들어 차량의 실제 엔진회전수(Rpm)가 499rpm일때 해상도가 100rpm인 EDR 시스템에서는 400rpm으로 기록된다. 데이터의 기록 범위는 0~10,000rpm이다.

(4) 기록간격 및 횟수

엔진회전수는 사고의 기준 시점(Time Zero)으로부터 충돌 전 5초(-5초)까지의 rpm 정보가 0.5초 간격으로 기록된다. 충돌 전 5초 동안 초당 2회씩 기록된다면 총 10회의 데이터가 기록되는 셈이다.

Time Stamp (sec)	Speed, Vehicle Indicated (MPH [km/h])	Accelerator Pedal, % full	Engine RPM	Motor RPM	Service Brake (On, Off)	Steering Input (deg)
-5.0	24 [39]	16	2650	0	Off (Brake Not Activated)	-32
-4.5	23 [37]	11.5	1750	0	Off (Brake Not Activated)	-2
-4.0	21 [34]	9	1200	0	On (Brake Activated)	28
-3.5	15 [24]	9	1150	0	On (Brake Activated)	14
-3.0	13 [21]	4	950	0	On (Brake Activated)	4
-2.5	11 [17]	4	950	0	On (Brake Activated)	4
-2.0	5 [8]	4	900	0	On (Brake Activated)	-48
-1.5	3 [5]	4	850	0	On (Brake Activated)	-98
-1.0	1 [2]	4	850	0	On (Brake Activated)	-160
-0.5	3 [5]	10.5	1100	0	Off (Brake Not Activated)	-194
0.0	6 [9]	16	1150	0	Off (Brake Not Activated)	-218

[fig. 4-40] EDR에 기록된 엔진회전수 데이터 샘플(Nissan)

03 엔진스로틀(ENGINE THROTTLE) 변위

(1) 의미

엔진스로틀은 가솔린 엔진에서 밸브 형태로 공기 유입량을 조절하여 출력을 제어하는 장치다. 엔진스로틀을 제어하는 밸브는 가속페달과 연동되어 있어 운전자가 가속페달을 밟으면 그 답력에 비례하여 밸브가 개방되면서 공기의 흡입량도 증가하게 된다. 공기의 흡입량이 증대되면 그에 비례하는 연료 분사량을 증가시켜 연소실에서는 높은 폭발압력이 형성되고, 그로인해 엔진회전수가 빨라지면서 출력이 증대된다. 가속페달과 스로틀밸브가 케이블로 연결된 기계식과 달리 최근의 전자제어스로틀시스템(ETC)에서는 가속페달위치센서(APS: Accelerator Position Sensor) 신호에 따라 엔진의 ECU가 ETC모터를 작동시켜 스로틀밸브의 개폐를 제어한다.

엔진스로틀은 가속페달과 연동되어 있으므로 이 데이터를 통해 사고 당시 운전자가 어느 정도로 가속페달을 깊게 밟았는지 추정할 수 있다. 미국이나 국내의 EDR 기준에는 엔진스로틀의 열림량 또는 가속페달의 변위량을 필수 데이터 요소로 설정해 놓고 있다. 즉 EDR을 장착한 경우 반드시 기록해야하는 데이터 중의 하나이다.

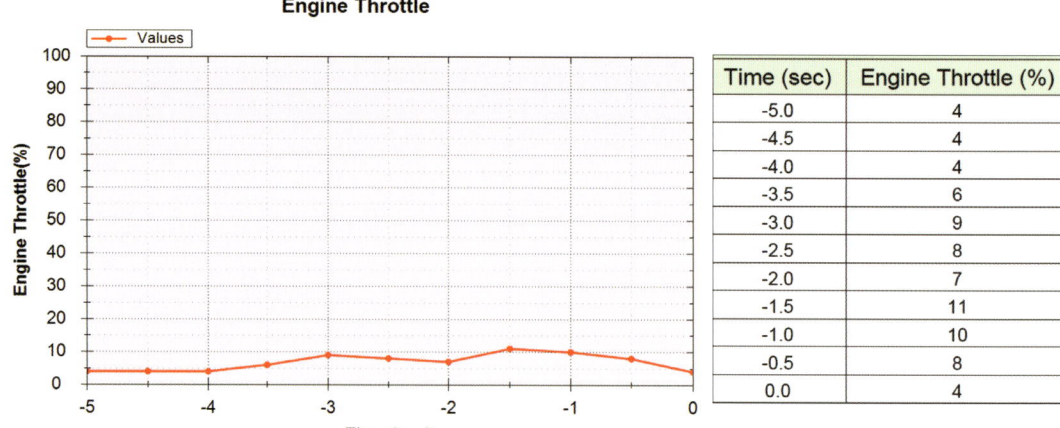

[fig. 4-41] EDR에 기록된 엔진회전수 변위 데이터

(2) 감지방법

엔진스로틀의 열림량은 스로틀바디(Throttle Body)에 설치된 스로틀포지션센서(TPS : Throttle Position Sensor)에 의해 감지된다. TPS 센서는 엔진의 가감속 및 급가속 판정, 엔진의 부하 상태 판단, 공회전 위치 등을 검출하여 가솔린 엔진의 기본 분사량과 점화시기를 결정하는데 매우 중요한 센서다. TPS 센서는 보통 가변저항의 위치에 따라 출력전압이 달라지는 원리를 응용한 저항체와 슬라이딩 접점이 사용되고 있다.

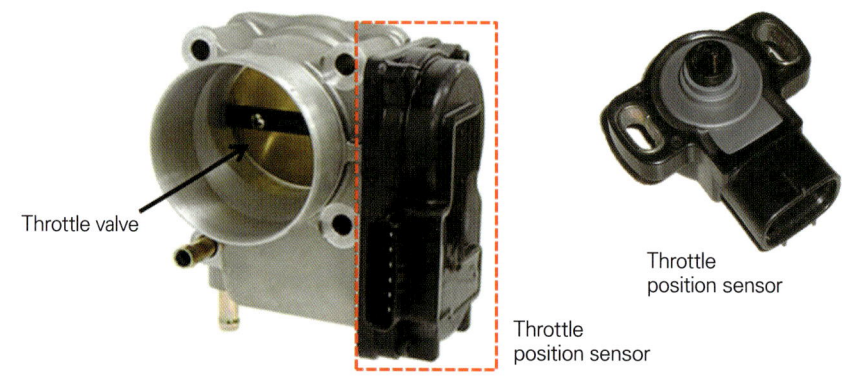

[fig. 4-42] 엔진 스로틀바디에 부착된 스로틀밸브 및 스로틀포지션 센서

(3) 데이터의 표시방법

엔진스로틀의 열림량은 출력 전압(V) 또는 퍼센트(%)로 표시된다. 열림량이 클수록 출력 전압 및 퍼센트(%)도 비례하여 높아진다. 엔진스로틀이 완전히 열린 경우에는 100%로 표시

된다. 미국의 EDR 기준에 의한 엔진스로틀 변위의 정확도(Accuracy)는 ±5%, 최소 기록단위인 해상도(Resolution)는 1% 이다. 기록 범위는 0~100%이다.

(4) 기록간격 및 횟수

충돌 전 5초부터 0초까지 0.5초 간격으로 기록된다. 즉 충돌 전 5초 동안 초당 2회씩 총 10회의 데이터가 저장된다. 여기서 0초란 충돌 또는 이벤트가 발생한 시점을 말한다.

Relative Time (calc.) (Seconds)	Restraint Deployment Signal (Received / Not Received)	Speed, Vehicle Indicated (MPH [km/h])	Accelerator Pedal % Full (%)	Engine Throttle % Full (%)	Brake Switch (On / Off)	Brake SC De-ac (On / Off)	ABS (Active / Inactive)	Transmission - Neutral (Neutral / Not Neutral)
-6.4	Not Received	3 [5]	0	4.5	OFF	OFF	Not Active	Not Neutral
-6.2	Not Received	3 [5]	5	4.5	OFF	OFF	Not Active	Not Neutral
-6.0	Not Received	3 [5]	14.5	7	OFF	OFF	Not Active	Not Neutral
-5.8	Not Received	3 [5]	9	7	OFF	OFF	Not Active	Not Neutral
-5.6	Not Received	3 [5]	0	4	OFF	OFF	Not Active	Not Neutral
-5.4	Not Received	3 [5]	0	4	ON	OFF	Not Active	Not Neutral
-5.2	Not Received	4 [6]	0	4	ON	OFF	Not Active	Not Neutral
-5.0	Not Received	4 [6]	0	4	ON	OFF	Not Active	Not Neutral
-4.8	Not Received	4 [6]	0	4	ON	OFF	Not Active	Not Neutral
-4.6	Not Received	4 [6]	10	7	OFF	OFF	Not Active	Not Neutral
-4.4	Not Received	4 [6]	11.5	7.5	OFF	OFF	Not Active	Not Neutral
-4.2	Not Received	4 [6]	22	11	OFF	OFF	Not Active	Not Neutral
-4.0	Not Received	4 [6]	28	15.5	OFF	OFF	Not Active	Not Neutral
-3.8	Not Received	5 [8]	27	20.5	OFF	OFF	Not Active	Not Neutral
-3.6	Not Received	6 [10]	22	19	OFF	OFF	Not Active	Not Neutral
-3.4	Not Received	7 [11]	21.5	19.5	OFF	OFF	Not Active	Not Neutral
-3.2	Not Received	9 [14]	18.5	19	OFF	OFF	Not Active	Not Neutral
-3.0	Not Received	10 [16]	21.5	20.5	ON	OFF	Not Active	Not Neutral
-2.8	Not Received	11 [18]	19.5	20	OFF	OFF	Not Active	Not Neutral
-2.6	Not Received	12 [19]	50.5	61.5	OFF	OFF	Not Active	Not Neutral
-2.4	Not Received	14 [23]	42	78.5	OFF	OFF	Not Active	Not Neutral
-2.2	Not Received	15 [24]	34	33	OFF	OFF	Not Active	Not Neutral
-2.0	Not Received	17 [27]	28.5	27.5	OFF	OFF	Not Active	Not Neutral
-1.8	Not Received	18 [29]	32.5	28	OFF	OFF	Not Active	Not Neutral
-1.6	Not Received	19 [31]	32.5	27.5	OFF	OFF	Not Active	Not Neutral
-1.4	Not Received	20 [32]	36.5	28.5	OFF	OFF	Not Active	Not Neutral
-1.2	Not Received	21 [34]	31	27	OFF	OFF	Not Active	Not Neutral
-1.0	Not Received	22 [35]	21.5	19.5	OFF	OFF	Not Active	Not Neutral
-0.8	Not Received	22 [35]	31	31.5	OFF	OFF	Not Active	Not Neutral
-0.6	Not Received	24 [39]	25	27.5	OFF	OFF	Not Active	Not Neutral
-0.4	Not Received	24 [39]	0	7	OFF	OFF	Not Active	Not Neutral
-0.2	Not Received	22 [35]	1	9	OFF	OFF	Active	Not Neutral
0.0	Not Received	15 [24]	2	7	OFF	OFF	Active	Not Neutral

[fig. 4-43] EDR에 기록된 엔진스로틀 데이터 샘플(FORD)

04 가속페달(ACCELERATION PEDAL) 변위

(1) 의미

가속페달은 운전자의 의지에 따라 그 변위가 달라진다. 운전자가 가속페달을 밟으면 그에 비례하여 공기의 흡입량 또는 연료의 분사량이 증대되어 출력이 높아지게 된다. 가솔린 엔진에서 가속페달은 스로틀밸브와 연동되어 작동하도록 구조되어 있다. 가속페달의 변위는 엔진스로틀과 함께 엔진의 가감속 및 급가속 판정, 엔진의 부하 상태 판단 등을 검출하여 가솔린 엔진의 기본 분사량과 점화시기를 결정하는 중요한 변수가 된다. 이 데이터는 사고 당시 운전자가 가속페달을 어느 정도 밟았는지 구체적 파악이 가능하다.

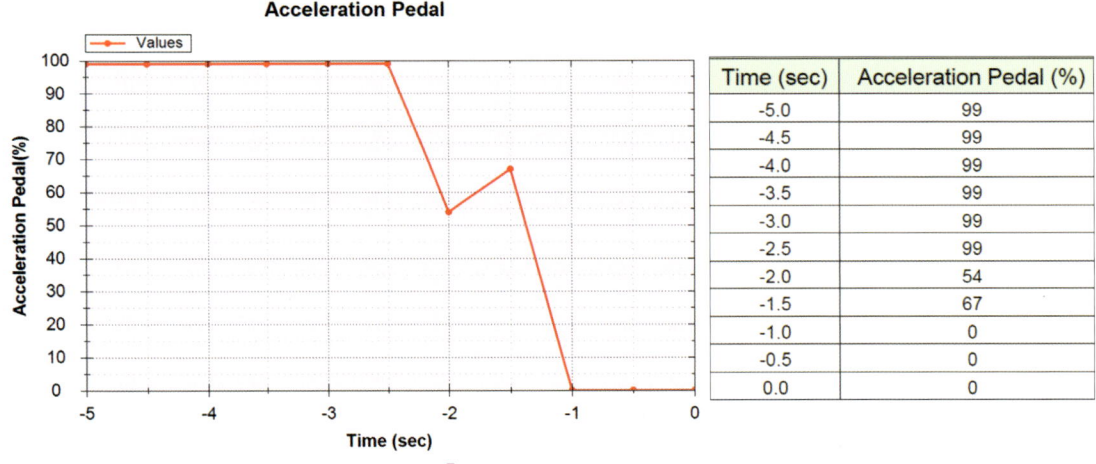

[fig. 4-44] EDR에 기록된 가속페달 변위(Hyundai)

(2) 감지방법

가속페달 변위 즉 운전자가 가속페달을 어느 정도 밟았는지 여부는 가속페달 위치센서(APS : Accelerator Position Sensor)에 의해 감지된다. APS는 가속페달 모듈 상부에 장착되어 페달의 작동 위치를 감지한다. 가속페달 위치센서는 보통 주 신호인 센서 1과 센서 1을 감시하는 센서 2로 구성되어 있으며, 한쪽 센서의 고장 또는 출력값을 비교하여 안전 모드를 작동시키는 구조로 되어 있다. 스로틀포지션센서(TPS : Throttle Position Sensor)와 마찬가지로 가변저항의 위치에 따라 출력전압이 달라지는 방식이 주로 사용되고 있다.

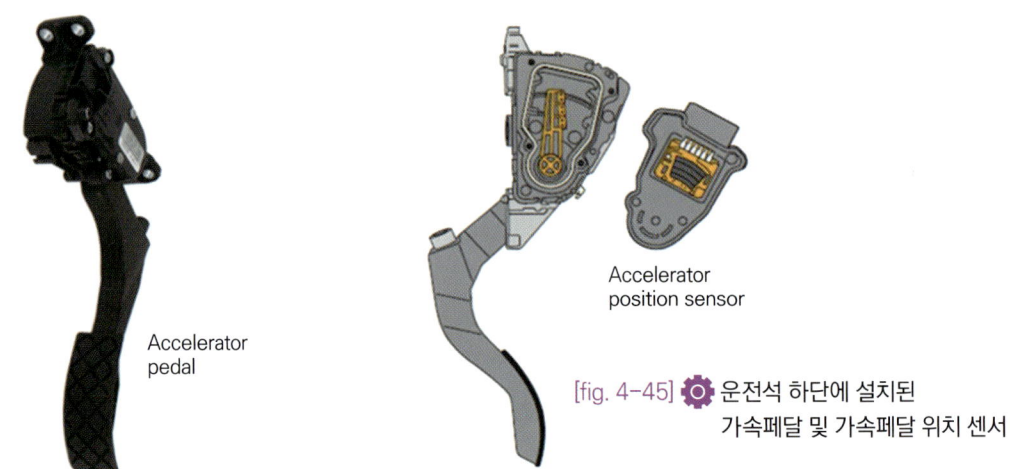

[fig. 4-45] 운전석 하단에 설치된 가속페달 및 가속페달 위치 센서

(3) 데이터의 표시방법

가속페달 변위는 출력 전압(V) 또는 퍼센트(%)로 표시된다. 가속페달을 깊게 밟을수록 변위가 커지면서 출력전압 및 퍼센트(%)가 비례하여 높아진다. 가속페달을 완전히 밟았을 경우에는 100%로 표시된다. 미국의 EDR 기준에 의한 가속페달 변위의 정확도(Accuracy)는 ±5%, 최소 기록단위인 해상도(Resolution)는 1% 이다. 기록 범위는 0~100%이다.

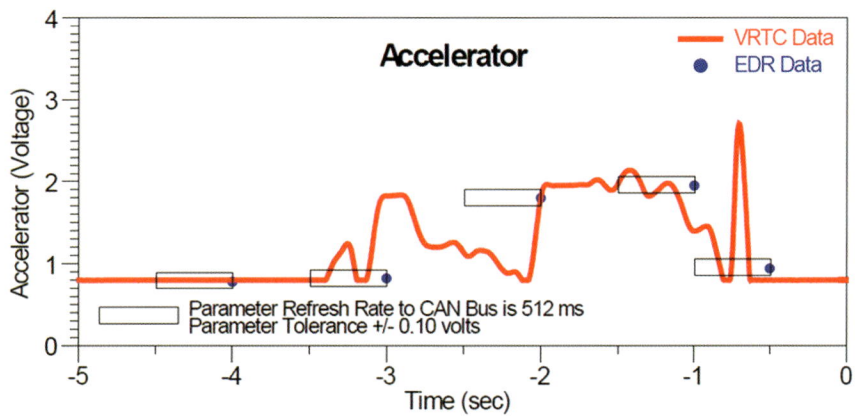

[fig. 4-46] 실제 차량의 가속페달 변위와 EDR의 가속페달 변위 샘플링 비교

(4) 기록간격 및 횟수

보통 충돌 전 5초부터 0초까지 0.5초 간격으로 기록된다. 즉 충돌 전 5초 동안 초당 2회씩 총 10회의 데이터가 저장된다. 0초란 이벤트가 발생한 시점을 말한다.

Time (sec)	Speed, Vehicle Indicated (MPH [km/h])	Accelerator Pedal, % Full (%)	Engine RPM	Steering Input (deg)	Service Brake, On/Off
-5.0	35 [56]	82	10200	-205	Unknown
-4.5	35 [56]	92	11500	-250	Unknown
-4.0	35 [56]	2	200	-115	On
-3.5	35 [56]	12	1500	250	On
-3.0	35 [56]	22	2700	235	On
-2.5	35 [56]	32	4000	145	On
-2.0	65 [105]	42	5200	85	Off
-1.5	81 [130]	52	6500	0	Off
-1.0	96 [155]	62	7700	-55	Off
-0.5	112 [180]	72	9000	-145	Off
0.0	35 [56]	82	10200	-205	Unknown

[fig. 4-47] EDR에 기록된 가속페달 변위 데이터 샘플(BMW)

05 브레이크 스위치 ON/OFF

(1) 의미

운전자가 브레이크 페달을 밟으면 페달에 부착된 브레이크 스위치가 on 되면서 후미에 설치된 브레이크 등화 또는 보조 브레이크 등화가 점등된다. 브레이크 스위치는 운전자가 브레이크 페달을 밟았을 때 후미 정지등을 점등시켜 후방 차량 운전자에게 주의를 환기시키기 위한 안전장치다.

또한 브레이크 스위치는 후미 정지등 회로뿐만 아니라 ABS, ESP, 스마트키 컨트롤 모듈, 급제동경보 시스템 등에 관련 정보를 제공한다. 이 데이터는 사고 직전 운전자가 브레이크 페달을 밟았는지 여부를 파악할 수 있다.

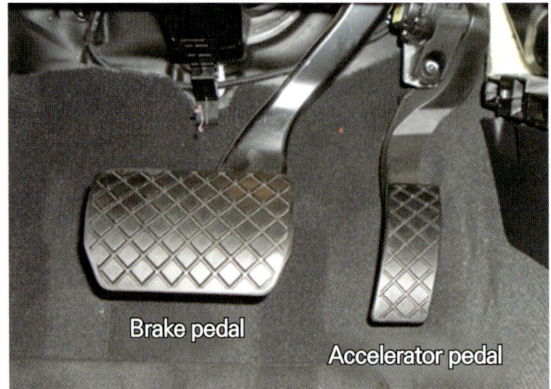

Time (sec)	Service brake_ on/off
-5.0	OFF
-4.5	OFF
-4.0	OFF
-3.5	OFF
-3.0	OFF
-2.5	OFF
-2.0	OFF
-1.5	OFF
-1.0	OFF
-0.5	ON
0.0	ON

[fig. 4-48] EDR에 기록된 브레이크페달 스위치 on/off 데이터

(2) 감지방법

운전자가 브레이크 페달을 밟았는지 여부는 브레이크 페달 위에 부착된 on/off 스위치에 의해 감지된다. 보통 브레이크 스위치는 2중 스위치 타입으로 구조되어 있는데, 브레이크 페달을 밟으면 A 스위치는 on 되고 B 스위치는 off 타입으로 되어 있다. 이때 A 스위치는 정지등 점등과 관련 회로의 입력 신호가 되며, B 스위치는 브레이크 스위치를 점검하는 회로가 된다.

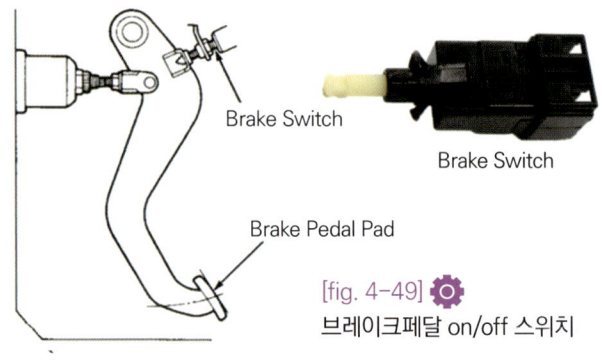

[fig. 4-49] 브레이크페달 on/off 스위치

(3) 데이터의 표시방법

브레이크 스위치는 페달의 눌림 상태에 따라 on 또는 off 상태로 표시된다. 운전자가 브레이크 페달을 밟으면 on, 브레이크 페달을 떼면 off 상태로 표시된다.

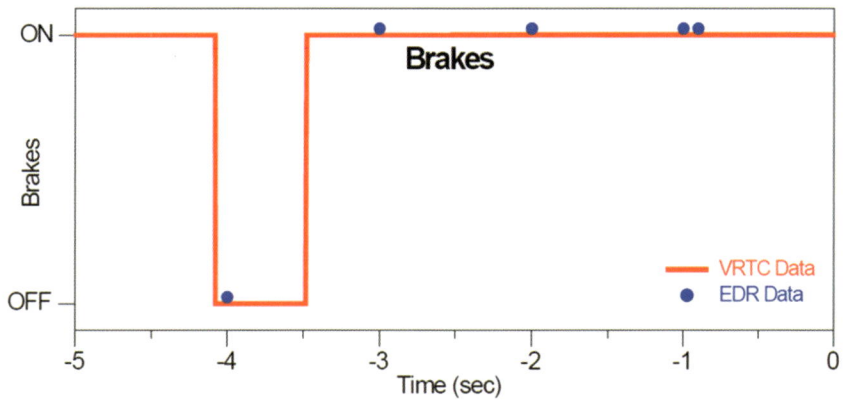

[fig. 4-50] 실제 차량의 브레이크 스위치 상태와 EDR의 브레이크 데이터 샘플링 비교

(4) 기록간격 및 횟수

보통 충돌 전 5초부터 0초까지 0.5초 간격으로 기록된다. 즉 충돌 전 5초 동안 초당 2회씩 총 10회의 데이터가 저장된다. 여기서 0초란 이벤트가 발생한 시점을 말한다.

Relative Time (calc.) (Seconds)	Restraint Deployment Signal (Received / Not Received)	Speed, Vehicle Indicated (MPH [km/h])	Accelerator Pedal % Full (%)	Engine Throttle % Full (%)	Brake Switch (On / Off)
-6.4	Not Received	3 [5]	0	4.5	OFF
-6.2	Not Received	3 [5]	5	4.5	OFF
-6.0	Not Received	3 [5]	14.5	7	OFF
-5.8	Not Received	3 [5]	9	7	OFF
-5.6	Not Received	3 [5]	0	4	OFF
-5.4	Not Received	3 [5]	0	4	ON
-5.2	Not Received	4 [6]	0	4	ON
-5.0	Not Received	4 [6]	0	4	ON
-4.8	Not Received	4 [6]	0	4	ON
-4.6	Not Received	4 [6]	10	7	OFF

[fig. 4-51] EDR에 기록된 브레이크 페달 on/off 스위치 데이터 샘플

06 조향핸들 각도(STEERING ANGLE)

(1) 의미

조향핸들 각도란 운전자가 핸들을 왼쪽 또는 오른쪽 방향으로 돌렸을 때 핸들이 움직이면서 회전된 각도를 말한다. 조향핸들 각도는 보통 조향휠 하단에 장착된 조향각센서(Steering Angle Sensor : SAS)에 의해 검출된다. 조향핸들 각도는 전동식 파워스티어링 시스템(Motor Driven Power Steering : MDPS)에서 운전자의 조향 의도를 파악하여 스티어링을 제어하는 기본 신호가 되며, 전자식브레이크시스템(ABS), 차량자세제어시스템(ESP or ESC)에서 차량을 제어하는 중요한 입력 신호가 된다. 이 데이터는 사고 직전 운전자가 핸들을 어느 방향으로 어느 정도 회전시켰는지 또는 시간에 따라 어떤 형태로 회전시켰는지 여부를 파악할 수 있다.

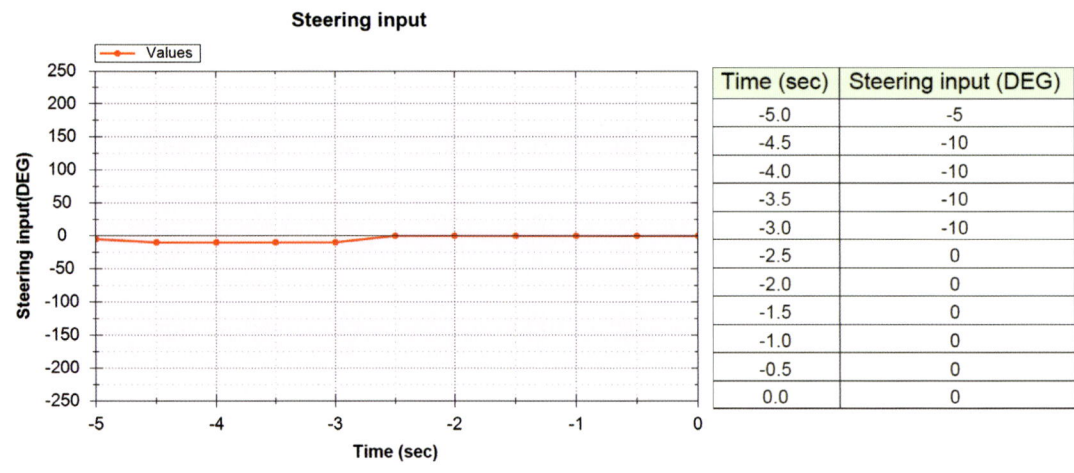

[fig. 4-52] EDR에 기록된 조향핸들 각도 데이터

(2) 감지방법

조향핸들 각도는 스티어링휠 하단에 장착된 조향각 센서(조향휠 각속도센서)에 의해 조향 방향 및 조향각도, 조향속도가 검출된다. 조향각센서는 슬라이딩 방식의 저항형 포텐시오미터(Potentiometer), 고감도자기센서, 광학식 등이 사용되고 있다. 자기센서는 자기장의 변화에 의해 회전 변위를 측정하는 방식이고, 광학식은 핸들이 회전함에 따라 센서의 슬리트(Slit) 판이 회전하는데 이때 광소자의 빛이 슬리트(Slit)를 통과하거나 차단되면서 발생되는 펄스 신호를 통해 회전수를 감지하게 된다.

[fig. 4-53] 조향핸들 및 조향각 센서

(3) 데이터의 표시방법

조향핸들 각도는 스티어링 휠의 회전방향에 따라 (+) 또는 (−)값으로 기록된다. 단위는 °(deg)로 표시된다. 미국의 EDR 기준에 의한 조향핸들 각도의 정확도(Accuracy)는 ±5%, 최소 기록단위인 해상도(Resolution)는 1% 이다. 기록 범위는 ±0~250°(deg)이다.

① (+) 회전각도

운전자가 스티어링 휠을 시계반대방향((Counter Clockwise Rotation : CCW)으로 회전한 경우에는 (+) 값으로 표시된다. 즉 핸들을 왼쪽으로 돌린 경우에 해당된다.

② (−) 회전각도

운전자가 스티어링 휠을 시계방향((Clockwise Rotation : CW)으로 회전한 경우에는 (−) 값으로 표시된다. 즉 핸들을 오른쪽으로 돌린 경우에 해당된다.

(4) 기록간격 및 횟수

보통 충돌 전 5초부터 0초까지 0.5초 간격으로 기록된다. 즉 충돌 전 5초 동안 초당 2회씩 총 10회의 데이터가 저장된다.

Time Stamp (sec)	Speed, Vehicle Indicated (MPH [km/h])	Accelerator Pedal, % full	Engine RPM	Motor RPM	Service Brake (On, Off)	Steering Input (deg)
-5.0	24 [39]	16	2650	0	Off (Brake Not Activated)	-32
-4.5	23 [37]	11.5	1750	0	Off (Brake Not Activated)	-2
-4.0	21 [34]	9	1200	0	On (Brake Activated)	28
-3.5	15 [24]	9	1150	0	On (Brake Activated)	14
-3.0	13 [21]	4	950	0	On (Brake Activated)	4
-2.5	11 [17]	4	950	0	On (Brake Activated)	4
-2.0	5 [8]	4	900	0	On (Brake Activated)	-48
-1.5	3 [5]	4	850	0	On (Brake Activated)	-98
-1.0	1 [2]	4	850	0	On (Brake Activated)	-160
-0.5	3 [5]	10.5	1100	0	Off (Brake Not Activated)	-194
0.0	6 [9]	16	1150	0	Off (Brake Not Activated)	-218

[fig. 4-54] EDR에 기록된 조향각 데이터 샘플

07 ABS ON/OFF (ABS ACTIVITY)

(1) 의미

기계식 브레이크 시스템에서 급제동시 차량의 바퀴가 잠기면 위험을 회피하기 위한 조향 제어가 어렵게 된다. 또한 제동시 바퀴가 잠기면서 미끄러지면(슬립율 100%) 타이어와 노면 사이의 마찰력이 감소되어 제동효과가 오히려 저감된다. ABS 시스템은 'Anti lock Brake System'의 약자로 제동시 차량의 바퀴가 잠기지 않고(Anti Lock), 최적의 슬립(Slip) 조건 에서 제동 능력이 발휘될 수 있도록 각 바퀴의 슬립율과 제동압력을 전자식으로 제어하는 브레이크 시스템을 말한다. 운전자가 브레이크 페달을 세게 밟아 제동압력이 과도하게 높아지면 바퀴의 잠김 현상이 발생할 수 있는데 이때 ABS 시스템이 작동하여 각 바퀴의

Num	Time (sec)	ABS activity
1	-5.0	OFF
2	-4.5	OFF
3	-4.0	OFF
4	-3.5	OFF
5	-3.0	OFF
6	-2.5	OFF
7	-2.0	OFF
8	-1.5	OFF
9	-1.0	OFF
10	-0.5	OFF
11	0.0	OFF

[fig. 4-55] EDR에 기록된 ABS 시스템 활성화 데이터 샘플. 시스템 활성화 여부에 따라 on/off 로 표시됨

압력을 감압, 유지, 증압하면서 제동력을 제어하게 된다. EDR에서 ABS 시스템의 'on'이란 각 바퀴의 제동압력을 제어하는 시스템이 작동되어 활성화된 상태(Activity)를 말한다.

(2) 감지방법

ABS시스템에서는 휠 속도 센서(Wheel Speed Sensor)가 바퀴의 잠김을 감지하고 그 신호를 ABS ECU로 전달한다. 운전자가 브레이크 페달을 조작하면 ABS ECU는 휠 센서의 신호를 통해 바퀴의 잠김을 감지하고 최적의 제동 효과를 얻을 수 있도록 유압제어기(HCU : Hydraulic Control Unit)를 통해 각 바퀴의 제동 압력을 제어하게 된다. ABS 시스템의 작동 상태는 ABS ECU에서 CAN 통신으로 전송된다.

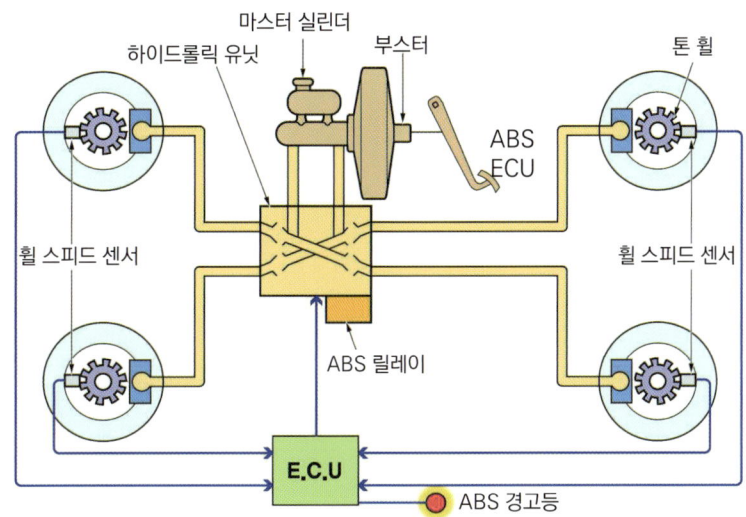

[fig. 4-56] ABS 브레이크의 구조

(3) 데이터의 표시방법

ABS 시스템의 작동 상태는 on 또는 off 상태로 표시된다. ABS가 장착된 차량이라 하더라도 운전자가 바퀴의 잠김 현상이 발생하지 않을 정도로 서서히 브레이크를 조작하였다면 ABS 시스템은 작동되지 않아 off 상태로 표시된다.

(4) 기록간격 및 횟수

보통 충돌 전 5초부터 0초까지 0.5초 간격으로 데이터가 기록된다. 충돌 전 5초 동안 초당 2회씩 총 10회의 데이터가 저장된다.

08 ESP or ECS on/off

(1) 의미

ESP(Electronic Stability Program) 또는 ESC(Electronic Stability Control)는 가속, 제동, 선회 운동시 발생할 수 있는 차량의 미끄러짐이나 궤적이탈, 스핀 등의 불안전한 상황에서 엔진출력, 제동력, 구동력 등을 최적의 상태로 제어하여 자동차의 자세를 안정적으로 유지시켜 주는 능동적 안전 시스템을 말한다. 보통 ESP 시스템은 ABS제어, 트랙션 컨트롤(TCS)제어, 요 컨트롤(Yaw Moment Control) 기능을 포함하고 있다. 예를 들어, 차량에 스핀(Spin) 또는 언더스티어(Under Steer) 현상이 발생하면 이를 감지하여 자동적으로 내측 차륜 또는 외측 차륜에 제동력을 발생시켜 차량의 자세를 제어하고(ABS연계 제어), 스핀한계 직전에 자동 감속시켜 제어(TCS연계 제어)하게 된다. ESP 시스템의 'on'이란 차량의 자세가 불안정해질 수 있는 상황에서 ABS제어나 TCS제어, 요컨트룰 기능이 작동되어 활성화된 상태(Activity)를 말한다.

Num	Time (sec)	Stability control
1	-5.0	ON
2	-4.5	ON
3	-4.0	ON
4	-3.5	ON
5	-3.0	ON
6	-2.5	ON
7	-2.0	ON
8	-1.5	ON
9	-1.0	ON
10	-0.5	ON
11	0.0	ON

[fig. 4-57] EDR에 기록된 ESC 시스템 데이터 샘플. 시스템 활성화 여부에 따라 on/off로 표시됨

(2) 감지방법

ESP 시스템은 차속신호, 조향각 센서, 마스터 실린더 압력 센서로부터 운전자의 조종 의도를 판단하고, 요-레이트 & 횡 가속도 센서로부터 차체의 자세를 추정하여 각 바퀴의 제동압력(구동력) 및 엔진의 출력을 제어하게 된다. 만약 차량의 자세가 불안정해지면 설정된 제어 기준에 따라 특정 바퀴에 제동 압력을 증압 또는 감압시키고, CAN 통신을 이용해 엔진 출력 제어 신호를 보내게 된다. ESP 시스템의 작동 상태는 ESP 컨트롤유닛(ECU)에서 CAN 통신으로 송신된다.

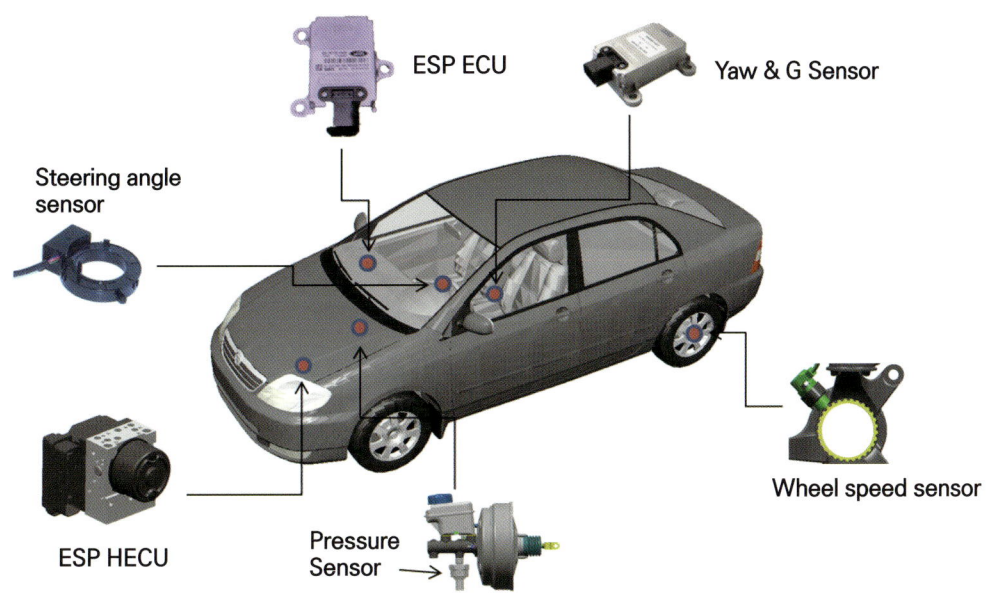

[fig. 4-58] ESC 시스템의 구성

(3) 데이터의 표시방법

ESP 시스템의 작동 상태는 on 또는 off 상태로 표시된다. ESP(ESC)가 장착된 차량이라 하더라도 바퀴 잠김 현상이 발생하지 않을 정도로 서서히 브레이크를 조작하거나 안정된 자세의 주행상황에서는 ESP 시스템이 작동되지 않고 off 상태로 기록된다.

(4) 기록간격 및 횟수

보통 충돌 전 5초부터 0초까지 0.5초 간격으로 데이터가 기록된다. 충돌 전 5초 동안 초당 2회씩 총 10회의 데이터가 저장된다.

Time (sec)	Speed, Vehicle Indicated (MPH [km/h])	Accelerator Pedal, % Full (%)	Engine RPM	Steering Input (deg)	Service Brake, On/Off	ABS Activity (Engaged, Non-engaged)	Stability Control (On Engaged, Non-engaged)
-5.0	35 [56]	82	10200	-205	Unknown	Unknown	Unknown
-4.5	35 [56]	92	11500	-250	Unknown	Unknown	Unknown
-4.0	35 [56]	2	200	-115	On	ABS Activity	Non-engaged
-3.5	35 [56]	12	1500	250	On	ABS Activity	Non-engaged
-3.0	35 [56]	22	2700	235	On	ABS Activity	Non-engaged
-2.5	35 [56]	32	4000	145	On	ABS Activity	Non-engaged
-2.0	65 [105]	42	5200	85	Off	No ABS Activity	Non-engaged
-1.5	81 [130]	52	6500	0	Off	No ABS Activity	Non-engaged
-1.0	96 [155]	62	7700	-55	Off	No ABS Activity	Non-engaged
-0.5	112 [180]	72	9000	-145	Off	No ABS Activity	Non-engaged
0.0	35 [56]	82	10200	-205	Unknown	Unknown	Unknown

[fig. 4-59] EDR에 기록된 ESP 데이터 샘플(BMW)

Times (sec)	Steering Wheel Angle (degrees)	Stability Control Lateral Acceleration (g)	Stability Control Longitudinal Acceleration (g)	Stability Control Yaw Rate (deg/sec)	Stability Control Roll Rate (deg/sec)
- 5.0	2.4	0.076	-0.088	0.0	-2.0
- 4.9	2.4	0.025	-0.042	0.12	-4.62
- 4.8	2.4	0.012	-0.052	-0.25	-5.37
- 4.7	2.4	0.041	-0.075	0.5	-4.5
- 4.6	2.4	0.037	-0.06	0.25	-4.37
- 4.5	2.4	-0.022	-0.065	0.62	-2.62
- 4.4	2.4	0.026	-0.083	0.62	-0.87
- 4.3	2.4	-0.047	-0.075	0.0	-0.87
- 4.2	2.4	0.013	-0.068	0.37	-1.0
- 4.1	2.4	-0.031	-0.052	0.0	3.12
- 4.0	2.4	0.028	-0.076	0.5	-0.5
- 3.9	2.4	0.049	-0.057	1.0	-2.75
- 3.8	2.4	-0.012	-0.047	0.0	1.0
- 3.7	2.4	0.005	-0.076	0.0	0.25
- 3.6	2.4	-0.012	-0.025	0.37	-0.75
- 3.5	2.4	-0.025	-0.014	0.0	2.87
- 3.4	2.4	-0.036	-0.062	-0.12	1.5
- 3.3	2.4	-0.084	-0.078	0.25	2.75
- 3.2	2.4	0.03	-0.028	0.25	0.5
- 3.1	2.4	0.021	-0.01	0.5	-3.75
- 3.0	2.4	0.009	-0.055	0.12	-3.87

[fig. 4-60] EDR에 기록된 ESP 세부 데이터 샘플(FORD)

5 차량 제조사별 EDR 데이터 유형

01 현대 / 기아 EDR DATA

(1) 사고시점의 EDR 정보

- 다중사고 횟수 (Multi Event, Number Of Event)
- 다중사고 시간 간격 1 To 2 (Time From Event 1 To 2)
- 정상기록 완료 여부 Yes Or No (Complete File Recorded Yes Or No)
- 시동장치의 원동기 작동위치 누적횟수 (Ignition Cycle, Crash)
- 정보추출 시 시동장치의 원동기 작동위치 누적횟수 (Ignition Cycle, Download)

(2) 사고이전 차량정보(PRE-CRASH DATA -5 to 0 Sec)

- 차량속도 (Vehicle Speed, km/h)
- 엔진회전수 (Engine RPM)
- 엔진스로틀 열림량 (Engine Throttle, %)
- 제동페달 작동여부 (Brake Switch, on/off)
- 바퀴잠김방지식 브레이크 작동여부 (Abs Activity, on/off)
- 자동차안전성 제어장치 작동여부 (Stability Control, on/off/Engaged)
- 조향핸들 각도 (Steering Input, Degree)
- 가속페달 개도량 (Accelerator Pedal, %)

(3) 사고시점의 에어백시스템 정보(AIR BAG SYSTEM DATA)

- 에어백경고등 점등 Airbag Warning Lamp on/off
- 운전석 안전띠 착용여부 Safety Belt Status_ Driver
- 동승석 안전띠 착용여부 Safety Belt Status_ Passenger
- 운전석 최전방 위치이동 스위치 작동여부
  Seat Track Position Switch_ Foremost_ Status_ Driver
- 동승석 최전방 위치이동 스위치 작동여부
  Seat Track Position Switch_ Foremost_ Status_ Passenger

- 운전석 승객 크기 유형(5% 여성 이상 성인)
  Occupant Size(5Th Percentile Female Or Larger) Classification_ Driver
- 동승석 승객 크기 유형(어린이)
  Occupant Size(Child) Classification_ Passenger

(4) 사고시점의 에어백 전개 명령 정보(AIR BAG DEPLOYMENT DATA)

- 운전석 정면 에어백 전개시간(1단계)
  Time To Deploy_ Frontal Airbag-1St Stage_ Driver (ms)
- 동승석 정면 에어백 전개시간(1단계)
  Time To Deploy_ Frontal Airbag-1St Stage_ Passenger (ms)
- 운전석 정면 다단 에어백의 단계별 전개시간(2단계)
  Time to deploy_ Frontal airbag-2nd stage_ driver
- 동승석 정면 다단 에어백의 단계별 전개시간(2단계)
  Time To Deploy_ Frontal Airbag-2Nd Stage_ Passenger
- 운전석 정면 다단 에어백의 단계별 전개시간(3단계)
  Frontal Airbag Deployment_ Third Stage Disposal_ Driver
- 동승석 정면 다단 에어백의 단계별 전개시간(3단계)
  Frontal Airbag Deployment_ Third Stage Disposal_ Passenger
- 운전석 정면 다단 에어백의 단계별 추진체 강제처리 여부(2단계)
  Frontal Airbag Deployment_ Second Stage Disposal_ Driver
- 동승석 정면 다단 에어백의 단계별 추진체 강제처리 여부(2단계)
  Frontal Airbag Deployment_ Second Stage Disposal_ Passenger
- 운전석 측면 에어백 전개시간(msec)
  Time To Deploy_side Airbag_driver
- 동승석 측면 에어백 전개시간(msec)
  Time To Deploy_side Airbag_passenger
- 운전석 커튼 에어백 전개시간(msec)
  Time To Deploy_curtain Airbag_driver
- 동승석 커튼 에어백 전개시간(msec)
  Time To Deploy_curtain Airbag_passenger

- 운전석 안전띠 프리로딩 장치 전개시간(msec)
  Time To Fire_pretensioner_driver
- 운전석 안전띠 프리로딩 장치 전개시간(msec)
  Time To Fire_pretensioner_passenger

(5) 충돌 정보(CRASH PULSE DATA)

- 진행방향 가속도 Longitudinal Acceleration (g)
- 진행방향 속도변화 누계 Delta-V, Longitudinal (km/h)
- 측면방향 가속도 Lateral Acceleration (g)
- 측면방향 속도변화 누계 Delta-V, Lateral (km/h)
- 수직방향(합성) 가속도 Normal Acceleration (g)
- 자동차 전복경사각도 Vehicle Roll Angle (deg)

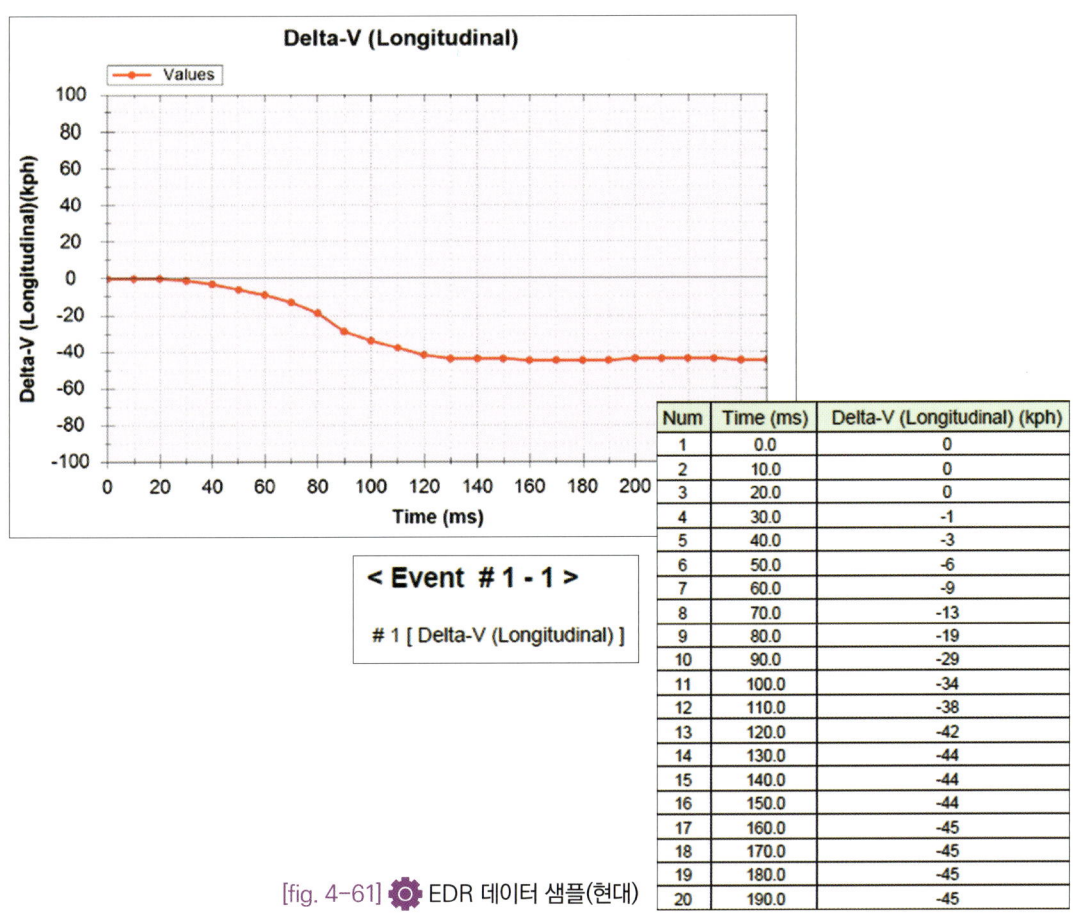

[fig. 4-61] EDR 데이터 샘플(현대)

02 BMW / MINI / ROYCE-ROYCE EDR DATA

(1) 시스템 상태(SYSTEM STATUS) 정보

- Ignition Cycle, Download
- Initial Event Type
- Event Counter
- Ignition Cycle, Crash
- Multi-Event, Number of Events
- Maximum Delta-V, Longitudinal
- Maximum Delta-V, Lateral
- Time, Maximum Delta-V, Longitudinal
- Time, Maximum Delta-V, Lateral
- Time, Maximum Delta-V, Resultant
- Time From Previous Event to Current Event
- Time From Last Speed Data Sample (Precrash) to Time Zero
- Complete File Recorded
- Vehicle Clock, Date and Time at Event (YYYY-MM-DD, HH:MM:SS)
- Vehicle Mileage
- Operating Time
- Vehicle Identification Number
- Time From Time Zero to Frontal/Side Threshold (Beginning/End of Impact)
- Time From Time Zero to Algorithm Wake-Up Start
  (Front/Side/Rear/Pedestrian Protection)
- Time From Time Zero to Deployment (Rollover/Pitch-Over)
- Time From Time Zero to Algorithm Reset
  (Front/Side/Rear/Rollover/Pitch-Over/Pedestrian Protection)

(2) 에어백전개 데이터(AIR BAG DEPLOYMENT DATA)

- Frontal Air Bag, Time to First/Second Stage Deployment, Driver
- Frontal Air Bag, Time to Third Stage Deployment (Vent), Driver

- Frontal Air Bag, Second Stage Disposal, Driver
- Frontal Air Bag, Third Stage Disposal (Vent), Driver
- Frontal Air Bag, Time to First/Second Stage Deployment, Front Passenger
- Frontal Air Bag, Time to Third Stage Deployment (Vent), Front Passenger
- Frontal Air Bag, Second Stage Disposal, Front Passenger
- Frontal Air Bag, Third Stage Disposal (Vent), Front Passenger
- Side Air Bag, Time to Deployment First Stage, Driver
- Side Curtain/Tube Air Bag,Time to Deployment, Driver Side
- Pretensioner, Time to Deploy, Driver/Passenger
- Side Air Bag, Time to Deployment First Stage, Front Passenger
- Side Curtain/Tube Air Bag, Time to Deployment, Passenger Side
- Knee Air Bag, Time to Deploy, Driver/Front Center/Front Passenger
- Frontal Air Bag Deployment, Time to Third Stage (Vent) Deploy, Front Center
- Frontal Air Bag Deployment, Third Stage Disposal, Front Center
- Frontal Air Bag Deployment, Time to First/Second Stage Deploy, Front Center
- Pretensioner, Time to Deploy, Driver/Front Center/Front Passenger
- Belt Load Limiter Deployments, Driver/Front Center/Front Passenger
- Active Head Rest, Time to Deployment, Front Driver/Front Passenger
- Side Air Bag (Vent), Times to Deployment, Driver/Front Passenger
- Side Air Bag, Time to Deployment First Stage, Second Row, Left Side
- Side Air Bag, Time to Deployment First Stage, Second Row, Right Side
- Side Air Bag (Vent), Times to Deployment
- Belt Load Limiter Deployment/Disposal, Times to Deploy
- Active Head Rest, Times to Deployment
- Side Air Bag, Times to Deployment, First Stage
- Side Air Bag (Vent), Times to Deployment
- Rollover Protection System, Times to Deploy Driver/Passenger
- Window Air Bag & Vent Deployment, Times to Deploy, Driver/Center/Passenger
- Window Air Bag Fetch, Time to Deploy

- Window Air Bag Fetch (Vent), Time to Deploy
- Pedestrian Protection Deployment, Times to Deploy
- Battery Disconnect, Time to Deploy
- HV Battery Deactivation, Time to Deploy

(3) 충돌 펄스(CRASH PULSE) 데이터

- Delta-V, Longitudinal
- Delta-V, Lateral
- Lateral Acceleration (Lateral G High/Low Range) (g)
- Longitudinal Acceleration (g)
- Normal Acceleration (g)
- Vehicle Roll Angle (deg)

(4) 충돌 전 1초 데이터(PRE-CRASH DATA -1 Sec)

- Safety Belt Status, Driver
- Seat Track Position Switch Status, Driver
- Occupant Size Classification, Driver
- Occupant Position Classification, Driver
- Air Bag Warning Lamp (On,Off)
- Air Bag Suppression Switch Status, Front Passenger
- Safety Belt Status, Front Passenger
- Seat Track Position Switch Status, Foremost, Front Passenger
- Occupant Size Classification, Front Passenger (Child)
- Occupant Position Classification, Front Passenger
- Frontal Air Bag Disable Indicator Status, Passenger (POL)

(5) 충돌 전 5초에서 0초까지의 데이터(PRE-CRASH DATA -5 to 0 Sec)

- Speed, Vehicle Indicated
- Accelerator Pedal, % Full (%)
- Engine RPM

- Steering Input (deg)
- Service Brake, On/Off
- Abs Activity (Engaged, Non-Engaged)
- Stability Control (On Engaged, Non-Engaged)

System Status at Retrieval

Ignition Cycle, Download (cycle)	8,145

System Status at Event (Record 1, Most Recent)

Event Type	Frontal
Ignition ON Timer, at Event (msec)	2,704,767,809
Time From Time Zero to Frontal Threshold (Beginning of Impact) (msec)	Not Recorded
Time From Time Zero to Side Threshold (Beginning of Impact) (msec)	Not Recorded
Time From Time Zero to Algorithm Wake-Up Start (Front) (msec)	0
Time From Time Zero to Algorithm Wake-Up Start (Side) (msec)	4
Time From Time Zero to Algorithm Wake-Up Start (Rear) (msec)	15
Time From Time Zero to Deployment (Rollover) (msec)	Not Recorded
Time From Time Zero to Deployment (Pitchover) (msec)	Not Recorded
Time From Time Zero to Algorithm Wake-Up Start (Pedestrian Protection) (msec)	Not Recorded
Event Counter (counts)	2
Complete File Recorded (Yes, No)	Yes
Multi-Event, Number of Events	1
Time From Previous Event to Current Event (msec)	0
Maximum Delta-V, Longitudinal (MPH [km/h])	-39.8 [-64.0]
Maximum Delta-V, Lateral (MPH [km/h])	-0.6 [-1.0]
Time, Maximum Delta-V, Longitudinal (msec)	104
Time, Maximum Delta-V, Lateral (msec)	90
Time, Maximum Delta-V, Resultant (msec)	104

Deployment Command Data (Record 1, Most Recent)

Frontal Air Bag, Time to First Stage Deployment, Driver (msec)	8
Frontal Air Bag, Time to Second Stage Deployment, Driver (msec)	13
Frontal Air Bag, Time to Third Stage Deployment (Vent), Driver (msec)	Unknown
Frontal Air Bag, Second Stage Disposal, Driver	No Disposal
Frontal Air Bag, Third Stage Disposal (Vent), Driver	No Disposal
Frontal Air Bag, Time to First Stage Deployment, Front Passenger (msec)	8
Frontal Air Bag, Time to Second Stage Deployment, Front Passenger (msec)	13
Frontal Air Bag, Time to Third Stage Deployment (Vent), Front Passenger (msec)	Unknown
Frontal Air Bag, Second Stage Disposal, Front Passenger	No Disposal
Frontal Air Bag, Third Stage Disposal (Vent), Front Passenger	No Disposal
Side Air Bag, Time to Deployment First Stage, Driver (msec)	Unknown
Side Curtain/Tube Air Bag, Time to Deployment, Driver Side (msec)	Unknown
Pretensioner, Time to Deploy, Driver (msec)	Unknown
Knee Bag, Time to Deploy, Driver (msec)	8
Side Air Bag, Time to Deployment First Stage, Front Passenger (msec)	Unknown
Side Curtain/Tube Air Bag, Time to Deployment, Passenger Side (msec)	Unknown
Pretensioner, Time to Deploy, Front Passenger (msec)	Unknown
Knee Bag, Time to Deploy, Front Passenger (msec)	Unknown

[fig. 4-62] EDR 데이터 샘플(BMW)

03 AUDI / VOLKSWAGEN EDR Data

(1) 시스템 상태(SYSTEM STATUS) 정보

- Event Type
- Maximum Delta-V, Longitudinal
- Maximum Delta-V, Lateral
- Time, Maximum Delta-V, Longitudinal
- Time, Maximum Delta-V, Lateral
- Time, Maximum Delta-V, Resultant
- Clipping Time, Longitudinal Acceleration Sensor
- Clipping Time, Lateral Acceleration Sensor
- Multi-Event, Number of Events
- Time from Previous Event to Current Event
- Time from Last Speed Data Sample (Precrash) to Time Zero
- Time from Initial Event to Current Event
- FAZIT Identification String
- Airbag Warning Lamp, Off Time (Before Event)
- eCall-Signal (PWM), Time to Activation
- Supply Voltage (After Event)
- Supply Voltage (Before Event)
- Airbag Warning Lamp, On Time (Before Event)
- Supplier ID, ACM
- Production Date, ACM
- Serial Number ECU
- Software Version, ACM
- Hardware Version, ACM
- Part Number, ACM Software
- Part Number, ACM
- Complete File Recorded, OEM

- Complete File Recorded
- Ignition Cycle at Event
- Ignition Cycle at Download
- Vehicle Mileage
- Operating Time
- Vehicle Identification Number (VIN)
- Event Counter at Event

(2) 에어백전개 데이터(AIR BAG DEPLOYMENT DATA)

- Frontal Airbag, Time to 1st &2nd Stage Deployment, Driver/Passenger
- Frontal Airbag, Time to 3rd Stage (Vent) Deployment, Driver/Passenger
- Frontal Airbag, 2nd Stage Disposal, Driver/Passenger
- Side Airbag, Time to Deployment 1st Stage, Driver/Front Passenger
- Side Curtain/Tube Airbag, Time to Deployment, Driver/Passenger Side
- Pretensioner, Time to 1st Stage Deployment, Driver/Front Passenger
- Knee Airbag, Time to Deployment, Driver/Front Passenger
- Belt-Load Limiter, Time to Deployment/Disposal, Driver/Front Passenger
- Active Head-Rest, Time to Deployment, Front Driver/Front Passenger
- Pretensioner, Time to 1st Stage Deployment, 2nd Row, Center
- Side Airbag, Time to Deployment 1st Stage, 2nd Row, Driver/Passenger Side
- Pretensioner, Time to 1st Stage Deployment, 2nd/3rd Row, Driver/Passenger Side
- Rollover Protection System, Time to Deployment, Driver/Passenger
- Pedestrian Protection System, Time to Deployment, Front/Rear Driver/Passenger
- Battery Disconnect, Time to Deployment
- High-Voltage Battery Deactivation, Time to Deployment
- Sill-End Pretensioner, Time to Deployment, Front Passenger/Driver

(3) 충돌 펄스(CRASH PULSE) 데이터

- Delta-V, Longitudinal
- Delta-V, Lateral
- Lateral/Longitudinal Acceleration
- Vehicle Roll Angle

(4) 충돌 전 1초 데이터(PRE-CRASH DATA -1 Sec)

- Safety Belt Status, Driver/Front Passenger
- Seat Track Position Switch Status, Driver/Front Passenger
- Occupant Size/Position Classification, Driver
- Airbag Warning Lamp, Status
- Frontal Airbag Suppression Switch Status, Front Passenger
- Frontal Airbag Disable Indicator Status, Passenger
- Safety Belt Status, Driver Side/Passenger Side/2nd Row, Center
- Backrest Locking Status, Driver/ Front Passenger
- Seat Belt Reminder Sensor State, Front Passenger
- Frontal Airbag Enable Indicator Status, Passenger

(5) 충돌 전 5초에서 0초까지의 데이터(PRE-CRASH DATA -5 to 0 Sec)

- Speed, Vehicle Indicated
- Accelerator Pedal
- Engine RPM (Combustion Engine)
- Steering Input
- Service Brake Activation
- ABS Activity
- Stability Control

04 CHRYSLER / FIAT EDR Data

(1) 시스템 상태(SYSTEM STATUS) 정보

- Ignition Cycle, Download
- Number, Total Events
- Airbag Control Module Part Number
- Airbag Control Module Serial Number
- Airbag Control Module Supplier
- ACM Supply Voltage at Time of Retrieval
- EEvent Data Recorder Status
- Event Recorder Status – Pre-Crash Data
- Event Record Status – Delta-V, Longitudinal
- Event Record Status – Delta-V, Lateral
- Complete File Recorded (Yes, No)
- Ignition Cycle, Crash
- Time from Event 1 to 2 (sec)
- Multi-Event, Number of Events (1,2)
- Safety Belt Status, Driver
- Safety Belt Status, Outboard Front Passenger
- Frontal Airbag Warning Lamp, On/Off
- Seat Track Position Switch, Foremost, Status, Driver
- Seat Track Position Switch, Foremost, Status, Outboard Front Passenger
- Maximum Delta-V Longitudinal (MPH [km/h])
- Time, Maximum Delta-V, Longitudinal (msec)
- Maximum Delta-V Lateral (MPH [km/h])
- Time, Maximum Delta-V, Lateral (msec)
- Time, Operation System (min)
- Time, Airbag Warning Lamp On (min)
- Supply Voltage at Event, ACM (V)
- Odometer at Event (miles [km])
- VIN at event, Last 8 Digits

(2) 에어백전개 데이터(AIR BAG DEPLOYMENT DATA)

- Frontal Airbag Deployment, 1st Stage, Driver
- Frontal Airbag Deployment, 2nd Stage, Driver
- Frontal Airbag Deployment, Time to First Stage Deployment, Driver (msec)
- Frontal Airbag Deployment, Time to 2nd Stage Deployment, Driver (msec)
- Frontal Airbag Deployment, 1st Stage, Passenger
- Frontal Airbag Deployment, 2nd Stage, Passenger
- Frontal Airbag Deployment, 3rd Squib, Passenger
- Frontal Airbag Deployment, Time to First Stage Deployment, Passenger (msec)
- Frontal Airbag Deployment, Time to 2nd Stage Deployment, Passenger (msec)
- Frontal Airbag Deployment, Time to 3rd squib Deployment, Passenger (msec)
- Knee Airbag Deployment, Driver
- Anchor Pretensioner, Driver
- Retractor Pretensioner, Driver
- Anchor Pretensioner, Passenger
- Retractor Pretensioner, Passenger
- Side Seat Airbag Deployment, Left
- Side Curtain Airbag Deployment, Left
- Side Seat Airbag Deployment, Right
- Side Curtain Airbag Deployment, Right

(3) 보행자보호모듈 전개 정보(Pedestrian Protection Module: PPM) 전개 데이터

- Commanded Left Pedestrian Protection Actuator Deployment
- Commanded Right Pedestrian Protection Actuator Deployment

(4) 충돌 펄스(CRASH PULSE) 데이터

- Delta-V, Longitudinal
- Delta-V, Lateral (MPH)
- Rollover sensor - Angular Rate (deg/sec)

(5) 충돌 전 데이터(PRE-CRASH DATA)

- Speed, Vehicle Indicated (MPH)
- Accelerator Pedal, % Full
- Engine RPM
- Stability Control
- Traction Control Intervention Active
- Yaw Rate (deg/sec)
- Gear Position (ATX)
- PCM MIL
- Tire Pressure Monitor Indicator Lamp (if equip.)
- Tire Pressure Status, LF
- Tire Pressure Status, LR
- Tire Pressure, LF (PSI)
- Tire Pressure, LR (PSI)
- Engine Throttle, % Full
- Service Brake
- ABS Activity
- ESC Button Status
- Steering Input (deg)
- ETC Lamp
- Reverse Gear (MTX)
- Tire Pressure Status, RF
- Tire Pressure Status, RR
- Tire Pressure, RF (PSI)
- Tire Pressure, RR (PSI)

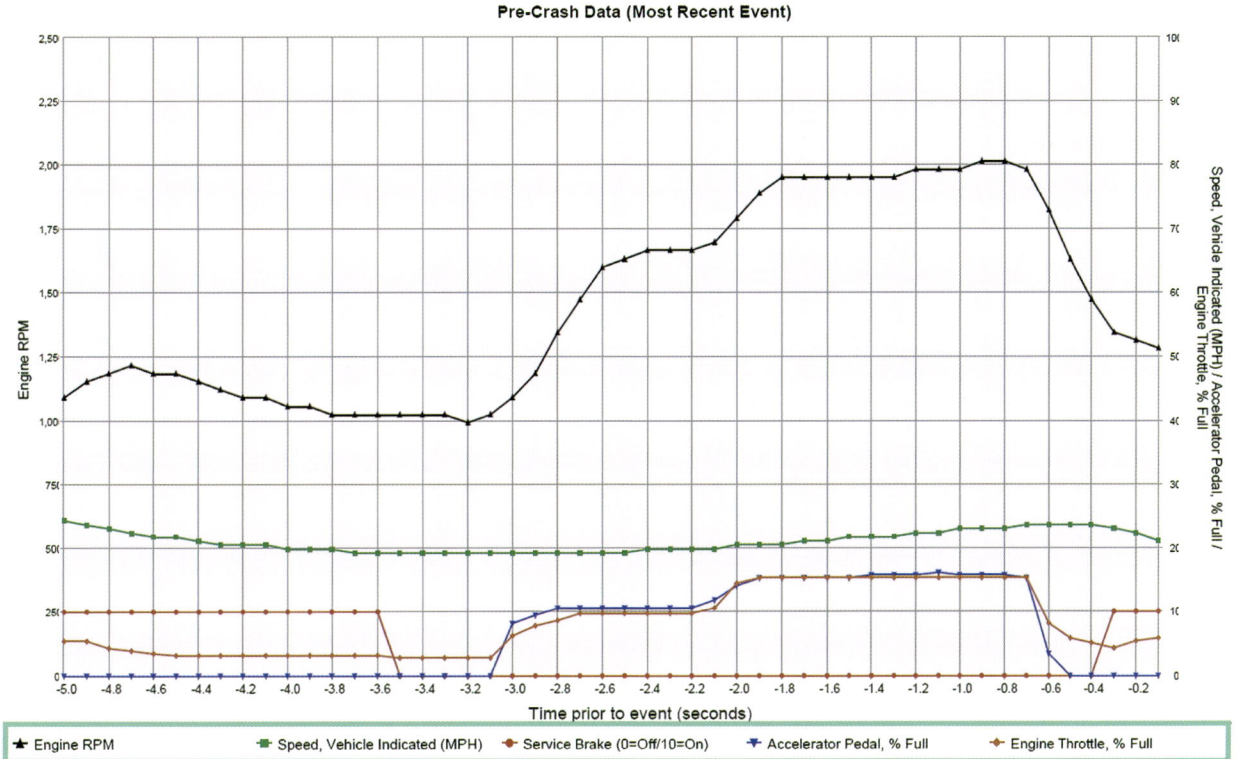

[fig. 4-63] EDR 데이터 샘플(Chrysler)

05 GM / CHEVROLET EDR Data

(1) 시스템 상태(SYSTEM STATUS) 정보

- Dynamic Deployment Event Counter
- Multi-Event, Number of Events (Dynamic Event Counter)
- Dynamic OnStar Notification Event Counter
- Driver Frontal Stage 2 Commanded after Event End for Event Record #System Status at Time of Retrieval
- Passenger Frontal Stage 2 Commanded after Event End for Event Record #System Status at Time of Retrieval
- Driver Frontal Stage 2 Commanded after Event End for Event Record #2
- Passenger Frontal Stage 2 Commanded after Event End for Event Record #2
- Driver Frontal Stage 2 Commanded after Event End for Event Record #3
- Passenger Frontal Stage 2 Commanded after Event End for Event Record #3
- Longitudinal Accelerometer Range
- Lateral Accelerometer Range
- PedPro Deploy Event Counter
- PedPro Event Counter
- System Type
- Ignition Cycle, Download (Ignition Cycles at Investigation)
- Ignition Cycles at Investigation
- Complete File Recorded (Event Recording Complete)
- Event Record Type
- Crash Record Locked
- OnStar Deployment Status Data Sent
- OnStar SDM Recorded Vehicle Velocity Change Data Sent
- High Voltage Disable Notification Sent
- Deployment Commanded in Energy Reserve Mode

- Deployment Event Counter
- Multi-Event, Number of Events (Event Counter)
- OnStar Notification Event Counter
- Algorithms Active – Frontal
- Algorithms Active – Side
- Algorithms Active – Rollover
- Algorithms Active – Rear
- Ignition Cycle, Crash (Ignition Cycles at Event)
- Time From Event 1 to 2 (Time Between Events)
- Event Severity Status: Frontal Pretensioner
- Event Severity Status: Frontal Stage 1
- Event Severity Status: Frontal Stage 2
- Event Severity Status: Left Side
- Event Severity Status: Right Side
- Event Severity Status: Rear
- Event Severity Status: Rollover
- Event Severity Status: Battery Disconnect Switch – Side Event
- Safety Belt Status, Driver (Driver Belt Switch Circuit Status)
- Safety Belt Status, Right Front Passenger (Passenger Belt Switch Circuit Status)
- Center Front Row Belt Switch Circuit Status (If Equipped)
- Left Row 2 Belt Switch Circuit Status
- Center Row 2 Belt Switch Circuit Status
- Right Row 2 Belt Switch Circuit Status
- Left Row 3 Belt Switch Circuit Status
- Center Row 3 Belt Switch Circuit Status (If Equipped)
- Right Row 3 Belt Switch Circuit Status
- Seat Track Position Switch, Foremost, Status, Driver
- Seat Track Position Switch, Foremost, Status, Right Front Passenger

- Passenger Seat Occupancy Status
- Passenger Classification Status
- Passenger SIR Suppression Switch Circuit Status
- Rollover Disable Switch Circuit Status
- Passenger Air Bag ON Indicator Status
- Passenger Air Bag OFF Indicator Status
- Rollover Disable Indicator Status
- Low Tire Pressure Warning Lamp Status 0.5 Seconds prior to Time Zero
- Frontal Air Bag Warning Lamp
- SIR Warning Lamp ON/OFF Time Continuously
- Number of Ignition Cycles SIR Warning Lamp was ON/OFF Continuously
- Ignition Cycles Since DTCs Were Last Cleared 0.5 Seconds Prior to Time Zero
- Maximum Delta-V, Longitudinal
- Time, Maximum Delta-V
- Maximum Delta-V, Lateral
- Time Maximum Delta-V, Lateral
- Maximum Delta-V - Longitudinal for FSR[1] Event
- Maximum Delta-V - Lateral for FSR Event
- Time from FSR Time Zero to time of the Maximum Resultant Delta-V
- Blended Event FSR 1 Severity Type
- Blended Event FSR 2 Severity Type
- Blend Event Time from FSR 1 Time Zero to FSR 2 Time Zero
- Blended Event FSR 3 Severity Type
- Blend Event Time from FSR 1 Time Zero to FSR 3 Time Zero

(2) 에어백전개 데이터(AIR BAG DEPLOYMENT DATA)

- Frontal Air Bag Deployment, Time to 1st Stage Deployment, Driver/Passenger

---

1) Front crash, Side crash, Rear crash 의 약어

- Frontal Air Bag Deployment, Time to 2nd Stage, Driver/Passenger
- Pretensioner Deployment, Time to Fire, Driver/Passenger
- Side Air Bag Deployment, Time to Deploy, Driver/Passenger
- Driver/Passenger 1st Stage Deployment Loop Commanded
- Driver/Passenger 2nd Stage Deployment Loop Commanded
- Driver/Passenger Pretensioner Deployment Loop #1 Commanded
- Driver/Passenger Pretensioner Deployment Loop #2 Commanded
- Driver/Passenger Thorax Loop Commanded
- Driver/Passenger/Passenger Pelvic Deployment Loop Commanded
- Driver/Passenger Knee Deployment Loop Commanded
- Driver/Passenger Center Inboard Loop Commanded
- Driver/Passenger Seatbelt Load Limiter Loop Commanded
- Driver/Passenger Active Vent Loop Commanded
- Left/Right Row 2 Thorax Time From Time Zero to Deployment Command
- Left/Right Row 1 &2 Curtain Time From Time Zero to Deployment Command
- Driver/Passenger Pelvic Time From Time Zero to Deployment Command Criteria Met
- Driver/Passenger Knee Time From Time Zero to Deployment Command Criteria Met
- Battery Cutoff Time From Time Zero to Deployment Loop Command Criteria Met
- Left/Right Roll Bar Time From Time Zero to Deployment Loop Command Criteria Met
- Driver/Passenger Seatbelt Load Limiter Time
- Driver Center Inboard Time From Time Zero to Deployment Command Criteria Met
- Driver/Passenger Active Vent Time

(3) 충돌 펄스(CRASH PULSE) 데이터

- Delta-V, Longitudinal
- Longitudinal Acceleration
- Delta-V, Lateral
- SDM Recorded Vehicle Roll Rate (deg/sec)
- Lateral Acceleration
- Normal Acceleration

(4) 충돌 전 데이터(PRE-CRASH DATA)

- Accelerator Pedal Position, % Full (Accelerator Pedal Position)
- Service Brake (Brake Switch Circuit State)
- Cruise Control Resume Switch Active
- Cruise Control Active
- Cruise Control Set Switch Active
- Reduced Engine Power Mode Indicator
- Engine RPM (Engine Speed)
- Engine Torque
- Engine Throttle, % Full (Throttle Position)
- Speed, Vehicle Indicated (Vehicle Speed)

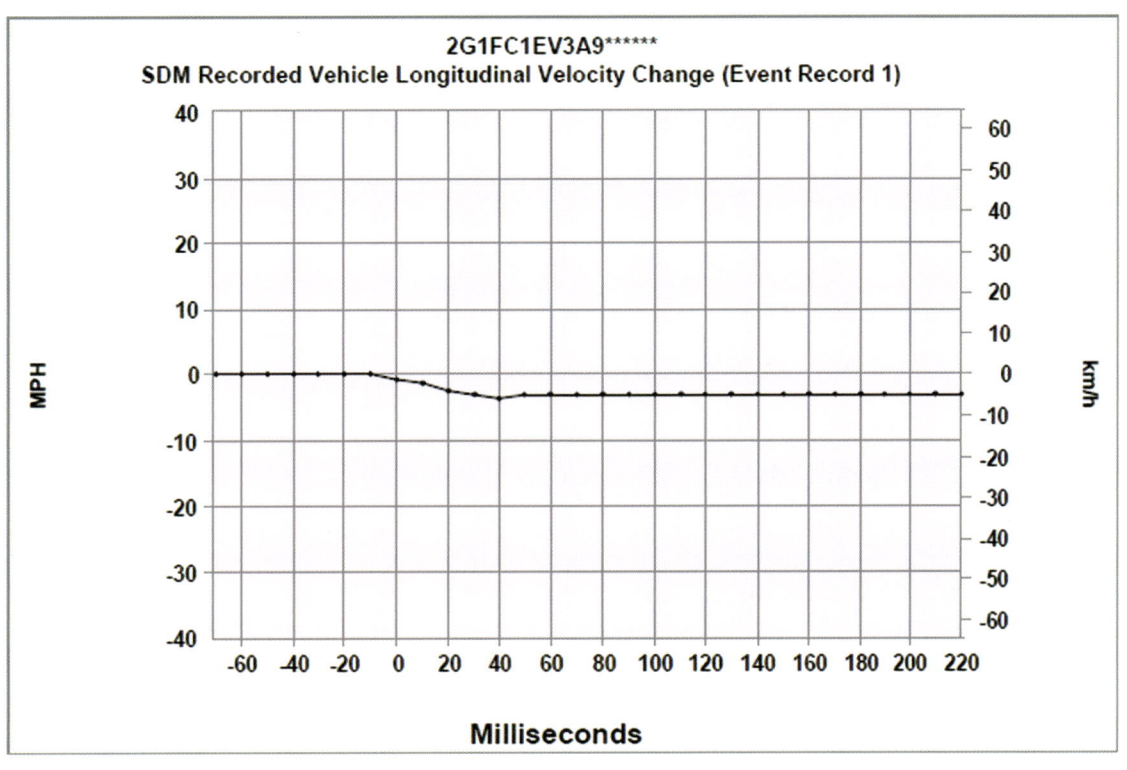

Time (msec)	Delta-V, longitudinal (MPH)	Delta-V, longitudinal (km/h)	Time (msec)	Delta-V, longitudinal (MPH)	Delta-V, longitudinal (km/h)
-70	0.0	0.0	140	-3.1	-5.0
-60	0.0	0.0	150	-3.1	-5.0
-50	0.0	0.0	160	-3.1	-5.0
-40	0.0	0.0	170	-3.1	-5.0
-30	0.0	0.0	180	-3.1	-5.0
-20	0.0	0.0	190	-3.1	-5.0
-10	0.0	0.0	200	-3.1	-5.0
0	-0.6	-1.0	210	-3.1	-5.0
10	-1.2	-2.0	220	-3.1	-5.0
20	-2.5	-4.0			
30	-3.1	-5.0			
40	-3.7	-6.0			
50	-3.1	-5.0			
60	-3.1	-5.0			
70	-3.1	-5.0			
80	-3.1	-5.0			
90	-3.1	-5.0			
100	-3.1	-5.0			
110	-3.1	-5.0			
120	-3.1	-5.0			
130	-3.1	-5.0			

[fig. 4-64] EDR 데이터 샘플(GM)

06 TOYOTA / LEXUS EDR Data

(1) 시스템 상태(SYSTEM STATUS) 정보

- Safety Belt Status, Driver
- Safety Belt Status, Right Front Passenger
- Seat Track Position Switch, Foremost, Status, Driver
- Frontal Air Bag Suppression Switch Status
- Occupant Size Classification, Front Passenger
- Frontal Air Bag Warning Lamp (On, Off)
- Ignition Cycle, Crash
- Multi-Event, Number of Events (1, 2)
- Complete File Recorded (Yes/No)
- Ignition Cycle, Download
- Maximum Delta-V, Longitudinal
- Time, Maximum Delta-V, Longitudinal
- Maximum Delta-V, Lateral
- Time, Maximum Delta-V, Lateral
- Time, Maximum Delta-V, Resultant
- Time from Event 1 to 2
- Lifetime Operating Timer at event

(2) 에어백전개 데이터(AIR BAG DEPLOYMENT DATA)

- Pretensioner Deployment, Time to Fire, Driver
- Pretensioner Deployment, Time to Fire, Right Front Passenger
- Frontal Air Bag Deployment, Time to Deploy/First Stage, Driver
- Frontal Air Bag Deployment, Time to Deploy/First Stage, Right Front Passenger
- Side Air Bag Deployment, Time to Deploy, Driver
- Side Air Bag Deployment, Time to Deploy, Right Front Passenger

- Side Curtain/Tube Air Bag Deployment, Time to Deploy, Driver Side
- Side Curtain/Tube Air Bag Deployment, Time to Deploy, Right Side
- Frontal Air Bag Deployment, 2nd Stage Disposal, Driver (Yes/No)
- Frontal Air Bag Deployment, 2nd Stage Disposal, Right Front Passenger (Yes/No)
- Frontal Air Bag Deployment, Time to 2nd Stage, Driver
- Frontal Air Bag Deployment, Time to 2nd Stage, Right Front Passenger

(3) 충돌 펄스(CRASH PULSE) 데이터

- Acceleration, Longitudinal
- Acceleration, Lateral
- Acceleration, Normal
- Delta-V, Longitudinal
- Delta-V, Lateral
- Roll Angle

(4) 충돌 전 데이터(PRE-CRASH DATA)

- Vehicle Speed (MPH)
- Vehicle Speed (km/h)
- Accelerator Pedal, % Full (%)
- Percentage of Engine Throttle (%)
- Fuel Injection Quantity (mm3/st)
- Engine RPM (RPM)
- Motor RPM (RPM)
- Service Brake, ON/OFF
- Brake Oil Pressure (Mpa)
- Longitudinal Acceleration , VSC Sensor (m/sec^2)
- Yaw Rate (deg/sec)
- Steering Input (degrees)

- Shift Position
- Cruise Control Status
- Drive Mode, EV
- Drive Mode, Power Train
- Sequential Shift Range
- Drive Mode, Snow
- Drive Mode, Select

Rollover Crash Pulse (Most Recent Event, TRG 3 - table 1 of 2)

Recording Status, Time Series Data	Complete
Time from TRG to Next Sample (msec)	4
Roll Angle Peak (degrees)	4.6

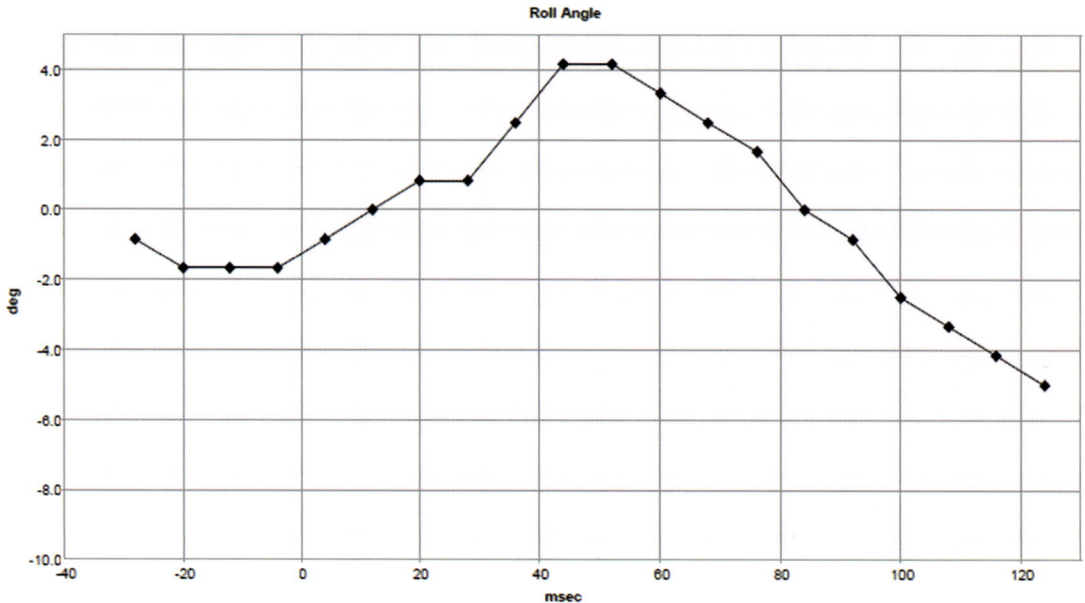

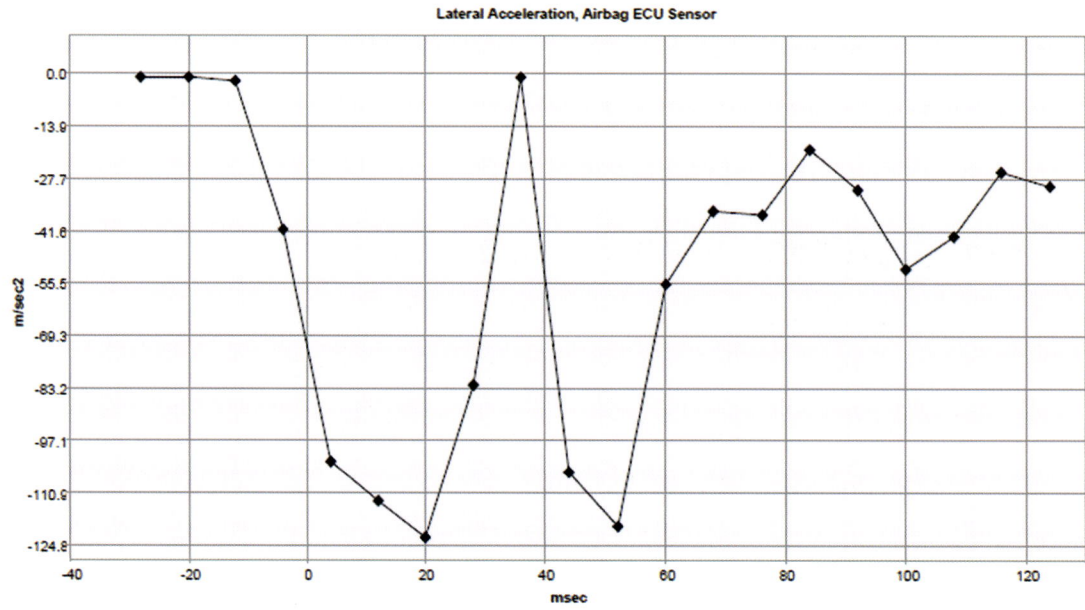

[fig. 4-65] EDR 데이터 샘플(Toyota)

07 VOLVO EDR Data

(1) 시스템 상태(SYSTEM STATUS) 정보

- Vehicle Identification Number
- Diagnostic Database Reference Number
- Number of Deployments
- Ignition Cycle, Download
- Lifetime Operating Timer
- Deployment Status, Event Record 1
- Data Area Status, Event Record 1
- Complete File Recorded (Yes/No)
- Multi-Event, Number of Events (1,2)
- Time From Event 1 to 2
- Maximum Delta-V, Longitudinal
- Time, Maximum Delta-V, Longitudinal
- Maximum Delta-V, Lateral
- Time, Maximum Delta-V, Lateral
- Ignition Cycle, Crash
- Safety Belt Status, Driver
- Safety Belt Status, Passenger
- Frontal Airbag Warning Lamp

(2) 에어백전개 데이터(AIR BAG DEPLOYMENT DATA)

- Frontal Airbag Deployment, Time to Deploy, First Stage, Driver
- Frontal Airbag Deployment, Time to Deploy, First Stage, Front Passenger
- Frontal Airbag Deployment, Time to Deploy, Second Stage, Passenger
- Frontal Airbag Deployment, Time to Deploy, Third Stage, Passenger
- Frontal Airbag Deployment, Time to Deploy, Second Stage, Driver
- Frontal Airbag Deployment, Time to Deploy, Third Stage, Driver

- Left Side Airbag, Time to Deploy
- Right Side Airbag, Time to Deploy
- Left Side Curtain, Time to Deploy
- Right Side Curtain, Time to Deploy
- Driver Shoulder Belt Pretensioner, Time to Deploy
- Passenger Shoulder Belt Pretensioner, Time to Deploy
- Adaptive Steering Column, Time to Deploy
- Driver Lap Belt Pretensioner, Time to Deploy
- Passenger Lap Belt Pretensioner, Time to Deploy
- Driver Belt Load Limiter, Time to Deploy
- Passenger Belt Load Limiter, Time to Deploy
- 2nd Row Right Belt Pretensioner, Time to Deploy
- 2nd Row Middle Belt Pretensioner, Time to Deploy
- 2nd Row Left Belt Pretensioner, Time to Deploy
- 3rd Row Right Belt Pretensioner, Time to Deploy
- 3rd Row Left Belt Pretensioner, Time to Deploy
- Driver knee airbag, time to deploy, first stage
- Driver knee airbag, time to deploy, second stage
- Passenger knee airbag, time to deploy, first stage
- Passenger knee airbag, time to deploy, second stage

(3) 충돌 펄스(CRASH PULSE) 데이터

- Longitudinal Acceleration
- Normal Acceleration,
- Delta-V, Lateral
- Lateral Acceleration
- Delta-V, Longitudinal
- Vehicle Roll Angle

(4) 충돌 전 데이터(PRE-CRASH DATA)

- Speed, Vehicle Indicated (MPH)
- Service Brake (On, Off)
- ABS Activity
- Engine Throttle, Percent Full (%)
- Steering input (%)
- Stability control status

Longitudinal Crash Pulse (Event Record 1)

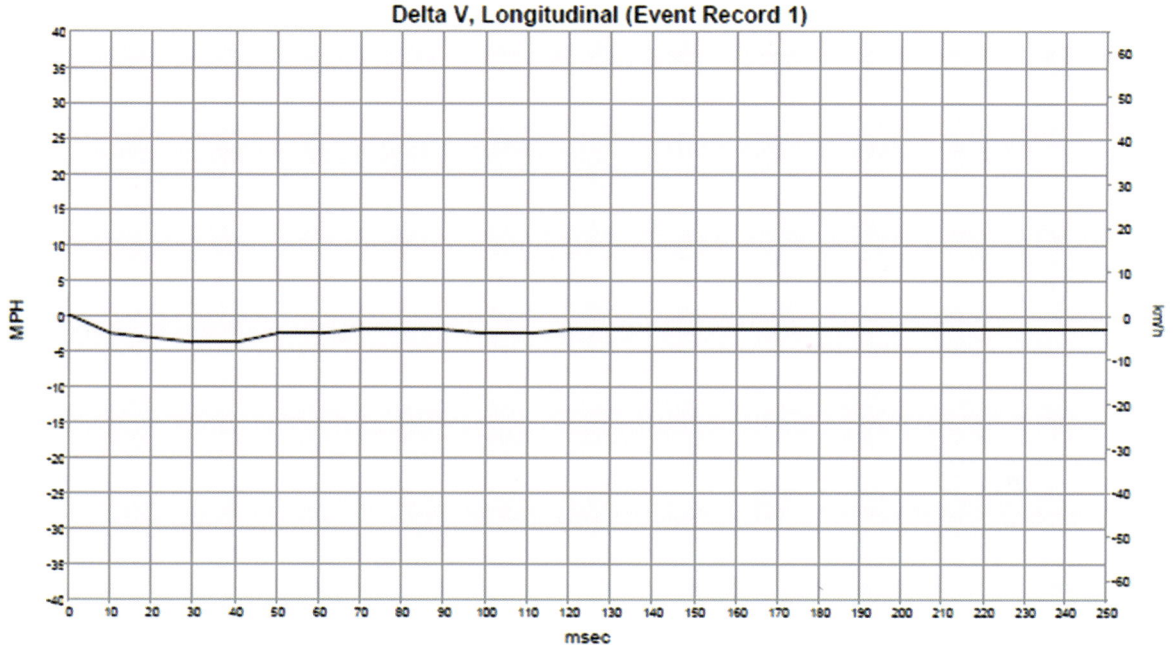

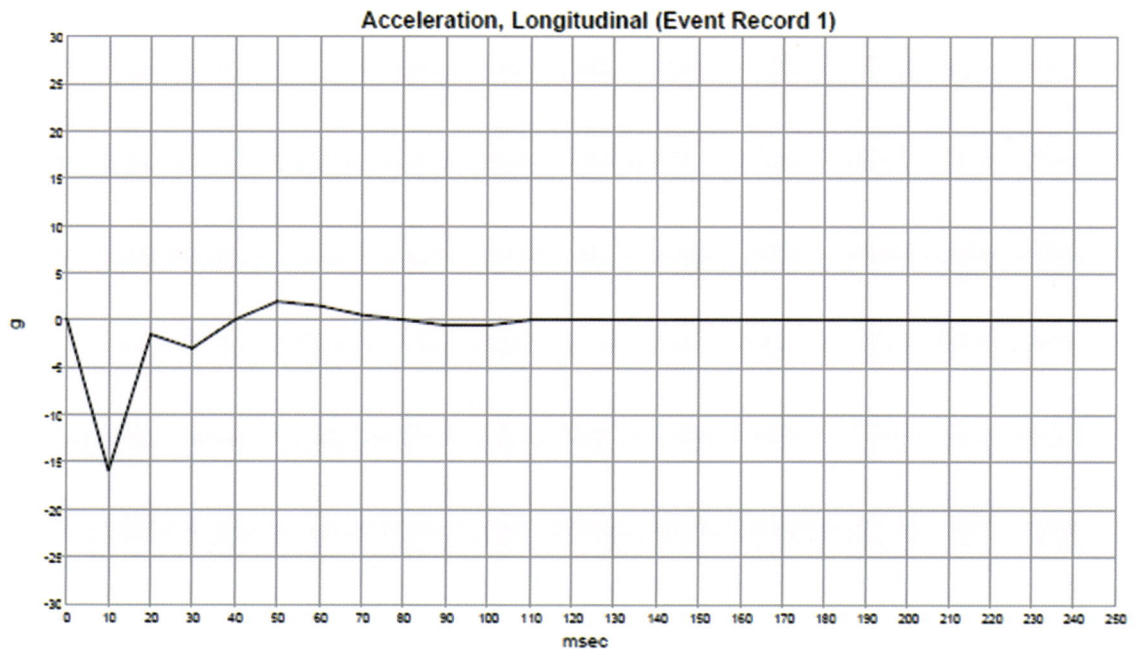

[fig. 4-66] EDR 데이터 샘플(Volvo)

M·E·M·O

CHAPTER 5

EDR을 활용한 교통사고 분석

CHAPTER

5

EDR을 활용한 교통사고 분석

1 EDR 해석을 위한 차량운동 및 충돌특성 이해

01 차량의 운동요소

자동차의 운동은 크게 X, Y, Z 축 방향으로 구분하여 각 방향으로 작용하는 직선(병진) 운동과 각 방향의 좌표 축 주위에서 발생하는 회전운동(Moment)으로 구분할 수 있다. 직선 운동의 유형으로는 바운싱(Bouncing), 러칭(Lurching), 서징(Surging)이 있고, 회전운동

[fig. 5-1] 차량의 운동 좌표

의 유형으로는 피칭(Pitching), 롤링(Rolling), 요잉(Yawing)이 있다. 또한 차량의 운동 형태에 따라 시미(Shimmy), 트램핑(Tramping), 노즈다이브(Nose Dive), 스쿼트(Spuat), 스키딩(Skiding), 드리프트(Drift) 등으로 분류되기도 한다.

- 바운싱(Bouncing) : Z축을 중심으로 차체가 상하 직진하는 운동
- 러칭(Lurching) : Y축을 중심으로 차체가 좌우로 직진하는 운동
- 서징(Surging) : X축을 중심으로 차체가 앞뒤로 직진하는 운동
- 피칭(Pitching) : Y축을 중심으로 차체가 앞뒤로 회전하는 운동
- 롤링(Rolling) : X축을 중심으로 차체가 좌후로 회전하는 운동
- 요잉(Yawing) : Z축을 중심으로 차체가 좌우로 회전하는 운동
- 시미(Shimmy) : 앞바퀴가 좌우로 회전하는 운동
- 트램핑(Tramping) : 차축(Axle Shaft)이 X축을 중심으로 좌우로 회전하는 운동
- 노즈다이브(Nose Dive) : 급제동시 차체 앞부분이 지면으로 기울어지는 피칭운동
- 스쿼트(Spuat) : 급출발시 차체 앞부분이 올라가고 뒷부분이 낮아지는 피칭운동
- 스키딩(Skiding) : 타이어가 잠긴 상태(Lock)에서 진행방향으로 미끄러지는 활주운동
- 드리프트(Drift) : 타이어가 회전하면서 옆으로 미끄러지는 운동

주행 중 차량에는 구동력, 제동력, 공기력, 원심력 등의 여러 가지 힘이 동시에 복합적으로 작용하기 때문에 차량에 작용하는 운동도 3차원적인 복잡한 운동으로 나타난다.

특히 충돌시에는 급격한 속도 및 하중 변화로 인해 더욱 뚜렷한 운동의 변화를 발생시키게 된다. 차량이 정면충돌하면, X축 방향으로 급격하게 직선운동하는 서징(Surging)을 발생시키고, Y축을 중심으로는 차체 앞부분이 지면으로 기울어지고, 차체 뒷부분이 상대적으로 위로 솟구치는 피칭(Pitching)운동을 동반하게 된다. 이때 충격력이 무게중심을 벗어나면 차량은 Y축을 중심으로 급격히 회전운동하는 요잉(Yawing)을 발생시키고 동시에 원심력에 의해 차체의 좌측 또는 우측부분이 한쪽으로 기울어지는 롤링(Rolling)을 발생시키게 된다. 이러한 차량 운동의 이해는 충돌사고를 재구성하는데 매우 중요한 단서가 된다. 충돌 후 발생하는 차량 운동의 형태는 충돌의 작용점과 방향, 크기를 분석하는 기초 자료가 되고, 차량 탑승자의 거동 특성을 이해하고 파악하는 데에도 유용하다. EDR을 활용하면, 사고 전·후 발생된 차량의 운동 특성을 보다 세밀하게 관찰할 수 있다. X-Y-Z축으로 발생한 충격력의 크

기, 작용방향, 전복각도, 충돌시 속도변화, 가속도, 주행속도, 제동 및 감속도 등의 데이터를 시간에 따라 종합적으로 분석하면 충돌 전·후 과정에서의 차량 운동을 보다 구체적이고, 과학적으로 해석할 수 있다.

02 차량의 기본운동 방정식

교통사고 분석과정에서는 기본적인 차량운동 요소인 속도, 가속도, 거리, 시간에 대한 개념 이해가 필요하다. 이들 요소는 물리적으로 서로 연관성을 가지고 있으므로 각각의 결합에 의해 다양한 운동방정식을 유도할 수 있다. 속도, 가속도, 거리, 시간의 관계 방정식에서 각 기호의 의미는 다음과 같다.

a : 가속도 또는 감속도(m/s^2), $a = \mu g$

d : 거리, 변위(m) t : 단위시간(sec)

V_i : 초기속도(m/s) V_e : 나중속도(m/s)

여기서, 가속도(a)는 마찰계수(μ ; 또는 견인계수)와 중력가속도(g)의 곱으로 표현할 수 있으며, 중력가속도는 대략적으로 $9.8 m/s^2$이다.

(1) 속도

속도(Speed)는 차량의 운동을 객관적으로 기술하는 가장 기본적인 개념으로, 차량이 단위시간 동안에 이동한 거리를 말한다. 속도는 크기와 방향을 가진 벡터이다. 따라서, 직선 운동하는 두 차량의 속도 크기가 같더라도 방향이 다르면 두 차량은 서로 다른 운동을 하는 것이 된다.

$$속도(v) = \frac{변위}{시간} = \frac{\Delta d}{\Delta t} = \frac{m}{s} = m/s$$

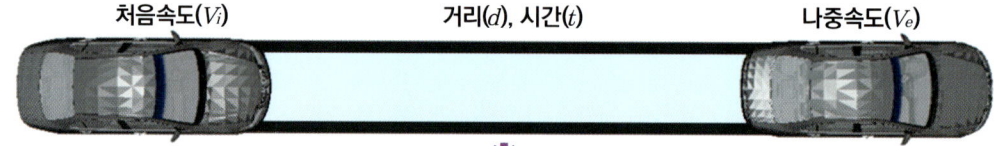

[fig. 5-2] 속도의 개념

속도는 단위시간(t) 동안에 움직인 거리(d)로 나타내므로, 다음과 같이 초속도와 시속도로 표시할 수 있다.

$$V = m/s \quad \text{(초속도)} \qquad V = km/h \quad \text{(시속도)}$$

차량이 단위시간(t) 동안 d 거리만큼 이동하였을 때 평균속도는 다음과 같이 정의된다.

$$V = \frac{d}{t}\,(m/s) \qquad t : \text{단위시간(s)} \qquad d : \text{이동거리(m)}$$

차량이 단위시간 동안 가속도 운동하였을 때 나중속도는 다음과 같이 정의된다.

$$V = at\,(m/s) \qquad t : \text{단위시간(s)} \qquad a : \text{가속도}(m/s^2)$$

차량의 속도와 관련된 기초방정식을 정리하면 아래와 같다.

- **초속도(m/s)와 시속도(km/h)와의 관계**

$$\text{시속}(km/h) = \text{초속}(m/s) \times \frac{3600}{1000} = m/s \times 3.6$$

$$\text{초속}(m/s) = \text{시속}(km/h) \times \frac{1000}{3600} = km/h \div 3.6$$

ex) $100km/h \rightarrow 100 \div 3.6 = 27.8 m/s \qquad 20 m/s \rightarrow 20 \times 3.6 = 72 km/h$

- **가속도(a)와 가속시간(t)을 알고 있을 때의 속도 V**

차량이 4초 동안 $1.2 m/s^2$의 가속도로 진행하였을 때 4초 후의 속도를 구하면,

$$V = at = 1.2 \times 4 = 4.8 m/s$$

$10 m/s$의 속도로 등속주행하던 차량이 앞지르기하기 위해 4초 동안 $1.2 m/s^2$ 가속도로 진행하였을 때 가속 후의 속도는,

$$V_e = V_i + at = 10 + (1.2 \times 4) = 14.8 m/s$$

a : 가속도 $\qquad V_i$: 처음속도(m/s) $\qquad V_e$: 나중속도(m/s) $\qquad t$: 가속운동시간

- **가속도(a)와 가속거리(d)를 알고 있을 때 가속 후의 속도 V**

$$V = \sqrt{2\ a\ d}$$

차량이 정지지점으로부터 $1.2m/s^2$의 가속도로 5m 주행하였을 때 가속 후의 속도는,

$$V = \sqrt{2 \times 1.2 \times 5} ≒ 3.5m/s$$

- **처음속도(V_i)와 가속도(a) 및 가속거리(d)를 알고 있을 때 나중속도 V_e**

$$V_e = \sqrt{V_i^2 + (2ad)}$$

차량이 $25m/s$의 속도로 등속 주행하다가 앞 차량을 추월하기 위해 50m구간을 $1.5m/s^2$의 가속도로 주행하였을 때 이 차량의 가속 후 나중속도 V_e는,

$$V_e = \sqrt{25^2 + (2 \times 1.5 \times 50)} = 27.8\ m/s$$

차량이 $25m/s$의 속도로 등속 주행하다가 전방의 위험을 인지하고 급제동하여 $-7.5m/s^2$의 감속도로 20m 미끄러져 주행하였을 때 이 차량의 감속 후 나중속도 V_e는,

$$V_e = \sqrt{25^2 + (2 \times -7.5 \times 20)} = 18.0\ m/s$$

- **나중속도(V_e)와 감속도($-a$) 및 감속거리(d)를 알고 있을 때 처음속도 V_i**

$$V_i = \sqrt{V_2 - 2ad}$$

차량이 주행하다가 앞 차가 갑자기 정지하는 바람에 급제동하였으나 10m 정도 미끄러진 지점에서 앞차를 충돌하였다. 급제동시의 감속도가 $-8m/s^2$이고 앞차를 충격할 때의 속도가 $13.8m/s$라면 이 차량의 제동직전 속도는,

$$V_i = \sqrt{13.8^2 - (2 \times -8 \times 10)} = 18.7\ m/s$$

(2) 가속도

가속도는 상대시간에 대한 속도의 변화율이다. 상대시간에 따라 속도가 증가하면 +가속,

속도가 감소하면 −가속(감속)이 된다. 가속도 a는 다음과 같이 정의할 수 있다.

$$가속도(a) = \frac{속도}{시간} = \frac{\Delta v}{\Delta t} = \frac{m/s}{s} = m/s^2$$

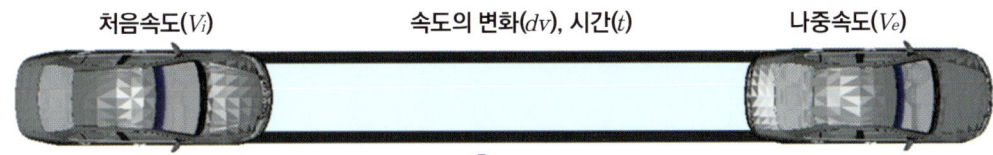

[fig. 5-3] 가속도의 개념

차량의 가속도를 구하기 위한 기초방정식을 정리하면 아래와 같다.

● **가속도와 견인계수와의 관계**

견인계수 $f = \frac{F(견인력)}{W(무게)}$ 와 견인력 $F = (W/g)a$ 의 관계로부터

$$\therefore f = \frac{(W/g)a}{W} = \frac{a}{g} \qquad \therefore a = fg \qquad g : 중력가속도$$

견인계수(마찰계수)[1]가 0.5인 도로에서 차량이 제동하여 미끄러지며 활주하였다. 미끄러지는 동안에 발생한 차량의 감속도는,

$$a = f\,g = 0.5 \times 9.8 = 4.9 m/s^2 \quad (중력가속도\ g \fallingdotseq 9.8m/s^2)$$

● **가속 전 속도(V_i)와 가속 후 속도(V_e), 가속시간(t)을 알고 있을 때의 가속도 a**

$$a = \frac{V_e - V_i}{t}$$

차량이 $20m/s$의 속도로 주행하다가 10초 후에 $30m/s$의 속도가 되었다. 10초 동안에 발생한 차량의 가속도는,

$$a = \frac{30 - 20}{10} = 1.0 m/s^2$$

---

1) 견인계수(Drag Factor)는 차량이 가속이나 감속하는데 필요한 힘을 차량의 무게로 나눈 비율로서 가속이나 감속 특성을 나타내는 계수다. (−)견인계수는 감속의 특성으로서 마찰계수로 치환하여 사용할 수 있다.

● 가속 전 속도(V_i)와 가속 후 속도(V_e), 가속거리(d)를 알고 있을 때의 가속도 a

$$a = \frac{V_e^2 - V_i^2}{2d}$$

차량이 $20m/s$의 속도로 주행하다가 $30m$ 진행한 후에 $30m/s$의 속도가 되었다. $30m$ 이동구간에서 발생한 차량의 가속도는,

$$a = \frac{30^2 - 20^2}{2 \times 30} = 8.3 m/s^2$$

(3) 거리

거리는 방향성이 없는 이동거리와 방향성을 가진 변위(Displacement)로 분류할 수 있는데 여기에서는 일반적으로 m(미터)단위로 측정되는 통상의 개념으로 이해하기로 한다. 거리는 속도와 시간의 곱으로 표현되는 물리량이다.

거리(d) = 속도 × 시간 = $v \cdot t = m/s \times s = m$

차량의 운동거리를 구하기 위한 기초방정식을 정리하면 다음과 같다.

● 가속도(a)와 가속시간(t)을 알고 있을 때의 거리 d

$$d = \frac{1}{2}at^2$$

차량이 정지한 상태로부터 5초 동안에 $4m/s^2$의 가속도로 진행하였을 때 이동거리는,

$$d = \frac{1}{2} \times 4 \times 5^2 = 50\ m$$

● 어떤 속도(V_i)에서 감속하거나 가속하면서 진행한 거리 d는,

$$d = V_i t + \frac{1}{2} a\ t^2$$

$10m/s$의 속도로 등속 주행하던 차량이 제동하여 4초 동안 $-3.5m/s^2$의 감속도로 진행하였다고 할 때 감속되면서 진행한 거리 d는,

$$d = (10 \times 4) + (\frac{1}{2} \times -3.5 \times 4^2) = 12 \ m$$

● 처음속도(V_i)와 나중속도(V_e), 가속도(a)를 알고 있을 때의 진행거리 d

$$d = \frac{V_e^2 - V_i^2}{2a}$$

차량이 $20m/s$의 속도로 등속 주행하다가 감속하여 $10m/s$의 속도가 되었다. 이때의 감속도가 $-3m/s^2$라고 할 때 감속되면서 진행한 거리 d는,

$$d = \frac{10^2 - 20^2}{2 \times (-3)} = 50 \ m$$

● 속도(V)와 견인계수 f를 알고 있을 때 감속거리 d

$$d = \frac{V^2}{2a} = \frac{V^2}{2fg}$$

차량이 $20m/s$의 속도로 주행하다가 감속하여 정지하였는데 감속시의 마찰계수는 0.6이었다. 이 차량의 감속 이동거리는,

$$d = \frac{20^2}{2 \times 0.6 \times 9.8} = 34 \ m$$

(4) 시간

시간의 단위는 시(Hour), 분(Minute), 초(Second)가 있다. 차량의 운동 속도를 나타내고자 할 때에는 보통 초속도(m/s)와 시속도(km/h)로 표시한다.

$$시간(t) = \frac{변위}{속도} = \frac{\Delta d}{\Delta v} = \frac{m}{m/s} = s$$

차량의 운동 시간을 구하기 위한 기초방정식을 정리하면 다음과 같다.

● 등속도(V)와 거리(d)를 알고 있을 때 거리 d만큼 주행하는데 걸리는 시간 t

$$t = \frac{d}{V}$$

차량이 $25m/s$의 속도로 20m 주행하는데 소요되는 시간 t 는,

$$t = \frac{20}{25} = 0.8 \text{ 초}$$

● **가속도(a)와 가속 후의 속도(V)를 알고 있을 때 가속시간 t**

$$t = \frac{V}{a}$$

차량이 정지 상태에서 $3m/s^2$의 가속도로 $10m/s$의 속도에 도달하기까지의 시간 t 는,

$$t = \frac{10}{3} = 3.3 \text{ 초}$$

● **속도의 변화량(ΔV)과 가속도(a)를 알고 있을 때 소요시간 t**

$$t = \frac{V_e - V_i}{a} = \frac{\Delta V}{a}$$

차량이 $20m/s$의 속도에서 $30m/s$의 속도로 가속 주행하였다. 가속주행 시의 가속도가 $1.2m/s^2$ 일 때 가속주행 소요시간 t 는

$$t = \frac{10}{1.2} = 8.3 \text{ 초}$$

⟨표 5-1⟩ 차량의 기본운동 방정식

구하고자 하는 운동요소	주어진 운동요소	사용 가능한 방정식
가속도 a	$t \quad V_i \quad V_e$	$a = \dfrac{V_e - V_i}{t}$
	$t \quad V_i \quad d$	$a = \dfrac{2d - 2V_i t}{t^2}$
	$V_i \quad V_e \quad d$	$a = \dfrac{V_e^2 - V_i^2}{2d}$
초기속도 V_i	$t \quad a \quad V_e$	$V_i = V_e - at$
	$t \quad a \quad d$	$V_i = \dfrac{d}{t} - \dfrac{at}{2}$
	$a \quad V_e \quad d$	$V_i = \sqrt{V_e^2 - 2ad}$
나중속도 V_e	$t \quad a \quad V_i$	$V_e = V_i + at$
	$a \quad V_i \quad d$	$V_e = \sqrt{V_i^2 + 2ad}$
거리 d	$t \quad a \quad V_i$	$d = V_i t + 1/2 at^2$
	$a \quad V_i \quad V_e$	$d = \dfrac{V_e^2 - V_i^2}{2a}$
	$t \quad V_i \quad V_e$	$d = \dfrac{t(V_i + V_e)}{2}$
시간 t	$a \quad V_i \quad V_e$	$t = \dfrac{V_e - V_i}{a}$

위의 각 운동방정식에서,

a : 가속도(m/s^2), $a = \mu g$, 가속도(+)·감속도(−) 적용

d : 거리(m) V_i : 초기속도(m/s)

t : 시간(s) V_e : 나중속도(m/s)

03 차량의 가속 특성

(1) 차량의 가속능력

차량의 여유구동력[1]과 가속능력(가속도)과의 관계는 다음과 같이 나타낼 수 있다.

$$P = ma = \frac{W + \Delta W}{g} \cdot a$$

$$a = \frac{P}{W + \Delta W} \cdot g$$

> P : 여유구동력(kg)　　W : 차량총중량　　ΔW : 회전부분 상당중량
> g : 중력가속도(m/s^2)　　a : 가속도

(2) 최대 가속도

가능성능은 여유구동력이나 차량의 출력이 아무리 크더라도 타이어와 노면 사이의 구동 마찰력에 의해 제한되므로 차량의 최대 가속도는 다음과 표시할 수 있다.

$$P = ma = \frac{W + \Delta W}{g} \cdot a \leq \mu_d W_d$$

$$\therefore a = \frac{W_d}{W + \Delta W} \cdot \mu_d \cdot g$$

> P : 여유구동력(kg)　　W : 차량총중량　　ΔW : 회전부분 상당중량
> W_d : 구동바퀴의 하중　　μ_d : 구동마찰계수　　g : 중력가속도　　a : 가속도

실용적으로 회전부분 상당중량(ΔW)을 생략하고 표시하면 다음과 같다.

$$\therefore a = \frac{W_d}{W} \cdot \mu_d \cdot g$$

2륜구동 차량의 경우 구동바퀴의 하중을 전체 차량중량으로 나눈 비(W_d / W)가 약

---

[1] 차량이 동력의 힘으로 운동을 일으키기 위해서는 구동바퀴의 구동력이 도로에서 주행할 때 진행을 방해하는 주행저항보다 항상 커야 한다. 이때 구동력에서 주행저항을 뺀 여유 힘을 여유구동력이라고 한다. 여유구동력은 차량의 등판주행이나 가속주행시에 주로 이용된다. 보통 차량의 가속능력은 여유구동력의 크기에 비례한다.

0.5이므로, 최대 구동마찰계수가 1.0 이라고 가정할 때 최대 가속도는 $0.5g$가 된다. 4륜 구동 차량의 경우 $W_d / W = 1$ 이므로 최대 가속도는 $1.0g$가 된다. 차량의 무게중심은 항상 구동바퀴의 접지면보다 높은 위치에 있기 때문에 가속시 차체의 앞부분은 위로 올라가고 뒷부분은 아래로 내려가는 피칭 모먼트(Pitching Moment)가 발생한다. 이로 인해 가속시 앞바퀴의 하중은 감소하고 뒷바퀴의 하중은 증가한다. 따라서 동일한 조건에서의 가속성능은 앞바퀴 구동차보다 뒷바퀴 구동차가 우수하다고 볼 수 있다. 가속운동에 의한 하중의 변화와 구동마찰력을 고려한 앞바퀴 구동차와 뒷바퀴 구동차의 가속성능은 다음과 같이 정리할 수 있다.

앞바퀴 구동차 $\quad a = \dfrac{\mu_d \cdot g \cdot (W_d / W)}{1 + (\mu_d \cdot h \cdot W / L \cdot W_d)}$

뒷바퀴 구동차 $\quad a = \dfrac{\mu_d \cdot g \cdot (W_d / W)}{1 - (\mu_d \cdot h \cdot W / L \cdot W_d)}$

W : 차량총중량 W_d : 구동바퀴의 하중 μ_d : 구동마찰계수 g : 중력가속도(m/s^2)
a : 가속도 h : 차량의 무게중심 높이(m) L : 차량의 축간거리(m)

(3) 주행 가속

일정한 속도에 도달한 후 이루어지는 주행가속도는 일반적으로 속도가 증가할수록 서서히 감소하게 된다. 수평노면에서 차량의 평균가속도는 다음 식과 같이 구할 수 있다.

$$a = \frac{dv}{dt} = \frac{g}{1-\epsilon}\left[\frac{75 \cdot 3.6\eta \cdot PS}{W \cdot V} - \mu - \frac{RA}{3.6^2 W}V^2\right]$$

g : 중력가속도 μ : 구름저항계수(0.01) ε : 가속저항비(0.05) η : 기계효율
A : 전면투영면적 W : 차량중량 PS : 유효출력 V : 주행속도(km/h)

(4) 가속도, 시간, 거리와의 관계

차량의 가속도와 속도, 시간, 거리와의 관계는 다음과 같다.

$$v_e^2 - v_i^2 = 2ad \qquad t = \frac{v_e - v_i}{a}$$

a : 가속도 v_i : 처음속도(m/s) v_e : 나중속도(m/s)
d : 가속거리 t : 가속운동시간

한편 차량의 가속도는 차종 및 속도 범위에 따라 달라지는데 다음 **표5-2**는 가속패턴과 주행속도 범위에 따른 전형적인 가속도 값을 나타낸 것이다.

〈표 5-2〉 수평노면에서 차량에 대한 가속도의 대표 값

가속 특성	속 도 범 위	가속도(a)	
		견인계수 f=a/g	a m/s²
승용차 → 보통 가속	30km/h 미만 30~60km/h 60km/h 초과	+0.15 +0.10 +0.05	+1.47 +0.98 +0.48
승용차 → 빠른 가속	30km/h 미만 30~60km/h 60km/h 초과	+0.30 +0.15 +0.10	+2.94 +1.47 +0.98
중형 트럭 → 보통 가속	30km/h 미만 30~60km/h 60km/h 초과	+0.10 +0.05 +0.03	+0.98 +0.48 +0.29
대형 트럭 → 보통 가속	30km/h 미만 30~60km/h 60km/h 초과	+0.05 +0.03 +0.01	+0.48 +0.29 +0.10

04 차량의 제동 특성

(1) 공주시간과 공주거리

운전자가 전방의 위험을 발견하고 브레이크를 조작하여 실제 제동이 걸려 차량이 멈추기 시작할 때까지는 어느 정도의 시간이 걸린다. 이것은 인간의 인지반응특성과 관련이 있다. 인간이 위험을 시각적으로 인식하고, 그 위험을 식별하고 이해하는 데에는 일정한 시간지연이 발생한다. 또한 식별 또는 이해한 상황에 대하여 어떻게 대처할 것인가에 대한 의사결정을 하고, 실제 손발을 움직여 동작을 수행하는 데에도 일정한 시간 지연이 발생한다. 이와 같은 인간의 인지반응과정을 4단계로 구분하여 PIEV과정이라고 한다.

- Perception : 지각, 상황 또는 위험을 인식하는 것
- Identification : 확인, 상황 또는 위험을 식별·이해하는 것
- Emotion : 의사결정, 어떻게 반응할 것인지에 대하여 결정하는 것
- Volition : 반응(reaction), 의사결정에 대한 동작의 수행

이와 같이 인간이 어떤 사상에 대하여 인지하고 반응하는 데에는 일정한 시간이 소요된다. 따라서 운전에 있어서도 운전자가 위험을 느끼고 브레이크를 조작했다 하더라도 실제 제동효과가 나타나 감속이 이루어지기까지는 필연적으로 제동지연이 나타날 수밖에 없다. 이 제동 지연시간을 공주시간이라고 하며, 공주시간 동안 차가 진행한 거리를 공주거리라고 한다. 공주시간과 공주거리, 제동속도와의 관계를 수식으로 표현하면 다음과 같다.

공주거리$(d) = v \cdot t$

v : 제동속도(m/s) d : 공주거리(m) t : 공주시간(sec)

공주시간은 인간 고유의 인지반응특성과 브레이크장치의 조작특성을 조합한 지연시간이다. 공주시간은 세부적으로 구분하면, 위험을 인지하고 오른발이 가속페달에서 떨어질 때까지의 시간(t_1)과 오른발이 가속페달에서 떨어져 브레이크페달로 옮겨지는 시간(t_2), 그리

고 제동페달을 밟기 시작해 실제 제동력이 발휘되기까지의 시간(t_3)으로 구성된다. 다양한 조사에 의한 평균치는 t_1이 약 0.4~0.5초, t_2는 약 0.2~0.3초, t_3가 약 0.1~0.2초, 전체 공주시간은 약 0.7~1.0초이다. 공주시간은 개인의 인지반응 특성이나 피로도, 신체적 또는 정신적 상황에 따라 개인차가 있을 수 있고, 브레이크장치의 구조 및 작동특성 등에 의해서도 달라질 수 있는 성질의 것이나 안전을 고려한 실무적인 평균치로서 약 0.7~1.0초가 폭넓게 적용되고 있다.

공주시간(t)의 구성 = t_1 + t_2 + t_3

t_1 : 위험을 인지하고 오른발이 가속페달에서 떨어질 때까지의 시간
t_2 : 오른발이 가속페달에서 떨어져 브레이크페달로 옮겨지는 시간
t_3 : 제동페달을 밟기 시작해 실제 제동력이 발휘되기까지의 시간

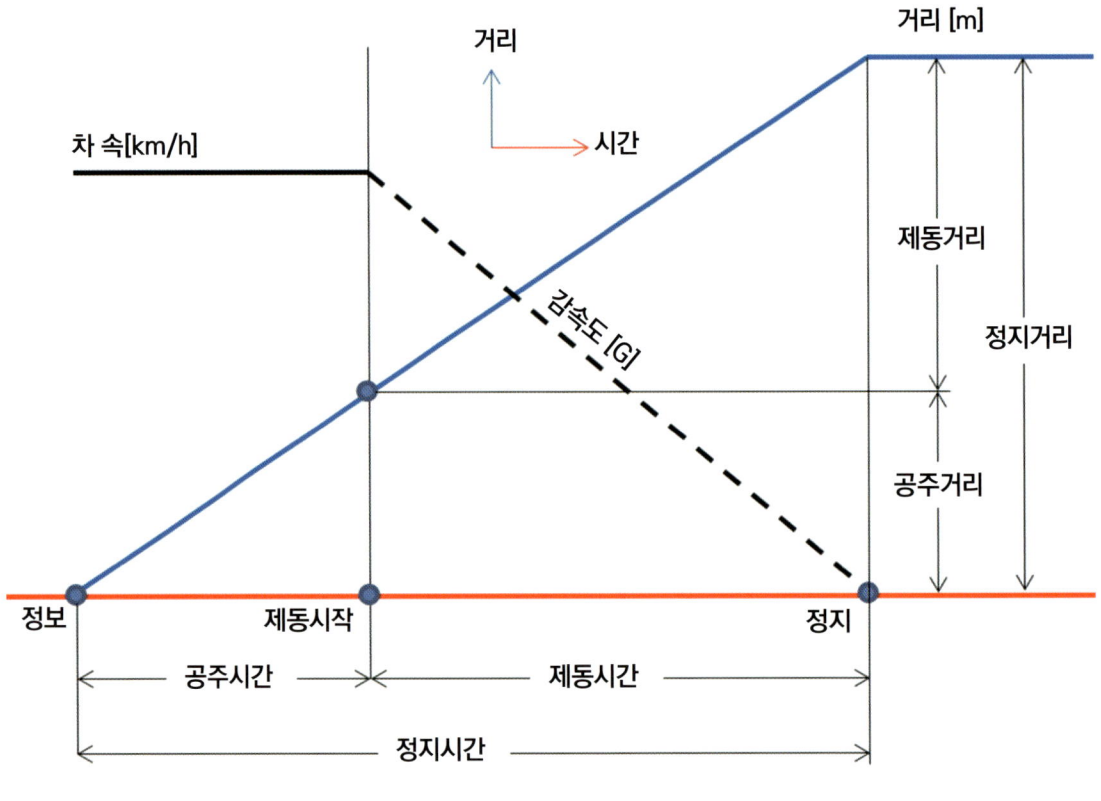

[fig. 5-4] 브레이크의 작동과정

(2) 제동거리

제동거리란 공주시간 후 차량이 마찰력에 의해 기계적으로 감속되어 정지할 때까지 진행한 거리를 말한다. 제동거리는 에너지보존법칙에 의해 제동 전 차량의 속도에너지(운동에너지)가 모두 타이어와 노면사이의 마찰에너지로 변환되었다고 가정함으로써 방정식을 유도할 수 있다. 보통 제동시에 작용하는 공기저항은 제동력에 비해 극히 작기 때문에 무시할 수 있다. 차량의 회전관성에 의한 하중 증가분인 회전부분 상당중량(ΔW)을 고려한 경우와 회전부분 상당중량을 고려하지 않은 경우로 나누어 제동거리 방정식을 유도하면 다음과 같다.

● 회전부분 상당중량을 고려한 경우

$$(운동에너지) \frac{1}{2}mv^2 = \mu mgd (마찰일)$$

$$\frac{1}{2}(\frac{W+\Delta W}{g})v^2 = \mu W d \qquad \therefore d = \frac{(W+\Delta W)v^2}{2\mu g W}$$

v : 제동속도(m/s)　　μ : 제동마찰계수　　g : 중력가속도
W : 차량중량　　ΔW : 회전부분 상당중량　　d : 제동거리(m)

● 회전부분 상당중량을 고려하지 않은 경우

$$(운동에너지) \frac{1}{2}mv^2 = \mu mgd (마찰일) \quad \therefore d = \frac{v^2}{2\mu g}$$

(3) 정지거리

공주거리와 제동거리의 합을 정지거리(Stopping Distance)라고 한다. 정지거리는 운전자와 제동장치의 성능을 모두 고려한 제동성능으로 회전부분상당중량을 무시할 때 다음과 같이 정의할 수 있다.

$$정지거리(m) = 공주거리 + 제동거리 = v \cdot t + \frac{v^2}{2\mu g}$$

v : 제동속도(m/s)　　μ : 제동마찰계수　　g : 중력가속도　　t : 공주시간(sec)

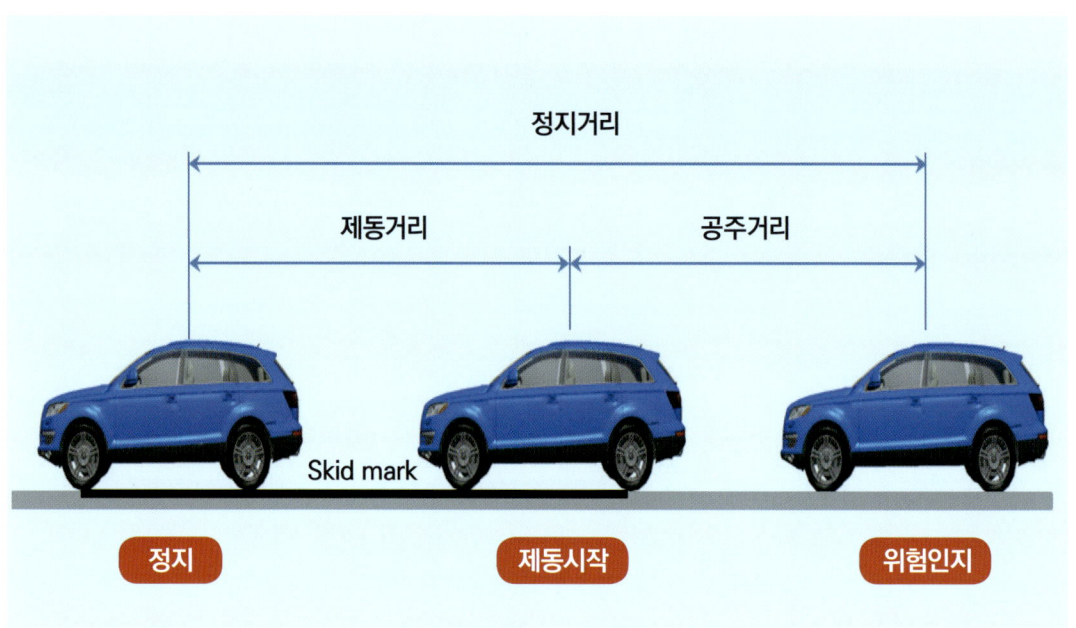

[fig. 5-5] 정지거리의 구성

(4) 주차 제동

주차제동력은 일반적으로 뒷바퀴에 작용한다. 뒷바퀴에 작용하는 제동력이 외력 또는 경사로에서의 구배저항보다 크면 안정된 주차가 가능하지만 반대로 주차제동력이 외력이나 구배저항보다 작으면 차량은 주차 상태를 유지하지 못하고 미끄러지게 된다. 주차제동력(B_P)은 뒷바퀴의 제동마찰계수(μ_r)와 뒷바퀴의 수직하중(W_r)으로부터 다음과 같이 정의할 수 있다.

● **수평면에서 주차제동력** → $B_P = \mu_r \cdot W_r$

● **내리막 경사로에서의 주차제동력** → $B_P = \mu_r \cdot W_r' \cdot \cos\theta$

내리막 경사로에서는 구배의 영향에 의해 뒷바퀴의 연직하중(W_r')이 감소하기 때문에 주차제동력도 감소한다. 이때 감소된 연직하중은 무게중심의 위치로부터 다음과 같이 산출할 수 있다.

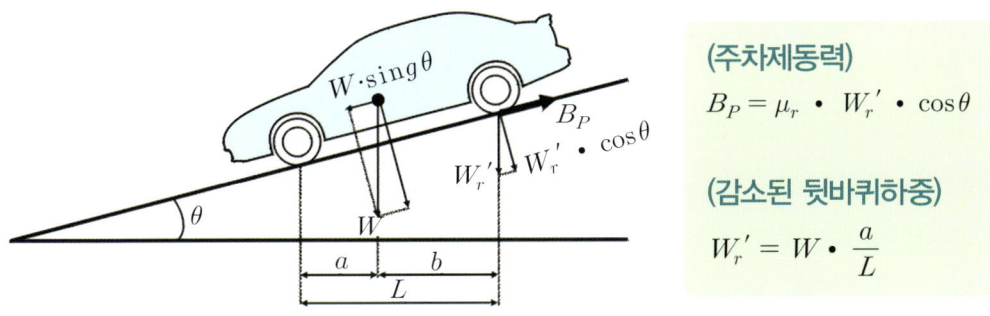

[fig. 5-6] 내리막 경사로에서의 주차 제동력

한편 아래로 내려가려는 구배저항(R_g)은 $W \cdot \sin\theta$로 표시되는데 만약 $B_P > R_g$이면 안정된 주차가 가능하나 $B_P < R_g$이면 차량은 미끄러지게 된다.

● 오르막 경사로에서의 주차제동력 → $B_P = \mu_r \cdot W_r' \cdot \cos\theta$

오르막 경사로에서는 구배의 영향에 의해 뒷바퀴의 연직하중(W_r')이 상대적으로 증가 때문에 주차제동력도 상대적으로 증가한다. 이때 증가된 연직하중은 무게중심의 위치로부터 다음과 같이 산출할 수 있다.

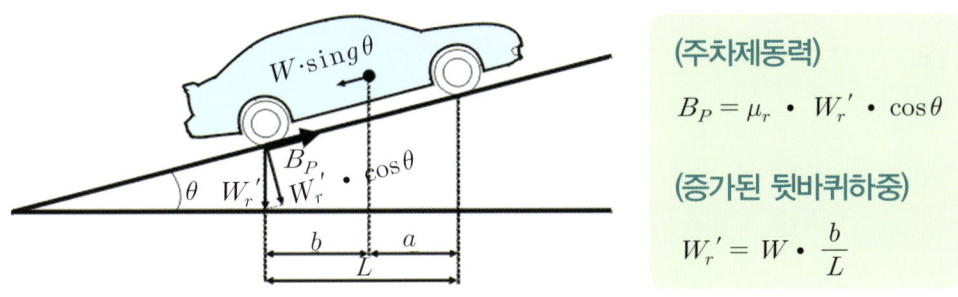

[fig. 5-7] 오르막 경사로에서의 주차 제동력

(5) 제동 중의 자세 및 하중 변화

주행 중 제동하면 차량은 감속되나 속도의 방향으로는 계속 관성력이 작용하기 때문에 상대적으로 차량의 앞바퀴에 더 많은 하중이 실리게 된다. 이렇게 되면 차체 앞부분의 현가 스프링에는 과도한 하중이 걸리게 되고 이로 인해 차체의 앞부분이 지면쪽으로 기울어지는 노즈다이브(Nose Dive) 현상이 나타나게 된다. 이때 차체의 앞부분이 지면쪽으로 기울어지는 정도는 관성력의 크기와 비례한다. 제동시에는 차체 앞부분에 더 큰 하중이 걸리기 때문에 승용차에서는 급제동시 앞바퀴에 더 진한 제동타이어 흔적이 생성되거나 앞바퀴 쪽에만 제동타이어 흔적이 나타나기도 한다.

제동시 나타나는 앞바퀴와 뒷바퀴의 하중변화를 살펴보자. 제동시 무게중심에 작용하는 관성력(F)과 타이어와 노면사이에서 발생하는 제동력의 총합($B_F + B_R$)은 방향이 반대이고 크기가 동일한 물리량이므로 다음 식과 같이 정리할 수 있다.

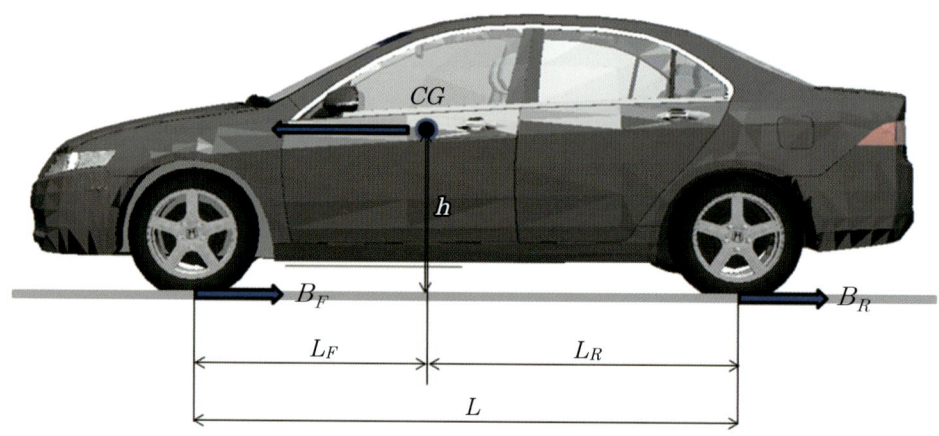

[fig. 5-8] 제동력과 관성력

$$F = (B_F + B_R) = m \cdot a = \mu \cdot W$$

F : 관성력 m : 차량의 질량 a : 제동감속도
B_F : 앞바퀴 제동력 B_R : 뒷바퀴 제동력 μ : 제동마찰계수 W : 차량의 중량

차량이 제동하여 $\mu \cdot W$의 제동력을 발생시키면, 이때 무게중심을 축으로 F×h=$\mu \cdot W$×h 의 모멘트가 작용한다. 하중변화는 모멘트를 차량의 축거(L)로 나누어 구할 수 있으므로,

→ 증가된 앞바퀴의 하중은

$$W_F' = W_F + \frac{\mu \cdot W \cdot h}{L} = W\frac{L_R}{L} + \frac{\mu \cdot W \cdot h}{L} = \frac{W(L_R + \mu \cdot h)}{L}$$

→ 감소된 뒷바퀴의 하중은

$$W_R' = W_R + \frac{\mu \cdot W \cdot h}{L} = W\frac{L_F}{L} + \frac{\mu \cdot W \cdot h}{L} = \frac{W(L_F + \mu \cdot h)}{L}$$

→ 이때 앞바퀴와 뒷바퀴의 제동력은 다음 식과 같이 구할 수 있다.

앞바퀴 제동력 $B_F = \mu \cdot W_F'$
뒷바퀴 제동력 $B_R = \mu \cdot W_R'$

중량(W)이 1000kg, 앞바퀴축의 하중(W_F)이 550kg, 뒷바퀴축의 하중(W_R)이 450kg, 무게중심의 높이(h)가 0.5m, 축거(L)가 2.5m인 차량이 0.7g의 감속도로 급제동하였을 때 증가된 앞바퀴의 하중과 감소된 뒷바퀴의 하중은 각각 690kg, 310kg이 된다.

증가된 앞바퀴 하중;

$$W_F' = W_F + \frac{\mu \cdot W \cdot h}{L} = 550 + \frac{0.7 \cdot 1000 \cdot 0.5}{2.5} = 690kg$$

감소된 뒷바퀴 하중;

$$W_R' = W_R - \frac{\mu \cdot W \cdot h}{L} = 450 - \frac{0.7 \cdot 1000 \cdot 0.5}{2.5} = 310kg$$

05 차량의 선회 특성

(1) 원심력과 구심력

차량이 선회주행할 때에는 차체가 곡선의 바깥쪽으로 벗어나려는 원심력이 작용한다. 원심력은 선회운동시 발생하는 관성력이며 차량의 속도, 무게, 도로의 선회반경에 의해 다음과 같이 정의된다.

$$F_c = ma = \frac{mv^2}{R} = \frac{wv^2}{gR} \quad (\because a = \frac{v^2}{R} \quad m = \frac{w}{g})$$

F_c : 원심력 m : 질량 a : 가속도 (회전운동시 원심가속도)
v : 속도(m/s) R : 선회반경(m) w : 무게 (kg) g : 중력가속도 ($9.8m/s^2$)

구심력은 원심력과 반대방향으로 작용하는 힘이다. 차량이 선회주행을 하기 위해서는 곡선의 중심으로 향하는 구심력을 필요로 하며, 이 구심력은 타이어와 노면사이에 작용하는 횡방향 마찰력에 의해 결정된다. 차량이 정해진 곡선을 벗어나지 않고 안정된 자세로 선회하기 위해서는 타이어의 횡방향 마찰력이 적어도 원심력보다 같거나 커야 한다. 반대로 횡방향 마찰력이 원심력보다 작으면 차량은 옆으로 미끄러지면서 선회궤적을 이탈하게 된다. 차량의 선회속도는 원심력과 횡방향 마찰력의 관계로부터 다음과 같이 정의할 수 있다.

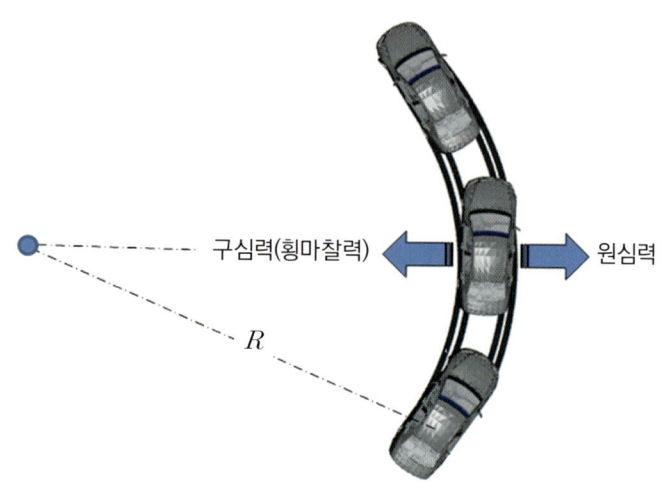

[fig. 5-9] 원심력과 구심력

(원심력) $\dfrac{w}{g} \cdot \dfrac{v^2}{R} = \mu' w$ (횡방향 마찰력)

$v = \sqrt{\mu' g R}\ (m/s)$ 　　μ' : 타이어와 노면사이의 횡방향 마찰계수

$v = \sqrt{a_y R}\ (m/s)$ 　　a_y : 횡방향 가속도 $a_y = \mu' g$

한편, 편경사[1]가 설치된 곡선로에서 선회속도는 다음과 같이 정리할 수 있다.

$V = \sqrt{\dfrac{gR\,(\mu' + G)}{1 - \mu' G}}$

위 식에서 편경사 G는 곡선의 외측이 내측보다 높은 경우를 $+G$, 반대로 곡선의 내측이 외측보다 높은 경우를 $-G$로 적용한다. 그러나 위 관계식에서 실제의 μ'와 G의 곱은 1에 비하여 대단히 작은 값이 되므로 실용적으로 다음 식과 같이 사용할 수 있다.

---

1) 차량이 선회주행할 때 작용하는 원심력을 상쇄시키기 위해 곡선도로의 바깥쪽에서 안쪽으로 기울어진 횡단경사

$$V = \sqrt{gR\ (\mu' \pm G)}$$

V : 선회속도(m/s) g : 중력가속도 R : 선회반경(m)
μ' : 횡방향 마찰계수 G : 편경사(구배의 백분율)

(2) 선회반경과 내륜차

차체에 작용하는 원심력의 영향이 거의 미비해 각 타이어가 옆으로 미끄러지지 않는다면 선회중심은 후륜축의 연장선상에 있고, 각 바퀴의 선회궤적은 앞바퀴의 조향각과 축간거리(Wheel Base), 윤간거리(Tread)에 의해 기하학적으로 정해진다. 애커먼-장토(Ackerman-Jeantaud)의 조향이론[2]에 의한 앞바퀴와 뒷바퀴의 선회반경은 앞·뒤 바퀴의 윤간거리가 일치하는 것으로 가정하고, 바퀴의 킹핀(King Pin) 중심선에서 바퀴 중심위치까지의 거리(킹핀오프셋 ; King Pin Offset)[3]를 생략할 때 다음과 같은 관계식으로 나타낼 수 있다.

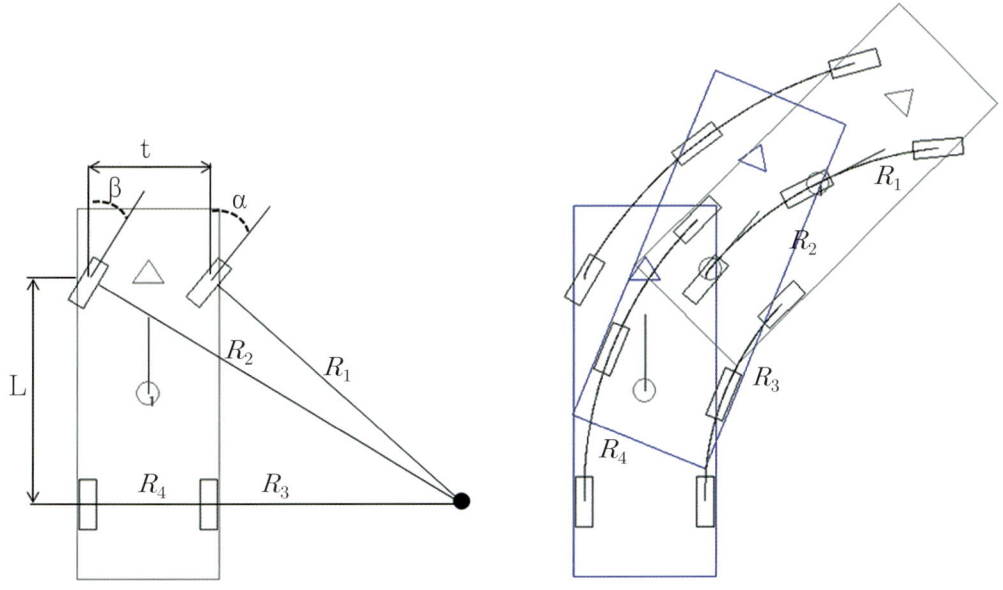

[fig. 5-10] 저속 선회시 각 바퀴의 선회반경

---

2) 애커먼에 의해 제안되고, 장토에 의해 개량된 조향원리. 선회할 때 좌우 앞바퀴의 조향각이 기하학적으로 차이가 생기게 하여 각 바퀴가 옆으로 미끄러지는 것을 방지한다.
3) 킹핀이란 앞차축에 조향너클을 연결하는 핀(Pin)을 말한다. 킹핀 중심의 연장선은 윗부분이 안쪽으로 약간 기울어지게 설치되어 있는데, 이때 킹핀이 지면으로 향하는 연장선과 바퀴 접지면 중심과의 간격을 킹핀오프셋 또는 스크러브(Scrub)라고 한다.

$$R_1 = \frac{L}{\sin\alpha} \qquad R_2 = \frac{L}{\sin\beta}$$

$$R_3 = R_1\cos\alpha \qquad R_4 = R_2\cos\beta$$

> R_1, R_2, R_3, R_4 : 각 바퀴의 선회반경 $\qquad L$: 축간거리(m)
> α : 안쪽바퀴의 조향각 $\qquad \beta$: 바깥쪽 바퀴의 조향각

여기서 최소회전반경은 바깥쪽 앞바퀴의 회전반경인 $R_2 = \dfrac{L}{\sin\beta}$ 이다.

한편, 선회하는 안쪽 앞·뒤 바퀴의 선회궤적 차이를 내륜차라고 하고, 바깥쪽 앞·뒤 바퀴의 선회궤적 차이를 외륜차라고 한다. 내륜차와 외륜차는 다음 관계식으로 나타낼 수 있다.

- **내륜차** $\Delta R = R_1 - R_3 = R_1(1 - \cos\alpha)$

- **외륜차** $\Delta R = R = R_2 - R_4 = R_2(1 - \cos\beta)$

(3) 조향각의 차이

선회주행할 때 운전자가 핸들을 돌리면 안쪽 바퀴의 조향각(α)과 바깥쪽 바퀴의 조향각(β)에는 기하학적인 차이가 발생하는데 그 관계식은 다음과 같이 나타낼 수 있다.

$\rightarrow (t + R_3)\tan\beta = R_3\tan\alpha = L \quad (\because R_3 = \dfrac{L}{\tan\alpha})$

$\rightarrow (t + \dfrac{L}{\tan\alpha})\tan\beta = L \qquad \rightarrow$ 양변에 $\tan\alpha$를 곱하여 정리하면,

$\therefore \beta = \tan^{-1}\left(\dfrac{\tan\alpha \cdot L}{t \cdot \tan\alpha + L}\right)$

위 관계식을 이용하여 선회하려는 안쪽 바퀴의 조향각(α)이 20°일 때 바깥쪽 바퀴의 조향각을 구하면 16.6°가 된다.

(4) 회피조향 특성

차량 운전자가 전방의 위험 또는 장애물을 발견하고 핸들조작으로 그 위험이나 장애물을 우회하여 피하기 위한 회피조향거리(d_x), 위험장애물을 피하기 위한 횡이동 폭(d_y), 위험장애물을 피하기 위한 선회궤적의 반경(R), 주행속도(V)의 관계는 다음과 같이 나타낼 수 있다.

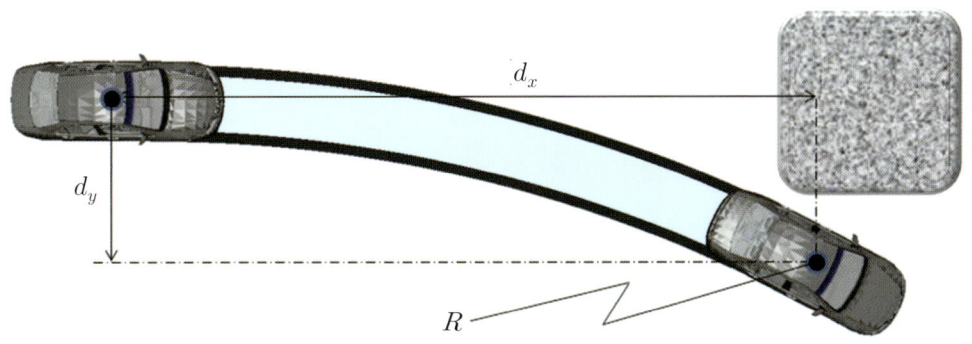

[fig. 5-11] 회피조향의 과정

곡선반경(R)은 현의 길이(L)와 호의 높이(h)로부터 다음과 같이 구할 수 있다.

$$R = \frac{L^2}{8h} + \frac{h}{2}$$

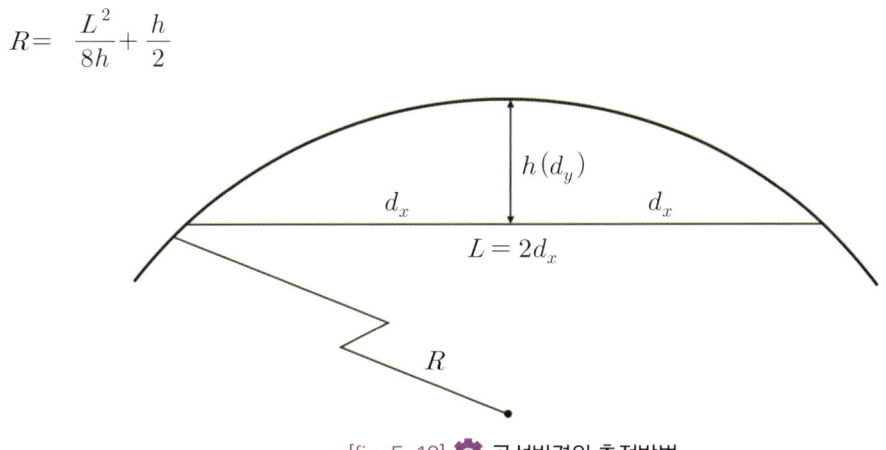

[fig. 5-12] 곡선반경의 측정방법

곡선의 기하구조를 회피조향 과정과 비교해 보면, 현의 길이(L)는 회피조향거리(d_x)의 2배가 되고, 호의 높이(h)는 위험장애물을 피하기 위한 횡이동 폭(d_y)으로 대치할 수 있다. 그러므로 위험장애물을 피하기 위한 선회궤적의 반경(R)과 회피조향거리(d_x)는 다음과 같이 정리할 수 있다.

$$R = \frac{(2d_x)^2}{8d_x} + \frac{d_y}{2}$$

$$(2d_x)^2 = 8d_y R - 4d_y^2$$

$$\therefore d_x = \sqrt{2d_y R - d_y^2}$$

한편, 선회주행시 구심력으로 작용하는 횡방향가속도(a_y : 원심가속도)는 속도의 제곱에 비례하고 선회반경에 반비례하므로 다음과 같이 나타낼 수 있고,

$$a_y = \frac{V^2}{R} \quad \rightarrow \quad \therefore R = \frac{V^2}{a_y}$$

여기에서 운전자가 안정된 자세로 핸들을 조작할 수 있는 한계 횡방향가속도의 크기는 약 $0.3g$ 정도이므로 선회반경 R을 횡방향가속도가 $0.3g$이 되도록 정리하면 다음과 같다.

$$R = \frac{V^2}{a_y} = \frac{V^2}{0.3 \times 9.8} = 0.34 V^2$$

따라서, 회피조향거리(d_x)는

$$d_x = \sqrt{2d_y R - d_y^2} \quad (\because R = 0.34 V^2)$$

$$\therefore d_x = \sqrt{2d_y 0.34 V^2 - d_y^2}$$

> d_x : 위험이나 장애물을 우회하여 피하기 위한 회피조향거리(m)
> d_y : 위험장애물을 피하기 위한 횡이동 폭(m)
> V : 주행속도(m/s)

(5) 선회주행에서의 횡전도 특성

차량이 선회주행할 때에는 원심력의 영향에 의해 차체는 선회하려는 바깥쪽으로 기울어지게 된다. 차체가 기울어진 각도를 롤각(Roll Angle)이라고 하는데, 원심력에 의해 롤각이

커지면 지면에 접촉하고 있던 바퀴가 떠오르면서 결국 차량은 횡전도하게 된다. 차량의 횡전도 특성은 선회주행시 차체에 작용하는 모멘트 평형으로부터 다음과 같이 정리할 수 있다.

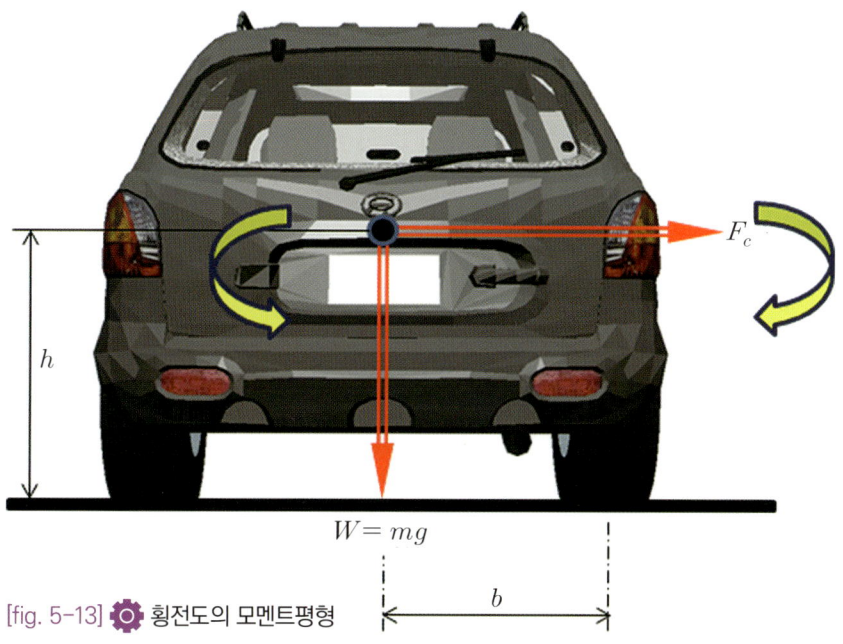

[fig. 5-13] 횡전도의 모멘트평형

차량이 곡선주행할 때 전도되지 않기 위한 모멘트(moment)의 평형은

$F_c \cdot h = m \cdot g \cdot b$

원심력 F_c는 $\dfrac{m\ v^2}{R}$ 이므로

$\dfrac{m\ v^2}{R} \cdot h \leq m \cdot g \cdot b$ / $\dfrac{v^2}{R} \cdot h \leq g \cdot b$ / $\therefore V = \sqrt{\dfrac{R \cdot g \cdot b}{h}}$

- v : 전도되지 않기 위한 최대속도(m/s)
- R : 주행궤적의 곡선반경(m)
- g : 중력가속도
- b : 무게중심에서 우측 또는 좌측 타이어 중심까지의 거리 (일반적으로 윤거의 1/2)
- h : 무게중심의 지상고(m)

06 차량의 충돌 특성

(1) 소성충돌과 탄성충돌

충돌현상은 충돌 전·후의 반발 정도에 따라 탄성충돌과 소성충돌로 구분된다. 탄성충돌은 충돌 속도가 충돌 후에 그대로 복원되어 반발속도가 큰 특성을 말한다. 대표적인 사례는 고무공이 벽에 충돌된 경우다. 벽에 부딪친 고무공은 반발속도가 매우 크다.

소성충돌은 충돌속도가 충돌 후에 변형에너지로 흡수되어 반발속도가 작은 특성을 말한다. 진흙덩어리를 벽에 던지면 심하게 찌그러지면서 벽에 달라붙는다. 벽에 부딪친 진흙덩어리는 반발속도가 매우 작고 심한 찌그러짐을 동반시킨다. 즉 충돌 후에 반발속도가 크면 탄성충돌에 가깝고 완전탄성충돌의 경우 반발계수는 1이 된다. 반대로 충돌 후에 반발속도가 작으면 소성충돌에 가깝게 되고 완전소성충돌의 경우 반발계수는 0이 된다.

$$반발계수\ e = \frac{V_2' - V_1'}{V_1 - V_2}$$

e : 반발계수 V_1, V_2 : 충돌 전 속도 V_1', V_2' : 충돌 후 속도

상대 충돌 전 속도에 대한 상대 충돌 후 속도의 비를 반발계수라고 한다. 예를 들어 무게가 같은 동형의 승용차 2대가 100km/h로 정면충돌하여 충돌지점에 그대로 정지하였다면 반발계수는 0이 된다. 차량 충돌은 충돌시의 속도변화가 클수록 소성변형이 증가하고 반발계수가 낮아지는 경향이 뚜렷하다. 다만 10km/h 미만의 저속 충돌에서는 범퍼의 손상이 경미하고 탄성 복원이 이루어지면서 탄성충돌에 가깝게 된다.

승용차의 차체 앞부분에는 엔진이 설치되어 있어 상대적으로 강성이 크나 뒷부분의 경우에는 빈 공간의 트렁크 룸(Trunk Room)이 형성되어 있어 쉽게 찌그러지고, 이로 인해 추돌시의 반발계수가 낮게 나타나는 경향이 있다. 동일한 속도 조건에서 정면충돌보다는 추돌 사고에서 소성충돌의 경향이 크게 나타난다.

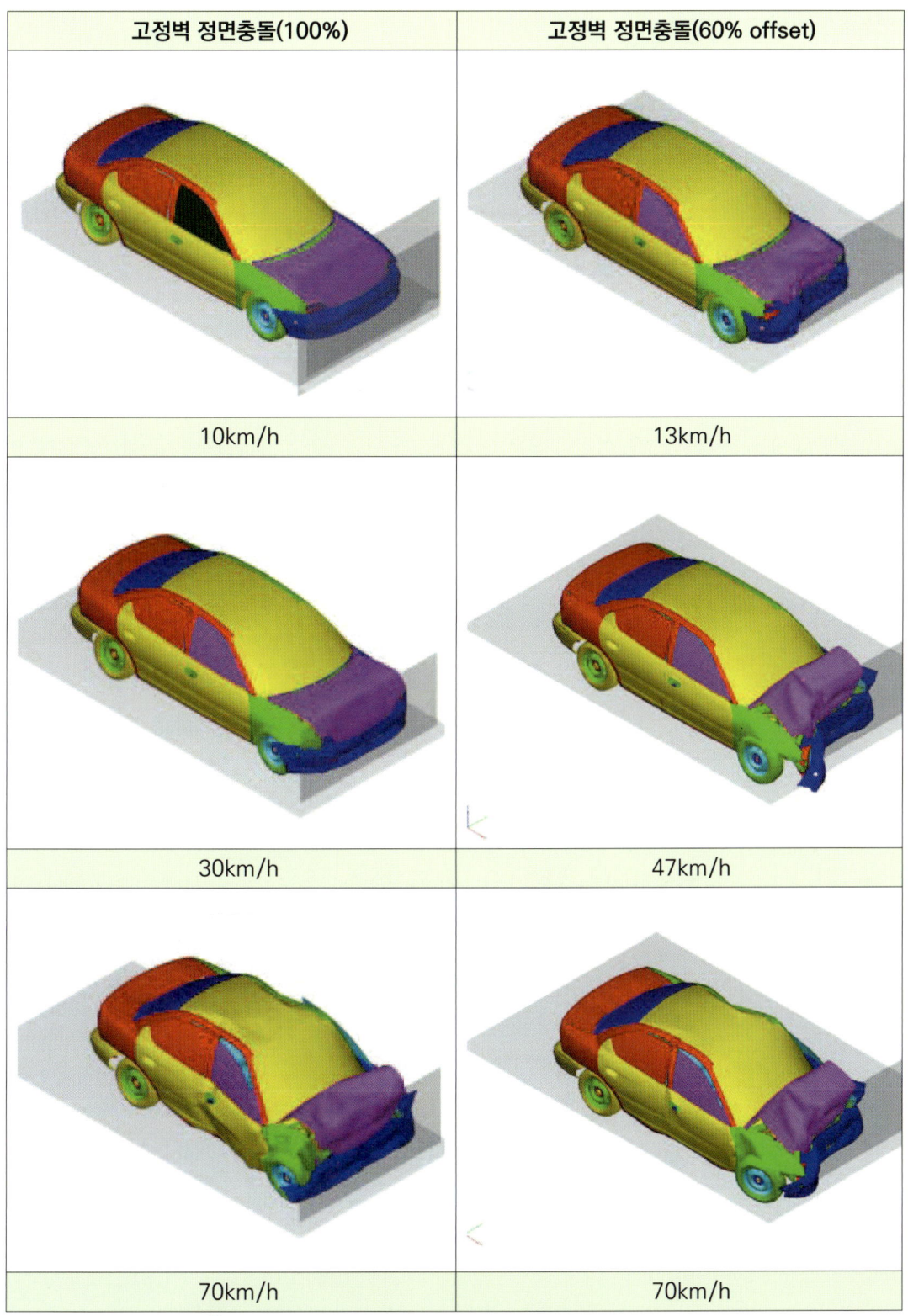

[fig. 5-14] 충돌속도에 따른 차체의 소성변형 특성(PC-CRASH Program Data)

(2) 운동량과 충격량

① 운동량(MOMENTUM)

운동량은 운동하는 물체의 질량과 속도의 곱으로 정의되는 물리량이다. 운동량은 속도와 마찬가지로 크기와 방향을 가지는 벡터이다. 뉴턴의 운동법칙에서 힘은 운동량의 시간적 변화이다.

운동량(P) = 물체의 질량(무게) × 물체의 속도

$$P = m\vec{v} \quad \because m = \frac{w}{g} \text{ 이므로} \quad P = \left(\frac{w}{g}\right)\vec{v}$$

여기서, 중력가속도 g는 상수이므로 다음과 같이 무게와 속도의 곱으로 나타낼 수 있다.

$$P = w\vec{v}$$

> P : 운동량(momentum)
> m : 질량(mass)　　w : 무게(weight)
> v : 속도(speed)　　g : 중력가속도($9.8m/s^2$)

운동량은 물체의 속도가 증가할수록, 물체의 무게가 클수록 증가한다. 무게가 무거워도 속도가 0이면 운동량은 0이다. 동일한 속도 조건에서 승용차보다는 상대적으로 중량이 큰 트럭이나 버스는 운동량이 크다. 충돌에서 운동량이 큰 차량은 상대적으로 운동량이 작은 차량을 밀고 진행하게 된다. 충돌시 운동량은 차량의 운동방향과 궤적을 해석하는데 중요한 자료가 된다.

② 충격량(IMPULSE)

충격량은 물체에 작용하는 힘과 힘이 작용하는 시간의 곱으로 정의되는 물리량이다. 물체의 질량이나 속도가 변하면 운동량의 변화가 생긴다. 이때 물체에 가해진 힘의 크기가 클수록, 힘을 가한 시간이 길수록 운동량의 변화량도 커지는데 이러한 운동량의 변화량을 충격량이라고 한다.

충격량(I) = 물체에 작용하는 힘 × 작용시간

$$I = \Delta m \vec{v} = \vec{F} \Delta t$$

뉴턴의 운동 제2법칙에 의하여 충격력 $\vec{F} = m\vec{a}$ 이고

가속도 $\vec{a} = \dfrac{v_e - v_i}{\Delta t}$ 이므로 충격량은 다음과 같이 표시할 수 있다.

$$I = \vec{F}\Delta t = m\dfrac{\vec{v_e} - \vec{v_i}}{\Delta t}\Delta t = \Delta P$$

즉 충격량은 운동량의 변화다.

충격량의 정의에 의하면, 물체에 가해진 충격량이 같더라도 작용하는 시간이 짧으면 충격력은 커지고 반대로 작용시간이 길어지면 충격력은 작아진다. 자동차 충돌시 차체가 파손되면서 찌그러지는 시간이 길어지면 탑승자에게 가해지는 충격력은 작아진다.

(3) 운동량보존법칙(CONSERVATION OF MOMENTUM)

두 차량이 충돌하였을 때 두 차량이 가지고 있던 충돌 전 운동량의 합은 충돌 후 운동량의 합은 같다. 즉 두 차량이 충돌할 때 각각의 운동량은 바뀌지만 운동량의 총합은 항상 변하지 않고 보존된다. 충돌 전·후 두 차량이 일직선상에서 운동하였다고 가정할 때 운동량보존법칙의 관계식은 다음과 같다.

$$m_1 v_1 + m_2 v_2 = m_1 v_1' + m_2 v_2' \quad \text{or} \quad w_1 v_1 + w_2 v_2 = w_1 v_1' + w_2 v_2'$$

v_2, v_1 : 차량의 충돌 전 속도

v_1', v_2' : 차량의 충돌 후 속도

m_1, m_2 : 차량의 질량

w_1, w_2 : 차량의 중량

① 일차원 충돌에서의 운동량보존

[fig. 5-15] 1차원 정면충돌

일직선상을 주행하는 두 차량이 각각의 속도로 정면충돌하였을 때, 충돌 전과 충돌후의 운동량의 합은 같다. 운동량은 벡터이므로 정면충돌하는 경우 한 차량의 속도가 +이면 다른 한 차량의 속도는 -가 된다. 추돌인 경우에는 두 차량 속도의 방향이 같다.

$$w_1\vec{v_1} + w_2\vec{v_2} = w_1\vec{v_1}' + w_2\vec{v_2}'$$

양차 충돌 전 상대속도($v_1 - v_2$)와 충돌 후 상대속도($v_2' - v_1'$)의 비, 즉 반발계수는 e는 다음과 같이 정의된다.

$$e = \frac{v_2' - v_1'}{v_1 - v_2}$$

위 운동량보존법칙과 반발계수의 방정식에서 충돌 후의 속도 v_1', v_2'는 다음과 같이 나타낼 수 있다.

$$v_1' = v_1 - \frac{w_2}{w_1 + w_2}(1+e)(v_1 - v_2)$$

$$v_2' = v_2 + \frac{w_1}{w_1 + w_2}(1+e)(v_1 - v_2)$$

충돌 후 속도는 충돌 전의 속도 차이가 같아도 두 차량의 무게와 반발계수에 의해 달라지게 된다. 차량이 높은 속도로 정면충돌하면 반발계수가 거의 0에 가깝게 되고, 충돌 후 두 차량은 운동량이 큰 차량쪽으로 맞물려 이동하게 된다. 이때 두 차량의 충돌 후 공통속도 v_c는 다음과 같이 나타낼 수 있다.

$$w_1\vec{v_1} + w_2\vec{v_2} = (w_1 + w_2)\vec{v_c}$$

$$v_c = \frac{w_1v_1 + w_2v_2}{w_1 + w_2}$$

② 2차원 충돌에서의 운동량보존

2차원 충돌에서의 운동량 보존법칙은 차량의 운동방향을 x, y 방향으로 분해하여 나타낼 수 있다.

x 축 방향의 운동량 보존 : $w_1\vec{v_{1x}} + w_2\vec{v_{2x}} = w_1\vec{v_{1x}}' + w_2\vec{v_{2x}}'$

y 축 방향의 운동량 보존 : $w_1\vec{v_{1y}} + w_2\vec{v_{2y}} = w_1\vec{v_{1y}}' + w_2\vec{v_{2y}}'$

또한 일정한 방향각을 가진 운동량은 삼각함수를 이용하여 충돌 전·후 각 차량의 운동량을 x 방향 성분과 y방향 성분으로 분해할 수 있다.

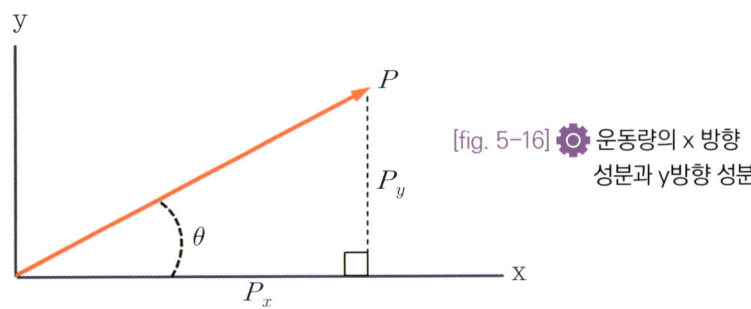

[fig. 5-16] 운동량의 x 방향 성분과 y방향 성분

$P_y = P\sin\theta \qquad P_x = P\cos\theta$

P_1, P_2의 운동량을 가진 두 차량이 비스듬한 각도로 충돌한 다음 각각 P_1', P_2' 쪽으로 이동하였다고 가정할 때 운동량 보존법칙을 이용하여 다음과 같은 속도추정 관계식을 유도할 수 있다.

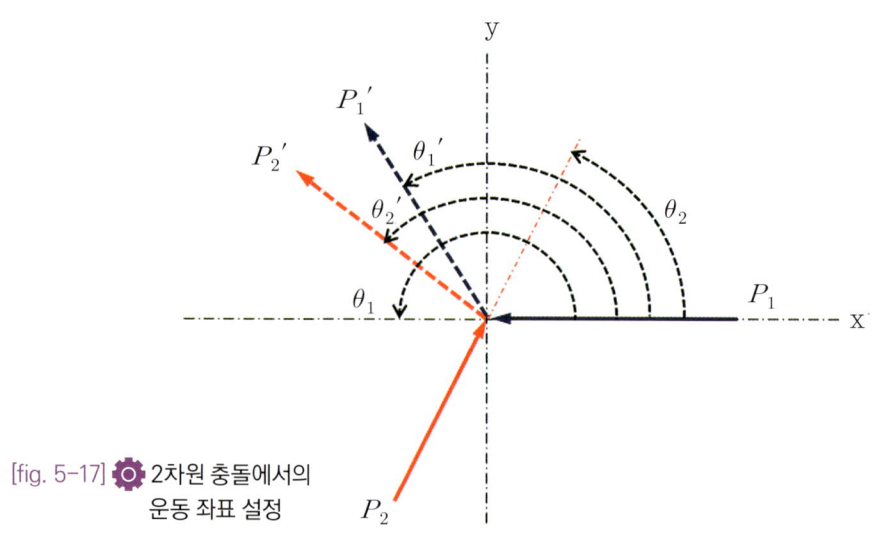

[fig. 5-17] 2차원 충돌에서의 운동 좌표 설정

충돌 전 두 차량의 x 방향과 y 방향의 운동량 합은,

x 방향 운동량의 합 : $P_x = P_1\cos\theta_1 + P_2\cos\theta_2$

y 방향 운동량의 합 : $P_y = P_2\sin\theta_2$ (P_1의 y방향 운동량은 0이다.)

충돌 후 두 자동차의 x 방향과 y 방향의 운동량 합은,

x 방향 운동량의 합 : $P_x' = P_1'\cos\theta_1' + P_2'\cos\theta_2'$

y 방향 운동량의 합 : $P_y' = P_1'\sin\theta_1' + P_2'\sin\theta_2'$

운동량 보존법칙에 의하여 충돌 전·후 x 방향과 y 방향 운동량 합은 보존되므로

충돌 전·후 x 방향 운동량의 합은 $P_x = P_x'$

$P_1\cos\theta_1 + P_2\cos\theta_2 = P_1'\cos\theta_1' + P_2'\cos\theta_2'$

충돌 전·후 y 방향 운동량의 합은 $P_y = P_y'$

$P_2\sin\theta_2 = P_1'\sin\theta_1' + P_2'\sin\theta_2'$

운동량 P는 물체의 무게(w)와 속도(v)의 곱으로 정의되므로, 충돌 전·후 x방향과 y방향에 대한 운동량 보존법칙은 다음 식과 같이 나타낼 수 있다.

충돌 전·후 x방향 운동량의 합은 $P_x = P_x{'}$이므로,

$$w_1 v_1 \cos\theta_1 + w_2 v_2 \cos\theta_2 = w_1 v_1{'} \cos\theta_1{'} + w_2 v_2{'} \cos\theta_2{'}$$

x방향의 운동량 보존으로부터 충돌 전 속도(v_1)는,

$$v_1 = \frac{w_1 v_1{'} \cos\theta_1{'} + w_2 v_2{'} \cos\theta_2{'} - w_2 v_2 \cos\theta_2}{w_1 \cos\theta_1}$$

충돌 전·후 y방향 운동량의 합은 $P_y = P_y{'}$이므로,

$$w_2 v_2 \sin\theta_2 = w_1 v_1{'} \sin\theta_1{'} + w_2 v_2{'} \sin\theta_2{'}$$

y방향의 운동량 보존으로부터 충돌 전 속도(v_2)는,

$$v_2 = \frac{w_1 v_1{'} \sin\theta_1{'} + w_2 v_2{'} \sin\theta_2{'}}{w_2 \sin\theta_2}$$

w_1 : 1차량의 무게
w_2 : 2차량의 무게
v_1 : 1차량의 충돌 전 속도
v_2 : 2차량의 충돌 전 속도
$v_1{'}$: 1차량의 충돌 후 속도
$v_2{'}$: 2차량의 충돌 후 속도
θ_1 : 1차량의 충돌시 접근각
θ_2 : 2차량의 충돌시 접근각
$\theta_1{'}$: 1차량의 충돌 후 이탈각
$\theta_2{'}$: 2차량의 충돌 후 이탈각

2 교통사고 분석 유형

01 고의사고 분석

자동차를 이용한 고의사고 유형으로는 차선을 변경해 진입하는 차량에 고의로 속도를 높여 접촉사고를 일으키는 행위, 중앙선 침범 등 교통법규를 위반한 차량을 골라 고의로 가속 또는 핸들을 틀어 접촉사고를 일으키는 행위, 횡단보도 부근에서 고의로 급브레이크를 밟아 인위적인 추돌사고를 유발하는 행위, 고의적으로 후진하여 추돌사고를 유발하는 행위, 고의적인 자살 또는 위장 사고 등이 있다. 이러한 사고는 모두 운전자의 고의적인 운전 조작이 수반되고 있으나 실제 사고조사에서는 사고 전 운전자의 급발진, 급제동, 핸들조작, 후진 주행 등의 구체적인 운전 행위를 명확히 규명하기가 쉽지 않다.

EDR은 사고 전 운전자의 가속페달 조작, 브레이크나 핸들 조작과 같은 운전조작 정보가 0.5~1.0초 단위로 상세히 기록되기 때문에 사고에 대한 당사자의 주장이나 인위적인 운전 행위 여부를 비교적 용이하게 조사할 수 있다. 또한 시간에 따른 속도, 가속도, 엔진회전수 등의 운행 정보 기록을 통해 사고 전 차량 및 운전 상태에 대한 정밀한 재구성이 가능하다.

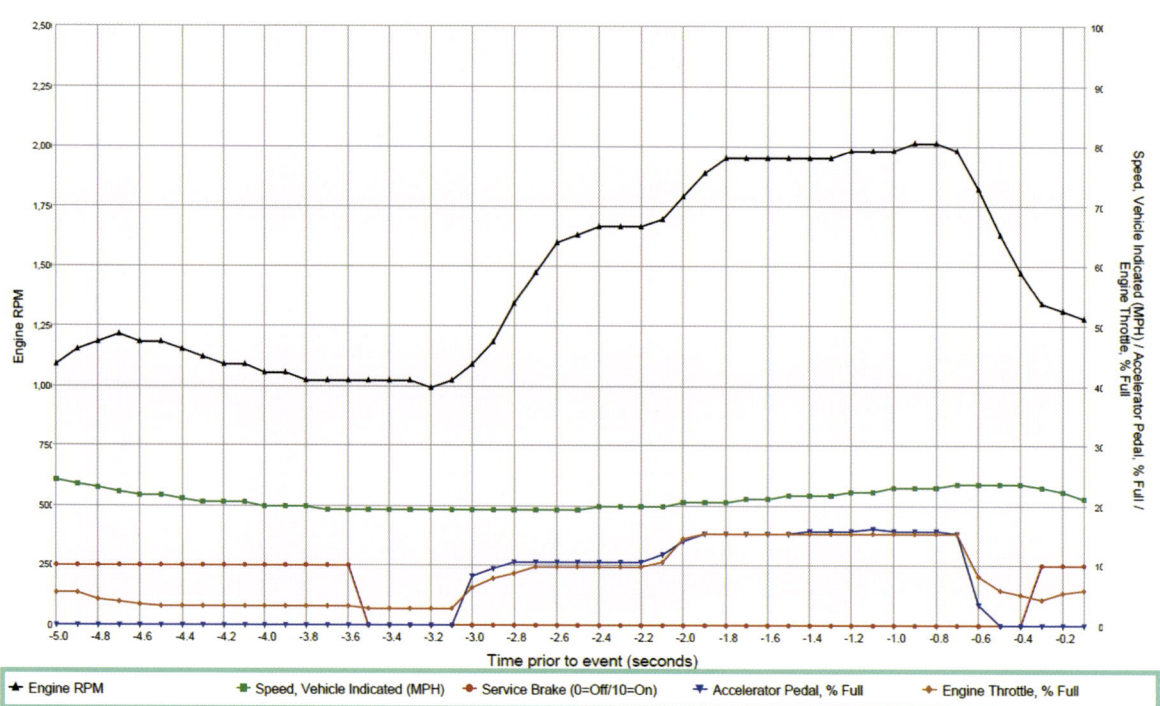

[fig. 5-18] EDR에 기록된 충돌 전 데이터(pre-crash data) 분석 샘플

fig. 5-19는 사고차량의 EDR에 저장된 충돌 전 5초 동안의 운행 데이터(pre crash data)를 분석한 사례다. 사례의 사고차량 운전자는 충돌 전 5초 시점(-5.0 sec)부터 가속페달에서 발을 떼고 브레이크 페달을 밟은 것으로 추정된다. 브레이크 조작에 의해 차량의 엔진회전수(rpm)는 충돌 전 5초 시점에 1728rpm이었다가 충돌 전 0.5초 시점에는 1152rpm으로 감속되고, 동시에 차량속도도 충돌 전 5초 시점에 83km/h에서 충돌 전 0.5초 시점에는 44km/h로 감속되었다. 이와 같이 EDR에 기록된 운행 정보는 운전자가 주장하는 사고상황과 일치하는지, 정상적인 회피동작을 실행했는지, 고의적인 운전조작이 개입된 것인지 여부를 보다 과학적으로 분석할 수 있다.

Pre-Crash Data -5.0 to -0.5 sec (Event Record 1)

Times (sec)	Accelerator Pedal, % Full (Accelerator Pedal Position)	Engine RPM (Engine Speed)	Engine Throttle, % Full (Throttle Position)	Speed, Vehicle Indicated (Vehicle Speed) (MPH [km/h])
-5.0	0	1728	17	52 [83]
-4.5	0	1728	17	51 [82]
-4.0	0	1728	17	51 [82]
-3.5	0	1664	16	50 [80]
-3.0	0	1600	16	48 [77]
-2.5	0	1472	15	45 [72]
-2.0	0	1408	14	42 [68]
-1.5	0	1408	14	41 [66]
-1.0	0	1344	14	36 [58]
-0.5	0	1152	15	27 [44]

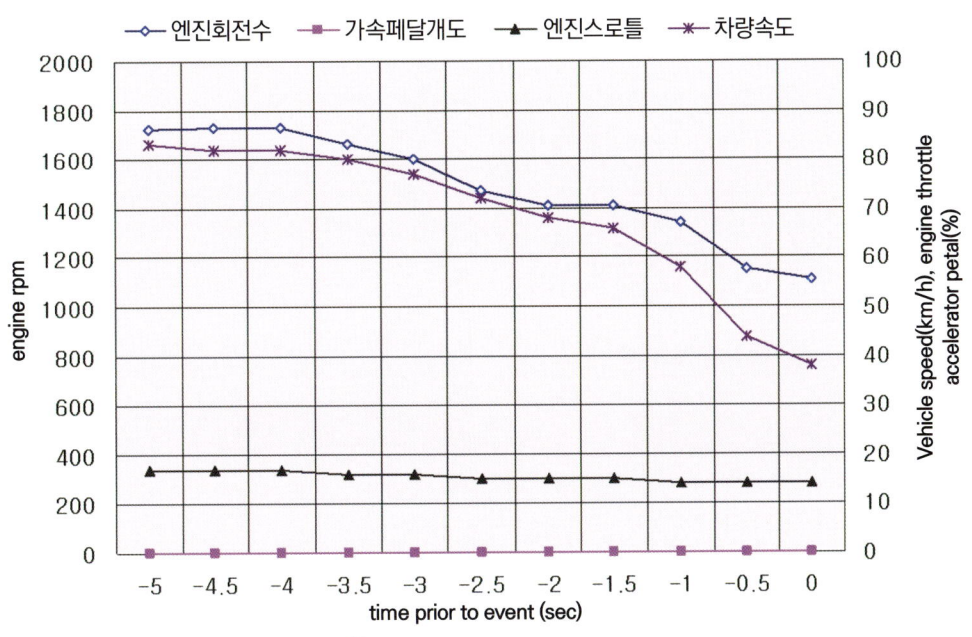

[fig. 5-19] EDR에 기록된 운행 데이터 분석

02 주행속도 및 충돌속도 분석

차량속도는 교통사고(Traffic Accident)의 원인(Cause)과 요인(Factor)을 파악하는데 매우 중요한 요소다. 속도가 빠르면 충돌시 발생하는 충격력이 증대될 수 있고, 충돌과정에서 속도변화량이 커지면서 상해의 치명도도 높아질 수 있다. 속도가 빠르면 운전자의 시력이 저하되고, 시야도 좁아지게 된다. 높은 속도에서 제동하면 제동지연에 따른 공주거리도 길어지고, 기계적 마찰에 의한 제동거리도 길어져 결국 위험 회피를 위한 안전정지거리(Safety Stopping Distance)가 증대된다. 이와 같이 차량의 속도는 충돌사고의 크기, 탑승자의 상해 위험성, 사고의 회피 가능성, 운전자의 시력과 시야, 과속, 운전과실 등을 판단하는 중요한 기초 자료가 된다.

일반적으로 사고재현을 위한 속도의 추정은 사고현장에 나타나는 스키드마크(Skid Mark), 요마크(Yaw Mark), 차량의 파손상태, 파편물의 낙하상태, 보행자의 전도거리, 차량의 충돌 전후 운동위치 등을 기초로 하여 각종 물리법칙과 운동역학을 응용하는 방법들이 보편적으로 널리 이용되고 있다. 그러나 사고 후에 나타나는 물리적 자료를 이용한 간접적인 추정 방법은 실제 속도와 다소 차이가 있을 수 있고 때로는 자료의 한계로 인해 속도 추정 자체가 불가능한 경우도 발생한다. 또한 이러한 속도분석 방법은 에너지의 감소 또는 운동의 변화를 역학적으로 추정하는 물리적 기법으로써 관찰 가능한 대상 구간에서만 속도 추정이 가능하다. 즉 물리적인 자료를 확보하기 어려운 충돌 전 구간에서는 주행속도의 추정이 쉽지 않다.

[fig. 5-20] 사고현장에 나타난 각종 노면흔적

그에 비해 EDR은 사고 전 차량속도와 사고당시의 속도를 0.1~0.5초 단위로 속도센서를 통해 실시간으로 측정하여 기록하기 때문에 비교적 높은 정밀도로 상세한 속도 파악이 가능하다. 충돌당시의 속도뿐만 아니라 제동 및 가속에 의해 변화될 수 있는 사고 전 최소 5초 동안의 속도와 시간에 따른 속도 변화도 쉽게 파악할 수 있다. fig. 5-21은 사고차량의 EDR에 저장된 주행속도 데이터를 분석하여 평균 가속도를 산출한 사례다. 사고차량은 충돌 전 3.5초 시점에서 충돌시점(0.0 sec)까지 속도가 증가되었는데, 3.5초 동안에 증가된 속도변화는 35km/h이고, 이 구간에서의 평균 가속도는 0.27g로 산출된다.

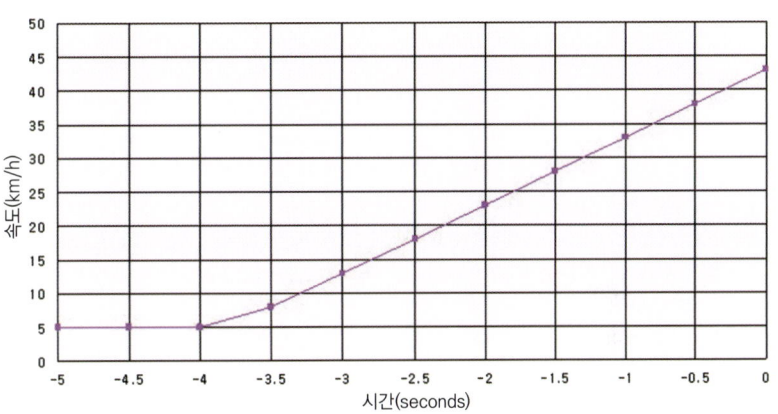

● 충돌 전 차량의 가속도 분석 $a = \dfrac{v_e - v_i}{\Delta t} \fallingdotseq 2.64 m/s^2 \fallingdotseq 0.27g$

[fig. 5-21] EDR에 기록된 차량속도 데이터에 의한 가속도 분석

그러나 EDR에 기록된 사고 데이터를 활용할 때에는 사고당시에 생성된 각종 진단 데이터, 차량손상상태, 충돌사고 현장에 나타난 타이어 흔적, 블랙박스영상 등 수집 가능한 각종 자료를 비교 분석하여 데이터 오류의 가능성을 검증할 필요가 있다.

(1) EDR의 속도 데이터 신뢰성

우리나라의 EDR 법규에는 아직 데이터 신뢰성(Reliability) 또는 정확성(Accuracy)에 관한 규정이 없지만 미국의 EDR 관련 규정인 49CFR Part563(NHTSA)에서는 속도 데이터의 정밀도를 ±1km/h로 규정하고 있다. 또한 2008년 미국 도로교통안전국(NHTSA)에서 34건의 충돌시험을 평가한 EDR 충돌속도의 정확성은 1건을 제외하고 모두 3% 이내[1]였고,

---

1) "Preliminary Evaluation of Advanced Airbag Field Performance Using Event Data Recorders", NHTSA, US DOT, 2008.

2011년 도요타 차량으로 실시된 14회의 신뢰성 시험 결과에서도 EDR의 속도 데이터 오차는 ±1.5 mph 내외[1]로서 신뢰할 만한 결과가 도출된 바 있다.

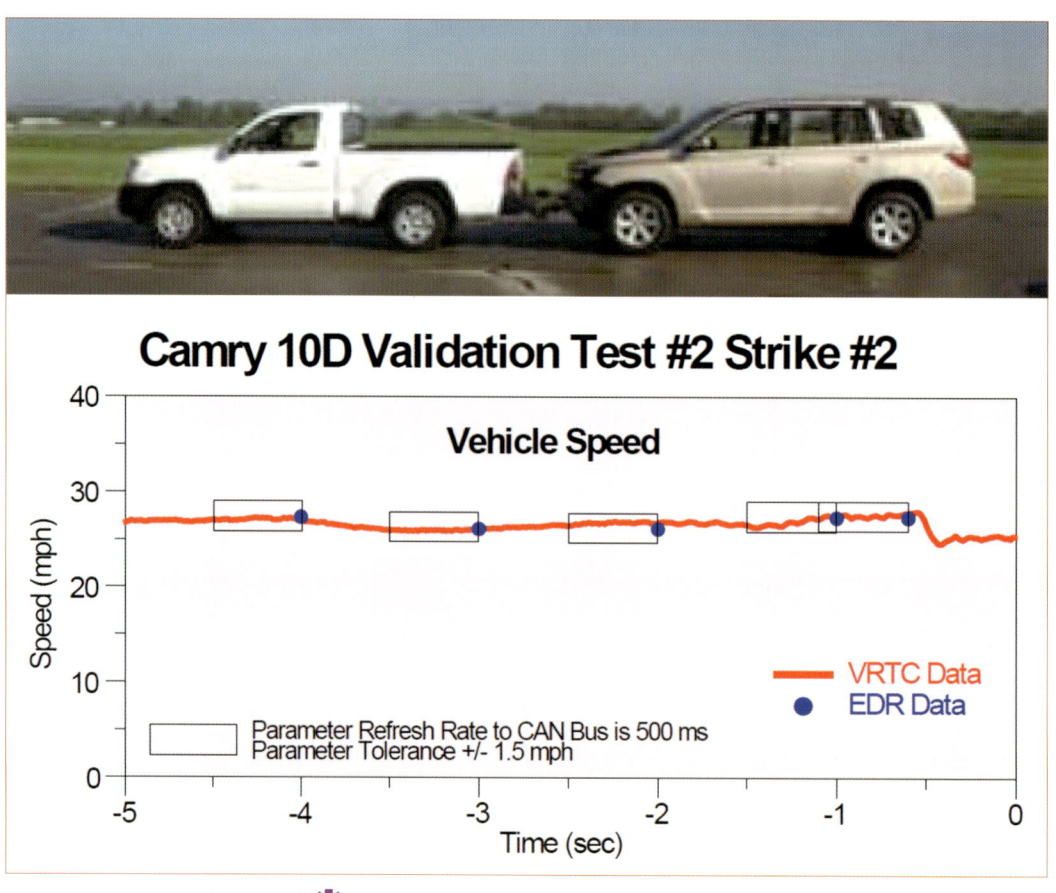

[fig. 5-22] 도요타 차량으로 실시된 EDR의 차량속도 신뢰성 테스트

(2) EDR의 차량속도 속도측정 원리

차량속도 데이터는 보통 바퀴 허브의 안쪽에 설치된 휠스피드센서(Wheel Speed Sensor)에 의해 측정된다. 휠스피드센서는 바퀴의 회전수에 비례하여 파형 및 주파수를 변화시키고, 그 변화를 감지하여 속도를 측정한다. 예를 들어 전자유도형 센서 타입에서 바퀴 회전축에 부착된 센서휠(톤휠)의 개수가 20개이고, 회전되면서 발생된 주파수가 100Hz, 차륜의 타이어 원둘레가 1m 라고 가정할 때 차륜의 속도는 5m/s가 된다.

---

1) "Event Data Recorder - Pre Crash Data Validation of Toyota Products", NHTSA, US DOT, 2011.

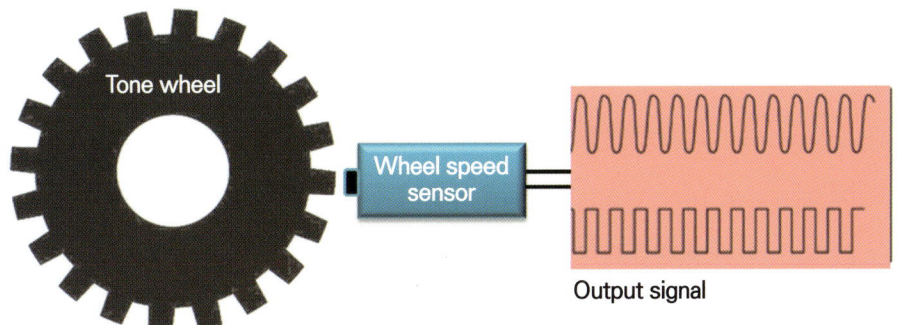

[fig. 5-23] 휠스피드센서에 의한 속도측정 원리

(3) EDR의 차량속도와 계기판 속도

EDR에 기록되는 속도는 차량 바퀴의 회전속도를 측정하여 연산한 속도다. 그에 비해 차량의 운전석 계기판에 표시되는 지시속도는 실제 차량속도보다 다소 높게 표시된다. 보통 계기판의 속도는 운전자의 과속 방지 및 안전을 고려하여 실제 차량속도보다 5~15% 정도 높게 표시되고 있다. 「자동차 및 자동차 부품의 성능과 기준에 관한 규칙 제110조(속도계)」에 따라 계기판의 지시속도와 실제속도와의 차이(지시오차)는 시속 25km/h 이상에서 법규 기준을 만족시켜야 한다. 법규 기준에 의하면, 실제속도가 50km/h일 때 지시오차는 11km/h 이내이어야 하고, 실제속도가 100km/h일 때 지시오차는 16km/h이내 이어야 한다.

[fig. 5-24] 차량 계기판에 표시된 차량속도

● 법규 기준 속도계 지시오차(km/h) $0 \leq V_1 - V_2 \leq V_2/10 + 6$

V_1 : 지시속도(km/h) V_2 : 실제속도(km/h)

(4) 엔진회전수와 차량제원을 이용한 속도 분석

자동차의 속도는 운전자가 제어 가능한 엔진회전수와 변속기어의 위치에 따라 달라지는데, 구동바퀴의 유효직경을 D, 엔진회전수를 N, 변속기어의 감속비를 i_t, 종감속비를 i_g, 동력전달효율을 η라고 할 때 자동차의 속도는 다음 식과 같이 정의할 수 있다. 따라서 EDR에 기록된 엔진회전수 데이터와 차량제원을 통해 속도를 비교 검증할 수 있고, EDR에 기록된 속도와 엔진회전수 정보를 이용하여 변속기어의 상태를 추정할 수도 있다.

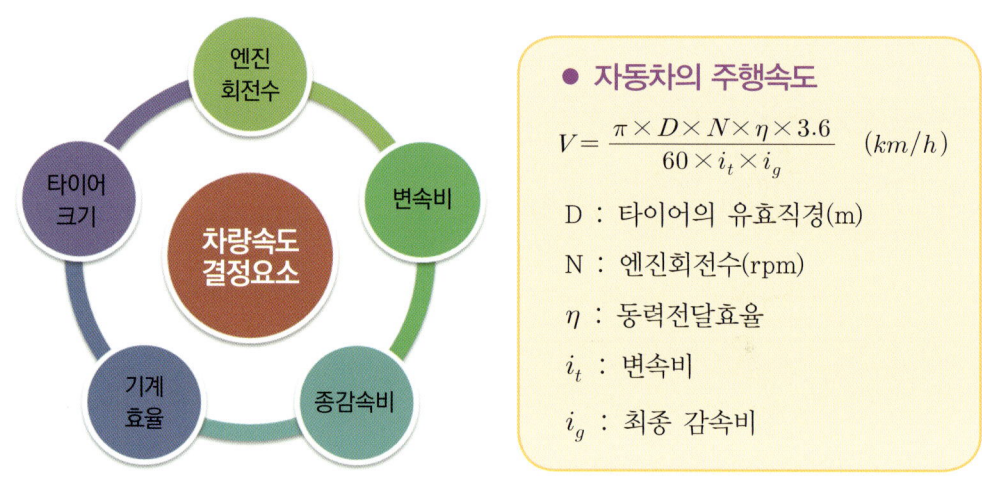

[fig. 5-25] 자동차 속도의 결정요소 및 산출식

(5) 스키드마크를 이용한 속도 분석

사고현장에는 때때로 차량의 제동흔적(Skid Mark)이 나타난다. 차량이 어떤 속도로 주행하다가 브레이크를 조작하면 차량의 타이어는 회전을 멈추게 되고, 이때 발생하는 타이어

[fig. 5-26] 사고현장에 생성된 전형적인 스키드마크

와 노면사이의 마찰력이 정상적인 주행을 방해함으로써 차량은 속도가 감소되면서 정지하게 된다. 이러한 과정은 에너지 보존법칙에 의해 차량의 운동(속도)에너지가 모두 타이어와 노면사이의 마찰에너지로 변환되는 과정이라고 이해할 수 있다.

사고현장에 차량의 제동흔적이 발생되었을 때 에너지보존법칙으로부터 유도된 다음 속도 방정식을 이용하여 차량의 제동 전 속도 또는 제동되면서 감속된 속도를 산출할 수 있다.

[fig. 5-27] 차량의 제동과정

- **스키드마크의 속도분석 방정식** $V = \sqrt{254\mu d}$ (km)

여기서, V : 차량의 주행속도(km/h)
d : 스키드마크의 길이(m)
μ : 타이어와 노면사이의 마찰계수

(6) 요마크를 이용한 속도 분석

사고현장에서 간혹 발견되는 타이어자국 중에 요마크(Yaw-Mark)가 있다. 차량의 바퀴가 잠기면서 전방으로 미끄러질 때 나타나는 스키드마크(Skid-Mark)와 달리 요마크(Yaw-Marks)는 차량의 바퀴가 회전하면서 옆으로 미끄러질 때 나타나는 타이어자국을 말한다. 원심력과 횡방향마찰력의 관계로부터 유도된 다음 속도방정식을 이용하여 차량의 선회속도를 산출할 수 있다.

- **요마크의 속도방정식** $V = \sqrt{gR\,(\mu' \pm G)}$

V : 선회속도(m/s) g : 중력가속도$(9.8 m/s^2)$ R : 선회반경(m)
μ' : 횡방향 마찰계수 G : 구배의 백분율(5% → +0.05)

[fig. 5-28] 사고현장에 생성된 전형적인 요마크

(7) 차량 손상 변형량을 이용한 속도 분석

차량의 손상 변형량은 대체적으로 속도에 비례하여 커진다. 충돌실험 데이터와 컴퓨터 시뮬레이션(PC-Crash ; Crash3)을 이용하여 차체 변형에 의한 충돌속도를 추정할 수 있다. 다음은 차체변형에 의한 속도 추정 사례이다.

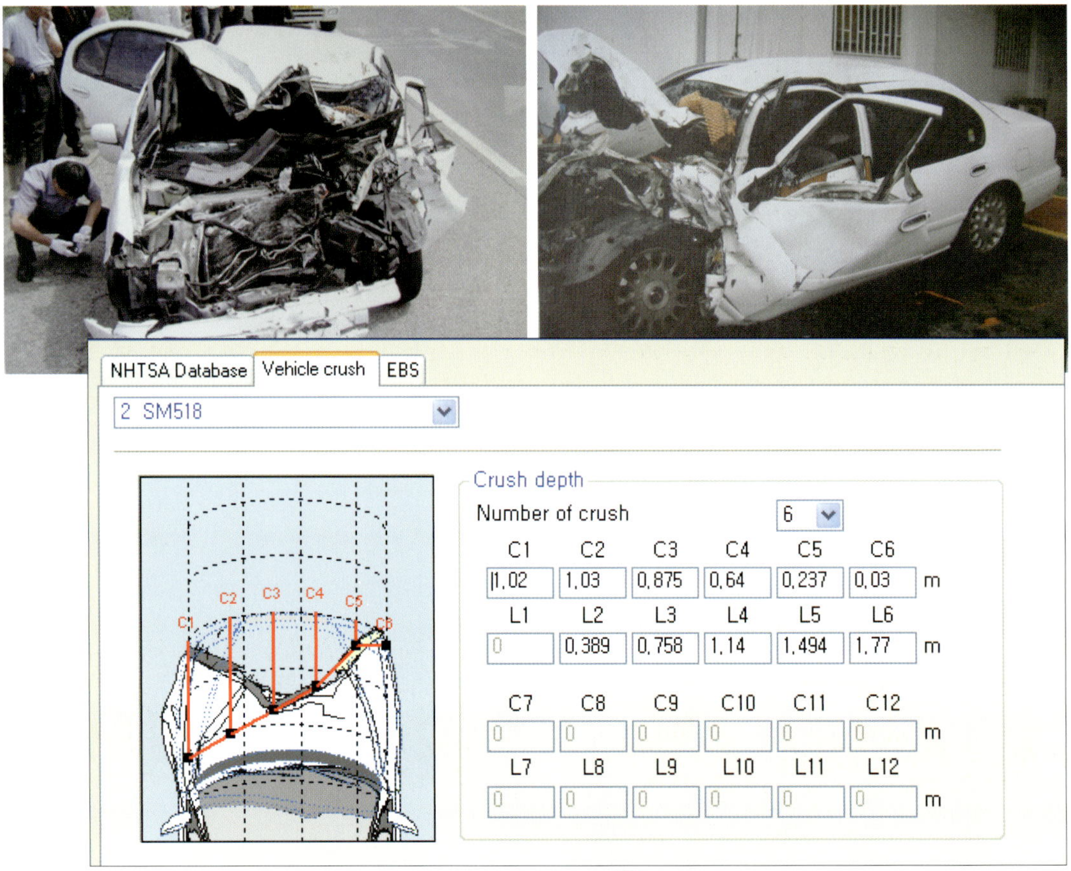

[fig. 5-29] 사고차량의 차체 전면부 소성변형량 측정 예시

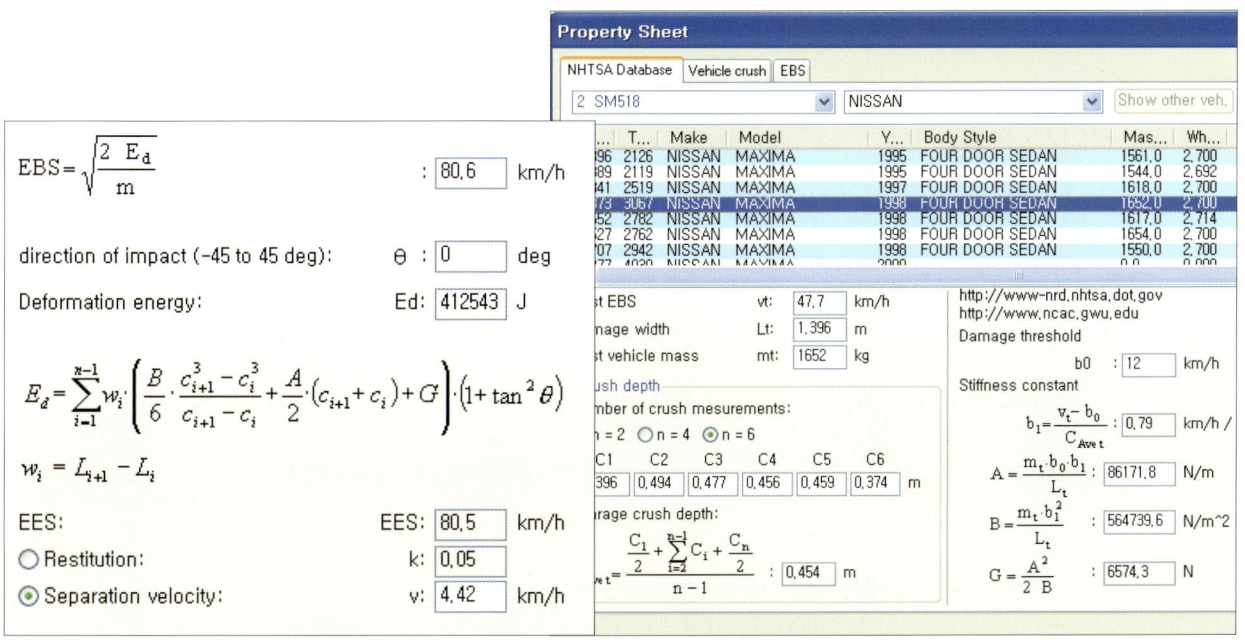

[fig. 5-30] NHTSA의 충돌실험 데이터와 컴퓨터 시뮬레이션
(PC-Crash ; Crash3)을 이용한 고정장벽충돌 환산속도(EBS) 산출 예시

03 충돌 해석

fig. 5-31과 같이 질량 m_1, 속도 v_1인 A차가 질량 m_2, 속도 v_2인 B차를 추돌하였을 때 A차와 B차에 가해지는 충격력이나 충돌가속도는 어느 정도일까. 정량적인 충돌해석을 위해서는 충돌 전·후 양차의 운동량을 분석하거나 A차의 전면과 B차의 후면에 나타난 손상 변형을 각각 평가하여 복잡한 역학적인 분석을 수행해야만 한다. 물리적으로 복잡한 분석은 그만큼 에러 가능성이 높아질 수 밖에 없다. 양차의 운동과정을 상세히 파악하기 어렵거나 손상이 경미한 경우에는 충돌 해석 자체를 어렵게 만든다. 이때 사고차량의 EDR에 충돌정보가 기록되어 있다면 양차의 충돌속도나 충돌시 가해진 충격부하를 쉽게 파악할 수 있다. 또한 한쪽 차량의 EDR 데이터만으로도 상대차의 충돌속도나 충격부하를 비교적 용이하게 추정할 수 있다.

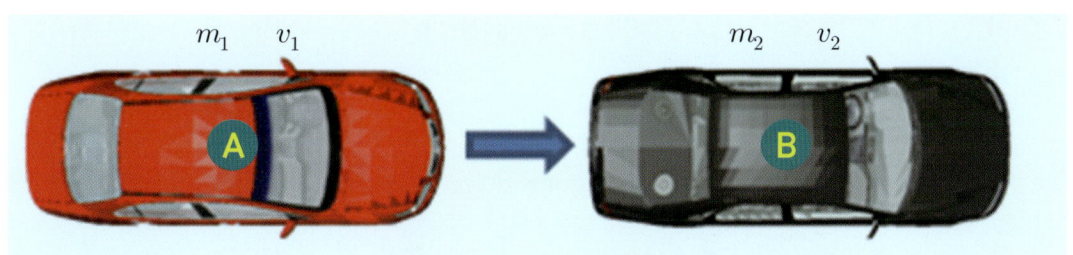

[fig. 5-31] A, B 차량의 동일방향 충돌사고(추돌)

뉴턴의 운동 제3법칙에 의해 힘은 반드시 크기가 같고 방향이 반대인 힘이 동시에 작용한다. 예를 들어 100kg의 힘으로 벽면을 밀면 반드시 미는 방향의 반대방향으로 100kg의 반력이 작용한다. 자동차 충돌에서도 질량 m_1, 속도 v_1인 A차와 질량 m_2, 속도 v_2인 B차가 충돌했을 때 A차에 작용하는 충격력 F_1과 B차에 작용하는 충격력 F_2의 크기는 동일하다. 또한 뉴턴의 운동 제2법칙에 의해 힘은 운동량의 시간적 변화이므로 결국 충돌시 발생하는 충돌가속도(a)와 속도변화(Δv)의 크기는 질량의 역비례 관계로 결정된다. 따라서 충돌시 A차의 무게가 B차의 두 배라면 B차에 발생하는 충격가속도와 속도변화는 A차의 두 배가 된다.

A차의 충격력 $F_1 = m_1 \cdot a_1$
B차의 충격력 $F_2 = m_2 \cdot a_2$

운동 제3법칙에 의해 $F_1 = F_2$ 이므로,

$$m_1 \cdot a_1 = m_2 \cdot a_2 \ , \ a_1 = \frac{\Delta v_1}{\Delta t} \quad a_2 = \frac{\Delta v_2}{\Delta t}$$

$$\frac{m_2}{m_1} = \frac{a_1}{a_2} = \frac{\Delta v_1}{\Delta v_2}$$

양차량의 충돌은 운동량보존 법칙을 이용하여 해석할 수 있다. 운동량보존법칙에 의해, 충돌 전 양차의 운동량 합은 충돌 후 양차의 운동량 합과 같다. 운동량(momentum)이란 물체의 질량(m)과 속도(v)의 곱으로 표현되는 물리량이다. 방향성이 있는 벡터(vector)[1]다. 질량 m_1, 속도 v_1인 A차와 질량 m_2, 속도 v_2인 B차가 충돌했을 때 양차량은 충돌 전·후 다음과 같은 관계가 성립된다.

$$m_1 v_1 + m_2 v_2 = m_1 v_1{'} + m_2 v_2{'}$$

v_2, v_1 : 두 차량의 충돌 전 속도
$v_1{'}, v_2{'}$: 두 차량의 충돌 후 속도
m_1, m_2 : 두 차량의 질량

---

[1] 방향과 크기를 동시에 갖는 물리량. 크기만을 갖는 물리량을 스칼라(Scalar)라고 한다. 스칼라로 표시되는 물리량으로는 길이, 속력(Velocity), 질량, 시간, 온도, 밀도, 압력 등이 있고, 벡터로 표시되는 물리량에는 힘, 변위, 속도(Speed), 가속도, 운동량, 충격량 등이 있다.

양차 충돌의 반발계수(e)[2]는 양차량의 충돌 전 상대속도($v_1 - v_2$)와 충돌 후의 상대속도 ($v_2' - v_1'$) 비로 결정된다. 즉 반발계수는 e는,

$$e = \frac{v_2' - v_1'}{v_1 - v_2}$$ 이므로

위 운동량보존법칙과 반발계수의 방정식에서 양차량의 충돌시 속도변화(Δv)는 다음과 같이 나타낼 수 있다.

$$\Delta V_1 = v_1 - v_1' = \frac{m_2}{m_1 + m_2}(1+e)(v_1 - v_2)$$

$$\Delta V_2 = v_2 - v_2' = -\frac{m_1}{m_1 + m_2}(1+e)(v_1 - v_2)$$

위 방정식에 의하면, 충돌 후 양차의 속도변화는 충돌 전 양차의 상대속도($v_1 - v_2$)와 반발계수(e), 양차의 질량비에 의해 결정된다. 충돌시의 반발계수가 클수록, 상대차의 질량이 클수록 자기차의 속도변화는 크게 된다. 여기서도 양차의 상대속도와 반발계수가 일정하다고 가정할 때 양차 속도변화(Δv)의 크기는 질량의 역비례 관계로 결정된다는 것을 알 수 있다.

차량의 찌그러짐이 심한 충돌에서는 거의 반발계수가 $e \approx 0$ 에 가깝게 되고, 충돌 후 양차량은 접근하여 동일한 속도로 일체가 되어 이동하게 된다. 이때 두 차량의 충돌 후 공통속도 v_c는 다음과 같이 나타낼 수 있다.

$$m_1\vec{v_1} + m_2\vec{v_2} = (m_1 + m_2)\vec{v_c}$$

$$v_c = \frac{m_1 v_1 + m_2 v_2}{m_1 + m_2}$$

한편, 충돌물체에 생기는 속도변화를 유효충돌속도(Effective Impact Speed)라고 한다.

---

2) 반발계수(Restitution Coefficient)란 상대충돌속도에 대한 상대 반발속도에 대한 비를 말한다. 즉 충돌 후 되튕기는 속도가 크면 탄성충돌에 가깝고, 완전탄성충돌의 경우 반발계수는 1이 된다. 반대로 충돌 후 반발속도가 작으면 소성충돌에 가깝게 되고, 완전소성충돌의 경우 반발계수는 0이 된다. 차량의 충돌에서는 속도변화(유효충돌속도)가 커질수록 차체의 소성변형이 증가하고 반발계수는 낮아지는 경향이 뚜렷하다.

질량 m_1, 속도 v_1인 A차가 질량 m_2, 속도 v_2인 B차를 추돌하였을 때 A차와 B차에 대한 유효충돌속도(V_{1e}, V_{2e})의 관계식은 다음과 같이 정리할 수 있다.

A차의 유효충돌속도 $V_{1e} = v_1 - v_c = \dfrac{m_2}{m_1 + m_2}(v_1 - v_2)$

B차의 유효충돌속도 $V_{2e} = v_c - v_2 = \dfrac{m_1}{m_1 + m_2}(v_1 - v_2)$

상대충돌속도 $V_{1e} + V_{2e} = v_1 - v_2$

$\dfrac{m_2}{m_1} = \dfrac{V_{1e}}{V_{2e}}$

v_c는 충돌 후 양차 운동량의 교환이 완료되면서 속도가 같아지는 공통속도이다. 이와 같은 A, B차의 충돌현상은 각각의 유효충돌속도로 장벽에 충돌하는 현상이 짝을 이룬 것이라 생각해도 역학적으로 모순되지 않는다. 따라서 유효충돌속도는 장벽(Barrier)충돌 환산속도로 대치할 수 있고, A차와 B차의 유효충돌속도의 크기는 뉴턴의 운동 제3법칙에 따른 해석과 같이 질량의 역비례 관계로서 결정된다.

이러한 충돌의 역학적인 관계를 고려하면, 한쪽 차량의 EDR 데이터만으로도 상대차의 충돌속도나 충격부하를 비교적 용이하게 추정할 수 있다. 무게가 동일한 A차와 B차의 추돌사고에서 EDR에 기록된 B차의 충돌속도가 $0km/h$, 충돌시 속도변화가 $10km/h$였다면, A차의 충돌시 속도변화는 $10km/h$이고, 충돌속도(상대속도)는 약 $20km/h$ 정도라는 것을 쉽게 추정할 수 있다.

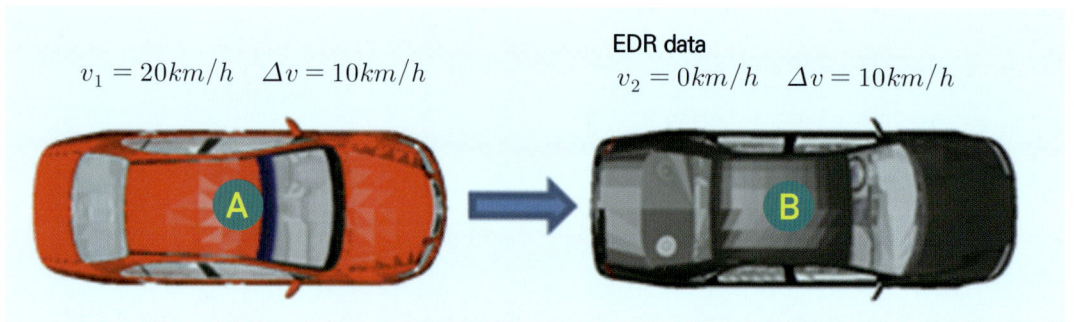

[fig. 5-32] B차량의 EDR 데이터에 의한 추돌상황 해석

04 충격력의 작용방향 해석

충격력의 작용방향(PDOF : Principal Direction of Force)은 사고차량의 충돌자세와 사고 후 차량 및 탑승자의 운동을 이해하는데 중요한 물리적 요소다. 실차 충돌데이터가 없는 사고에서 충격력의 작용방향은 직접손상과 간접손상의 형태, 각 차량의 손상상태를 상호 정합시킨 충돌자세, 충돌 후 운동궤적을 종합적으로 검토해 분석해야 한다. fig. 5-33은 교차 충돌한 사고차량에 작용하는 PDOF의 개략도이다.

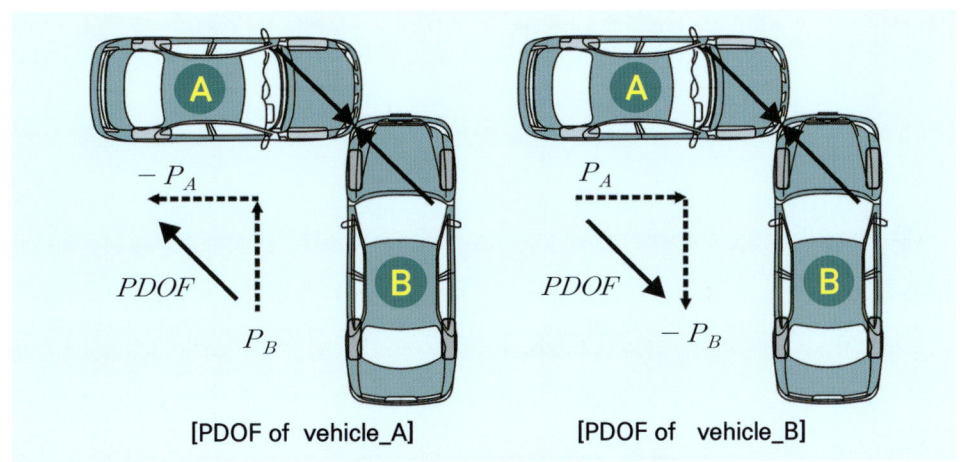

[fig. 5-33] 사고차량의 충격력의 작용방향(PDOF)

이와 같은 기존의 분석기법은 물리적인 충돌데이터를 활용할 수 없으므로 충격력의 작용방향에 대한 정량적인 분석이 불가능하고 그로 인해 분석의 오차가 높아질 수 있다. EDR은 x방향과 y방향으로 작용하는 충돌시 속도변화 또는 가속도(Acceleration) 정보가 실시간으로 기록되기 때문에 이를 활용하면 충격력의 방향에 대한 정량적인 해석이 가능하다. fig. 5-34는 EDR에 기록된 x방향과 y방향의 충격펄스(Crash Pulse)를 이용한 PDOF의 추정 관계식이다.

$$PDOF = \tan^{-1}\left(\frac{crash\ pulse_x}{crash\ pulse_y}\right)$$

where, $0° \leq PDOF \geq 90°$

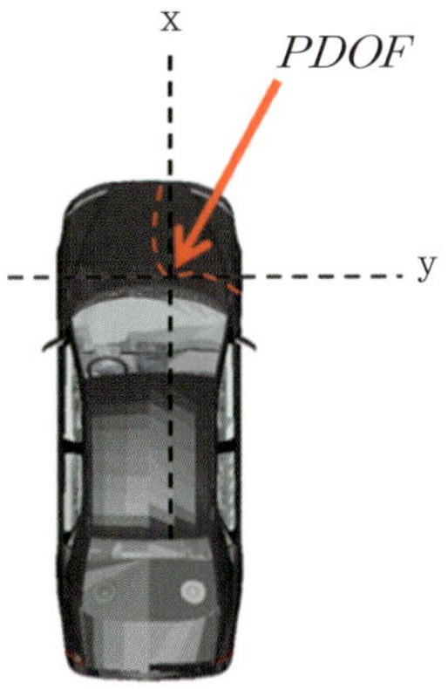

[fig. 5-34] 사고차량에 가해진 충격력의 작용방향(PDOF)

05 충돌의 치명도(인체상해 위험성) 분석

교통사고와 인체 상해와의 인과관계는 사고의 책임관계를 규명하기 위한 중요한 요소다. 사고의 충격이 탑승자 또는 보행자의 신체에 어느 정도의 상해를 일으킬 수 있는지, 상해의 가능성이 있는지 여부를 판단하기 위해서는 사고당시 발생된 충격부하, 인체의 충격내성과 실험 데이터 등에 대한 종합적인 비교 검토가 필요하다.

EDR은 충돌 시간에 따른 속도변화와 충격가속도의 크기가 10ms 단위로 상세히 기록되므로 정밀한 충격부하 산출이 가능하다. 특히 경미한 추돌사고에서는 차체 손상에 의한 충격부하 산출이 쉽지 않은 상황이나 EDR은 에어백이 거의 작동되지 않는 10km/h 이하의 저속 충돌에서도 실제 차량에 가해진 충격량이 실시간으로 기록되기 때문에 사고충격의 치명도(Severity)를 과학적으로 분석할 수 있다. fig. 5-35는 사고차량의 EDR에 저장된 충돌 후 속도변화와 충격가속도 변화를 분석한 것이고, fig. 5-36은 충격부하에 따른 인체 목부 상해 가능성을 검토한 비교 분석 자료이다. fig. 5-37은 충돌시 발생한 속도변화(Delta-V)의 크기에 따른 인해 상해의 위험성을 평가한 자료다. AIS(Abbreviated Injury Scale)란 미국 자동차의학협회에서 개발한 인체의 약식 상해등급이다.

Time (msec)	Delta-V, Longitudinal (MPH [km/h])	Longitudinal Acceleration (g)
0	0.0 [0.0]	0
10	-3.1 [-5.0]	-14
20	-5.0 [-8.0]	-8
30	-7.5 [-12.0]	-11
40	-11.2 [-18.0]	-17
50	-17.4 [-28.0]	-28
60	-27.3 [-44.0]	-45
70	-34.2 [-55.0]	-31
80	-36.7 [-59.0]	-11
90	-39.1 [-63.0]	-11
100	-39.8 [-64.0]	-3
110	-39.8 [-64.0]	0
120	-39.1 [-63.0]	3
130	-39.1 [-63.0]	0
140	-39.1 [-63.0]	0
150	-39.1 [-63.0]	0
160	-39.1 [-63.0]	0
170	-39.1 [-63.0]	0
180	-39.1 [-63.0]	0
190	-39.1 [-63.0]	0
200	-39.1 [-63.0]	0
210	-39.1 [-63.0]	0
220	-39.1 [-63.0]	0
230	-39.1 [-63.0]	0
240	-39.1 [-63.0]	0
250	-39.1 [-63.0]	0
260	-39.1 [-63.0]	0
270	-39.1 [-63.0]	0
280	-39.1 [-63.0]	0
290	-39.1 [-63.0]	0
300	-39.1 [-63.0]	0

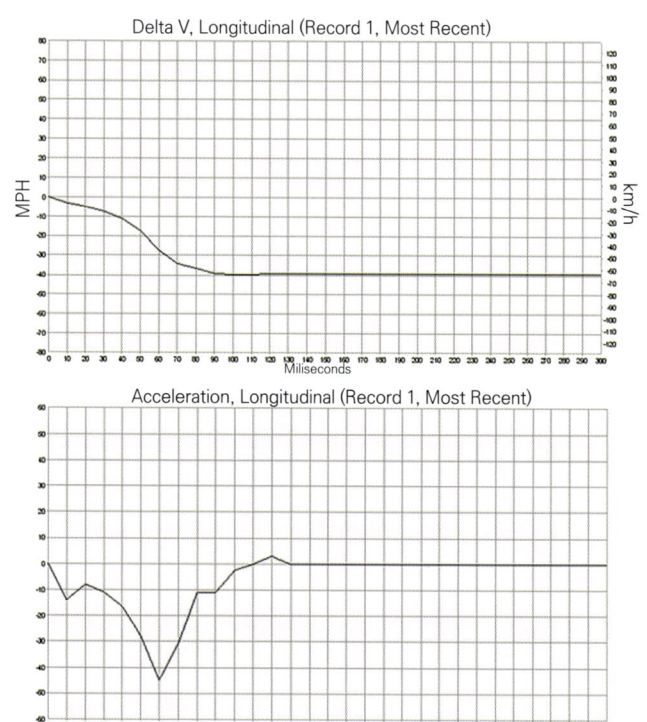

[fig. 5-35] EDR에 기록된 충돌펄스(crash pulse)

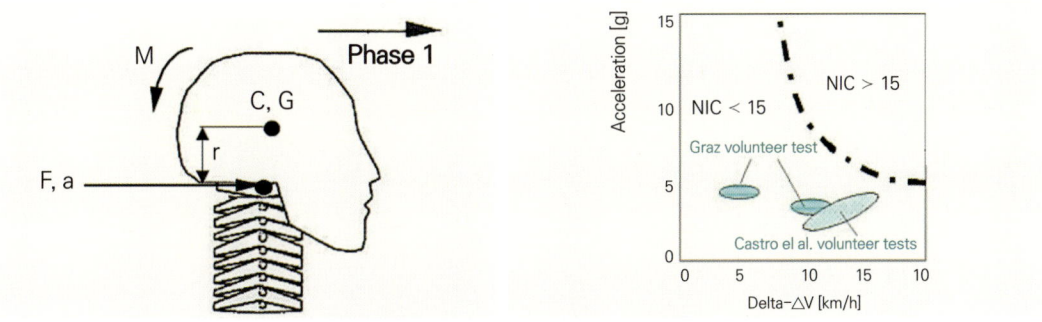

[fig. 5-36] 충돌펄스와 인체 목상해와의 관계

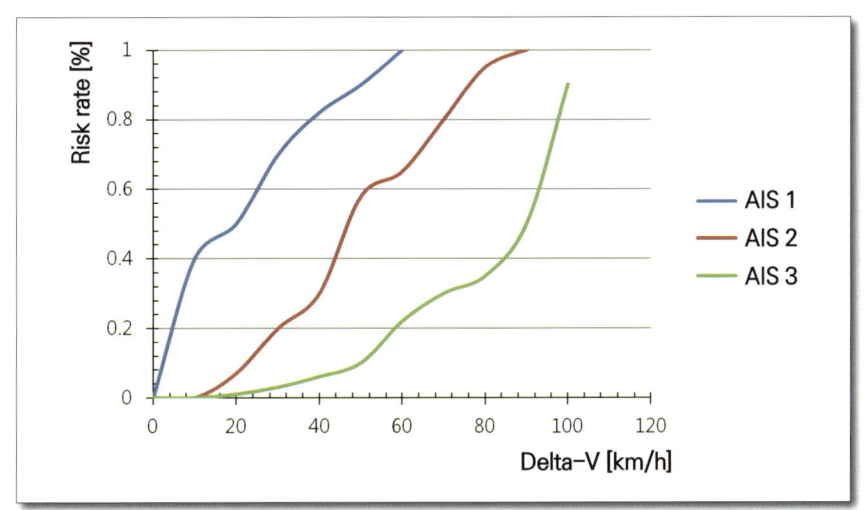

[fig. 5-37] 충돌시 속도변화에 따른 인체상해의 위험성 예시

〈표 5-3〉 A.I.S[1] 상해도 구분

상해등급	머리	흉부	사망율(%)
1 (Minor)	두통 또는 현기증	늑골 1개 골절	0.0
2 (Moderate)	의식불명(1시간 미만) 선형 골절	늑골 2-3개 골절, 흉부 골절	0.1~0.4
3 (Serious)	의식불명(1-6시간 미만) 함몰 골절	심장 타박상, 늑골2-3개 골절 (혈 또는 기흉 존재)	0.8~2.1
4 (Severe)	의식불명(6-24시간 미만) 소 혈종	늑골 양쪽 3개 이상 골절, 흉부 손상	7.9~10.6
5 (Critical)	의식불명(24시간 이상) 대 혈종	대동맥의 심한 열상	53.1~58.4
6 (Maximum)			사실상 생존불능

1) 미국의학협회(AMA), 미국자동차의학협회(AAMA), 미국자동차공학회(SAE)에서 인체손상의 정도를 비교하기 위해 개발된 약식상해기준(A.I.S(Abbreviatde Injury Scale)임.

06 연쇄추돌 및 다중충돌 분석

추돌의 유형에는 A차가 앞차인 B차를 1차 추돌하고, 뒤이어 B차가 튕겨나가 앞차인 C차를 2차 추돌 하게 되는『연쇄추돌』과 급정지한 C차를 뒤차인 B차가 1차 추돌하고, 똑 같은 양상으로 후속차인 A차가 B차를 2차 추돌하게 되는『다중추돌』이 있다. 연쇄추돌과 다중추돌에서 사고의 책임관계는 전혀 달라진다. 연쇄추돌형 사고에서는 보통 첫 번째 충돌차량인 A차가 B차와 C차의 손해를 모두 배상하지만 다중충돌형 사고에서는 A차는 B차의 손해를 배상사고, B차는 C차의 손해를 각각 배상하게 된다.

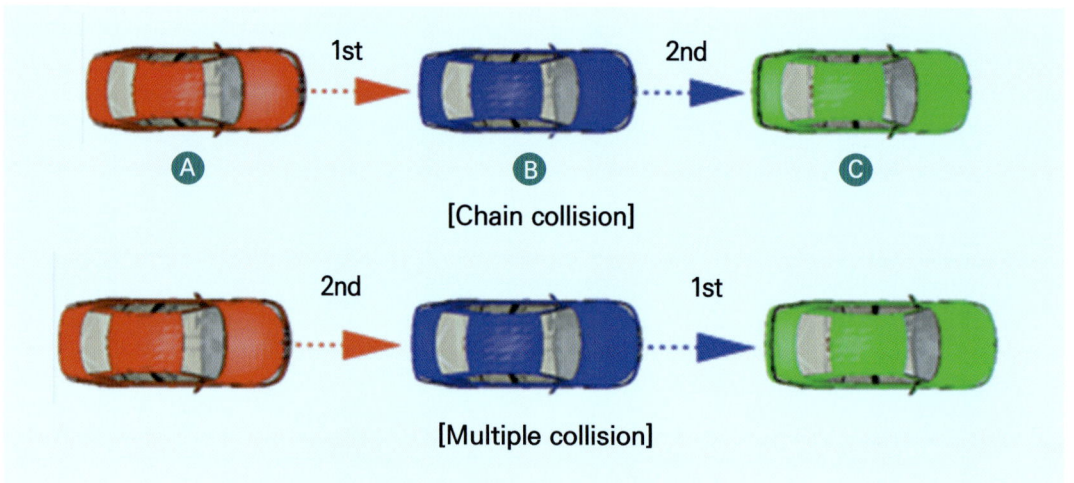

[fig. 5-38] 추돌사고의 유형

연쇄추돌(Chain Collision)의 역학적인 관계를 살펴보자. A차는 정지되어 있던 B차에게 운동량을 전달하고, B차는 정지되어 있던 C차에 운동량을 전달한다. 이때 차량의 무게가 모두 동일하고 반발효과가 없다고 가정할 때, 충돌시 운동량 교환에 의해 B차에게는 A차 충돌속도의 50%가 전달되고, C차에게는 A차 충돌속도의 25%가 전달된다. 이러한 역학적인 관계를 수식으로 정리하면 다음과 같다.

● 1차 추돌

A차가 v_1의 속도로 B차를 추돌할 때 A차에 발생하는 유효충돌속도(V_{1e})는,

A차의 유효충돌속도 $V_{1e} = \dfrac{m_2}{m_1 + m_2}(v_1 - v_2)$

B차가 정지($v_2 = 0$)된 상태이고, 양차의 무게가 동일하다면 A차에 가해진 유효충돌속도는 A차 추돌속도의 50%가 된다.

$$V_{1e} = \frac{m_2}{m_1 + m_2} v_1$$

1차 추돌에 의해 B차에 발생하는 유효충돌속도(V_{2e})는

B차의 유효충돌속도 $V_{2e} = \frac{m_1}{m_1 + m_2}(v_1 - v_2)$

B차가 정지($v_2 = 0$)된 상태이고, 양차의 무게가 동일하다면 B차에 가해진 유효충돌속도는 A차 추돌속도의 50%가 된다.

$$V_{2e} = \frac{m_1}{m_1 + m_2} v_1$$

● 2차 추돌

B차가 v_2'의 속도로 C차를 추돌할 때 B차에 발생하는 유효충돌속도(V_{2e}')는,

B차의 유효충돌속도 $V_{2e}' = \frac{m_3}{m_2 + m_3}(v_2' - v_3)$

C차가 정지($v_3 = 0$)된 상태이고, 양차의 무게가 동일하다면 B차에 가해진 유효충돌속도는 추돌속도인 v_2'의 50%가 된다.

$$V_{2e}' = \frac{m_3}{m_2 + m_2} v_2'$$

2차 추돌에 의해 C차에 발생하는 유효충돌속도(V_{3e})는

C차의 유효충돌속도 $V_{3e} = \frac{m_2}{m_2 + m_3}(v_2' - v_3)$

C차가 정지($v_3 = 0$)된 상태이고, 양차의 무게가 동일하다면 C차에 가해진 유효충돌속도는 추돌속도인 v_2'의 50%가 된다.

$$V_{3e} = \frac{m_2}{m_2 + m_3} v_2'$$

이상과 같이 A→B→C 차로 이어지는 연쇄추돌 사고에서 B차에는 A차 충돌속도의 50%가 전달되고, 다시 C차에는 B차 충돌속도의 50%가 전달되므로, 결과적으로 C차에는 A차 충돌속도의 25%가 전달되는 셈이 된다. 또한 유효충돌속도의 관계성을 보면 나중에 충돌된 차일수록 손상 정도가 낮아진다는 것을 짐작할 수 있다.

때때로 3중 추돌사고에서 중간에 낀 차량 운전자는 뒷차가 추돌하여 밀리면서 그 앞차를 충돌하였다고 주장(연쇄추돌)하고, 맨 뒷차 운전자는 앞차가 먼저 충돌한 이후에 피하지 못하고 2차 충돌하였다고 주장(다중추돌)한다. 이와 같은 연쇄추돌과 다중추돌 여부는 사고차량들의 전후방 손상의 정도와 각각의 유효충돌속도의 관계성을 검토해 추정할 수 있지만 각 차량의 손상이 경미한 사고에서는 충돌 순서를 규명하는 것이 쉽지 않은 것이 현실이다.

또한 차량의 정면, 측면, 후면에 각각의 충돌손상이 나타난 경우에 어느 부위에서 먼저 1차 또는 2차 충돌이 발생했는지 여부를 파악하는 것은 그 사고를 재구성하고 원인을 규명하는데 매우 중요한 단서가 된다.

EDR은 전방충돌(Front Crash), 후방충돌(Rear Crash), 측면충돌(Side Crash), 전복(Rollover) 등에 관한 2개 이상의 사고 이벤트를 시간의 경과에 따라 순차적으로 기록하기 때문에 충격력의 크기뿐 만 아니라 충돌의 순서도 정확한 구분이 가능하다. fig.5-39는 사고차량의 EDR에 다중충돌 사고가 순차적으로 기록된 사례다. 사례의 차량은 3회의 후방 및 전방충돌이 기록되어 있고, 각각의 시간간격은 가장 최근의 충돌(Most Recent Event; 사례에서는 3차 충돌) 시점을 기준하여 0.34초 전에 2차 충돌이 발생하고, 0.68초 전에 1차 충돌이 기록된 상황이다.

System Status at Time of Retrieval

ECU Part Number	89170-42251
ECU Generation	04EDR
Recording Status, All Pages	Complete
Freeze Signal	ON
Freeze Signal Factor	Front Airbag Deployment / Front Pretensioner Deployment
Diagnostic Trouble Codes Exist	No
Time from Previous Pre Crash TRG (msec)	16381 or greater
Latest Pre-Crash Page	0
Contains Unlinked Pre-Crash Data	No

Event Record Summary at Retrieval

Events Recorded	TRG Count	Crash Type	Time (msec)	Pre-Crash & DTC Data Recording Status	Event & Crash Pulse Data Recording Status
Most Recent Event	3	Rollover	0	Complete (Page 0)	Complete (Rollover Page 0)
1st Prior Event	2	Front/Rear Crash	-9	Complete (Page 0)	Complete (Front/Rear Page 0)
2nd Prior Event	1	Side Crash	-11	Complete (Page 0)	Complete (Side Page 0)

[fig. 5-39] Multiple collisions recorded in the EDR

07 차량결함 등 시스템 작동 상태 분석

EDR에는 사고 전 운전자의 운전조작 정보와 충돌정보 뿐만 아니라 차량의 주요 시스템 작동 상태와 고장 여부를 판단할 수 있는 각종 데이터가 기록된다. 주요 항목으로는 에어백의 전개 및 작동 정보, 안전벨트 텐셔너의 작동 정보, 타이어의 공기압 상태 정보, 엔진회전수 정보, 주행속도 정보, 제동장치(ABS) 작동 정보, 차량자세제어장치(ESC) 작동 정보, 각종 시스템의 고장진단(DTC) 정보 등이 있다.

이와 같은 EDR 데이터는 사고당시 차량의 엔진 시스템이 정상적으로 작동하고 있었는지, 에어백이 작동 조건에 부합하는지 또는 정상적으로 전개된 것인지, 운전자의 조작에 따라 기계식 브레이크 또는 전자식 브레이크가 정상적으로 작동된 것인지, 충돌사고와 타이어 파열과의 연관성이 있는지, 안전벨트 프리텐셔너(Pre-Tensioner)의 작동 여부 등 차량 시스템의 결함 및 정상 작동여부를 판단하는데 직·간접적인 자료로 활용할 수 있다.

또한 차량의 EDR은 운전자와 동승석 탑승자의 안전벨트 체결 상태(Buckle)를 감지하여 기록하기 때문에 탑승자의 안전띠 착용 여부를 보다 용이하게 판단할 수 있다. fig. 5-40은 급발진된 사고차량의 EDR 데이터를 분석한 사례다.

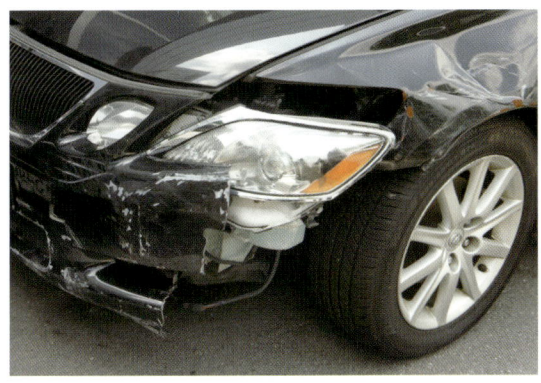 

DTCs Present at Start of Event (Prior Frontal/Rear Event, TRG 1)

Ignition Cycle Since DTC was Set (times)	1
Airbag Warning Lamp ON Time Since DTC was Set (min)	30
Diagnostic Trouble Codes	None

Pre-Crash Data, -5 to 0 seconds (Prior Frontal/Rear Event, TRG 1)

Time (sec)	-4.5	-3.5	-2.5	-1.5	-0.5	0 (TRG)
Vehicle Speed (MPH [km/h])	7.5 [12]	8.7 [14]	11.2 [18]	13.7 [22]	18.6 [30]	21.1 [34]
Brake Switch	OFF	OFF	OFF	OFF	OFF	OFF
Accelerator Rate (V)	0.98	0.98	1.02	1.29	3.67	3.67
Engine RPM (RPM)	800	800	800	1,200	2,000	4,000

[fig. 5-40] 급발진된 사고차량의 EDR 데이터 사례

EDR 데이터를 분석하면, 차량의 브레이크 스위치는 충돌 4.5초 전부터 충돌시점까지 모두 OFF 상태이고, 가속페달의 개도량이 점점 커지면서 엔진회전수(rpm)와 차량속도가 점차적으로 증가된 상태다. fig. 5-41은 안전벨트 프리텐셔너 및 에어백 전개정보가 기록된 사례이다. EDR 데이터에 의하면, 안전벨트 프리텐셔너는 1ms 시점, 운전석 및 동승석 에어백은 충돌 후 5ms 시점에 전개 신호가 발생된 것으로 기록된 상태다.

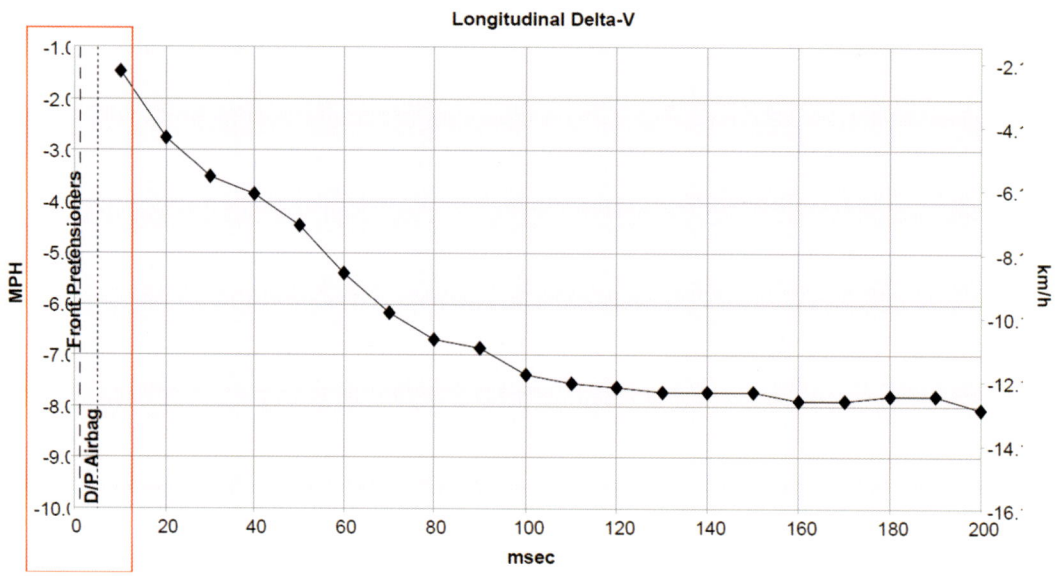

[fig. 5-41] 프리텐셔너, 운전석 및 동승석 에어백 전개 정보가 기록된 EDR 데이터

08 운행기록계(DTG) 및 블랙박스 영상 비교 분석

(1) 운행기록장치(DTG) 데이터 분석

"운행기록장치(DTG)"란 자동차의 속도·위치·방위각·가속도·주행거리 및 교통사고 상황 등을 기록하는 자동차의 부속장치를 말한다. 최근에는 전자식 운행기록장치(Digital Tachograph)가 폭넓게 사용되고 있다. 택시, 버스, 화물자동차 등의 운송사업자는 법령의 세부 기준을 갖춘 운행기록장치를 의무 장착[1]하여야 하는데, 법령에서 정한 세부적인 운행기록 데이터 항목은 다음과 같다.

〈표 5-4〉 자동차 운행기록계의 데이터 요소

항 목		표기방법
차대번호		영문(대문자) · 아라비아숫자 전부 표기
자동차 유형		11: 시내버스, 12: 농어촌버스 등
자동차 등록번호		자동차등록번호 전부 표기
운송사업자 등록번호		사업자등록번호 전부 표기 (XXXYYZZZZZ)
운전자코드		운전자의 자격증번호로, 빈칸은 '#'으로 표기하고 중간자 '-'는 생략
주행거리 (km)	일일주행거리	00시부터 24시까지 주행한 거리 (범위: 0000~9999)
	누적주행거리	최초등록일로부터 누적한 거리 (범위: 0000000~9999999)
정보발생 일시		YYMMDDhhmmssss (연/월/일/시/분/0.01초)
차량속도(km/h)		범위: 000~255
분당 엔진회전수(RPM)		범위: 0000~9999
브레이크 신호		범위: 0(off) 또는 1(on)
차량위치 (GPS X, Y 좌표)	X	10진수표기(127.123456*1000000⇒127123456)
	Y	
위성항법장치(GPS) 방위각		범위: 0~360 (0~360°에서 1°를 1로 표현)
가속도 (m/sec^2)	ΔVx	범위: -100.0~+100.0
	ΔVy	범위: -100.0~+100.0

---

1) 교통안전법 제55조, 시행규칙 제29조2, 자동차 운행기록장치에 관한 관리지침(국토교통부고시)

기기 및 통신 상태 코드 (백업 수집 주기 내)	00: 운행기록장치 정상 11: 위치추적장치(GPS수신기) 이상 12: 속도센서 이상 13: RPM 센서 이상 14: 브레이크 신호감지 센서 이상 21: 센서 입력부 장치 이상 22: 센서 출력부 장치 이상 31: 데이터 출력부 장치 이상 32: 통신 장치 이상 41: 운행거리 산정 이상 99: 전원공급 이상

　법령 기준에 의한 운행기록장치의 주요 기능은 위치추적 기능, 차속검출 기능, 기억장치 기능 등이 있다. 위치추적 기능은 1초 이하 단위로 차량의 위치를 추적하여 검출할 수 있어야 하며, 검출된 데이터를 저장할 수 있어야 한다. 차속검출 기능은 0.01초 이하 단위로 순간속도를 검출할 수 있어야 하며, 검출된 데이터를 0.01초와 1초 단위로 저장할 수 있어야 한다. 기억장치 기능은 장치 내에 장착된 X축 가속도(차량진행방향)가 ±1.2G이상일 때, Y축 가속도(차량좌우측방향)가 ±0.5G이상일 때마다 전·후 10초간 저장하되, 최근 10회 이상 0.01초 단위 데이터들을 반드시 기록·저장하고 있어야 한다. 동시에 1초 단위 데이터는 6개월 이상 기록·저장할 수 있는 듀얼 메모리 기능이 있어야 한다.

　운행기록 데이터의 정밀도는 주행속도 지시값이 ±2% 이내, 운행거리 100 km에 대한 오차는 2 km 이내이어야 한다고 규정하고 있다. 또한 운행기록장치는 12시간 이상의 운행기록 정보를 외부전원 없이 30일(720시간) 이상 자료 변형 및 소실 없이 유지되어야 하고, 입력된 정보는 사용자 및 제3자가 임의로 위·변조할 수 없도록 설계·제작되어야 한다.

 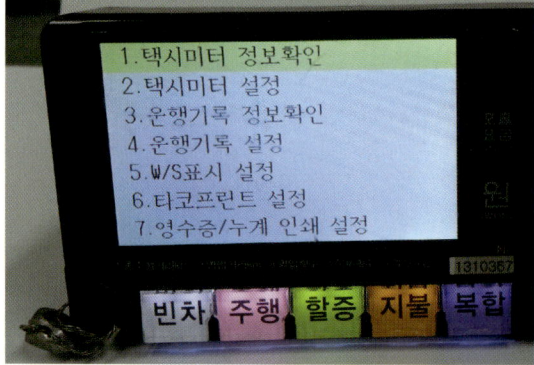

[fig. 5-42] 택시미터 통합형 디지털 운행기록장치(DTG)

운행기록 데이터는 택시, 버스 등에 장착된 운행기록장치에서 메모리카드를 분리시켜 데이터를 복사하거나 온라인 전송 기능이 있는 경우에는 해당 운송사업자가 사용하는 서버에 접속하여 운행기록을 다운로드 받을 수 있다.

fig.5-44는 사고택시의 디지털 운행기록장치에 저장된 사고 전·후의 데이터를 분석한 것이고, fig.5-43은 동일차량에서 추출한 운행기록 데이터와 사고기록장치(EDR) 데이터를 비교 분석한 결과다. 대체적으로 EDR은 운행기록 데이터 보다 차량의 충돌펄스(Crash Pulse) 및 기록되는 운행정보가 다양하고 보다 상세히 기록되어 있다. 다만 EDR 은 충돌 전·후 5초 내외의 짧은 시간 범위의 데이터를 정밀하게 기록하고 있는 반면 운행기록 데이터는 충돌 전 최소 12시간 이상의 데이터를 기록하기 때문에 차량의 장시간 운행과정 및 운전특성을 파악하는데 보다 유리하다. 또한 운행기록장치에는 차량의 GPS[1] 위치신호가 필수적으로 기록되므로 사고지점에 도달하기까지의 주행 경로를 파악할 수 있는 장점이 있다.

EDR 데이터 - Pre-Crash data(-5~0초)

시간(sec)	자동차 속도[kph]	엔진 회전수 [rpm]	엔진 스로틀밸브 열림량 [%]	제동페달 작동여부 [on/off]	바퀴잠김방지 제동장치[ABS] 작동여부[on/off]	자동차 안전성 제어장치[ESC] 작동여부 [on/off/engaged]	조향핸들 각도 [degree]
-5.0	141	5500	100	OFF	OFF	유효하지 않은 데이터 또는 지원하지 않음	유효하지 않은 데이터
-4.5	142	5500	100	OFF	OFF	유효하지 않은 데이터 또는 지원하지 않음	유효하지 않은 데이터
-4.0	143	5600	100	OFF	OFF	유효하지 않은 데이터 또는 지원하지 않음	유효하지 않은 데이터
-3.5	144	5600	100	OFF	OFF	유효하지 않은 데이터 또는 지원하지 않음	유효하지 않은 데이터
-3.0	145	5600	100	OFF	OFF	유효하지 않은 데이터 또는 지원하지 않음	유효하지 않은 데이터
-2.5	145	5600	100	OFF	OFF	유효하지 않은 데이터 또는 지원하지 않음	유효하지 않은 데이터
-2.0	146	5600	100	OFF	OFF	유효하지 않은 데이터 또는 지원하지 않음	유효하지 않은 데이터
-1.5	145	5700	100	OFF	OFF	유효하지 않은 데이터 또는 지원하지 않음	유효하지 않은 데이터
-1.0	146	5800	100	OFF	OFF	유효하지 않은 데이터 또는 지원하지 않음	유효하지 않은 데이터
-0.5	147	5800	100	OFF	OFF	유효하지 않은 데이터 또는 지원하지 않음	유효하지 않은 데이터
0.0	148	5800	100	OFF	OFF	유효하지 않은 데이터 또는 지원하지 않음	유효하지 않은 데이터

운행기록 데이터 - 최고속도 도달 직전 1초 간격 데이터

정보발생시간	속도	RPM	BRAKE	거리	누적거리	경도	위도	방위각	Gx	Gy	상태
14-09-29 21:46:13	137	5370	OFF	182	107,939	128.905634	37.758935	317	0.58	0.36	00
14-09-29 21:46:14	140	5460	OFF	182	107,939	128.905326	37.759202	317	0.65	-1.08	00
14-09-29 21:46:15	142	5490	OFF	182	107,939	128.904998	37.759448	313	1.58	1.57	00
14-09-29 21:46:16	143	5550	OFF	182	107,939	128.904664	37.759693	312	0.87	0.61	00
14-09-29 21:46:17	144	5610	OFF	183	107,939	128.904335	37.759942	313	0.67	-0.38	00
14-09-29 21:46:18	144	5670	OFF	183	107,939	128.903999	37.760192	313	1.12	1.04	00
14-09-29 21:46:19	147	5730	OFF	183	107,939	128.903670	37.760450	314	0.95	0.94	00
14-09-29 21:46:20	147	5850	OFF	183	107,939	128.903343	37.760715	315	0.77	-0.63	00

[fig. 5-43] 동일차량에서 추출된 EDR 데이터와 차량 운행기록 데이터 비교

---

1) 위성항법장치(Global Positioning System : GPS). 인공위성을 이용하여 위치를 파악할 수 있는 시스템

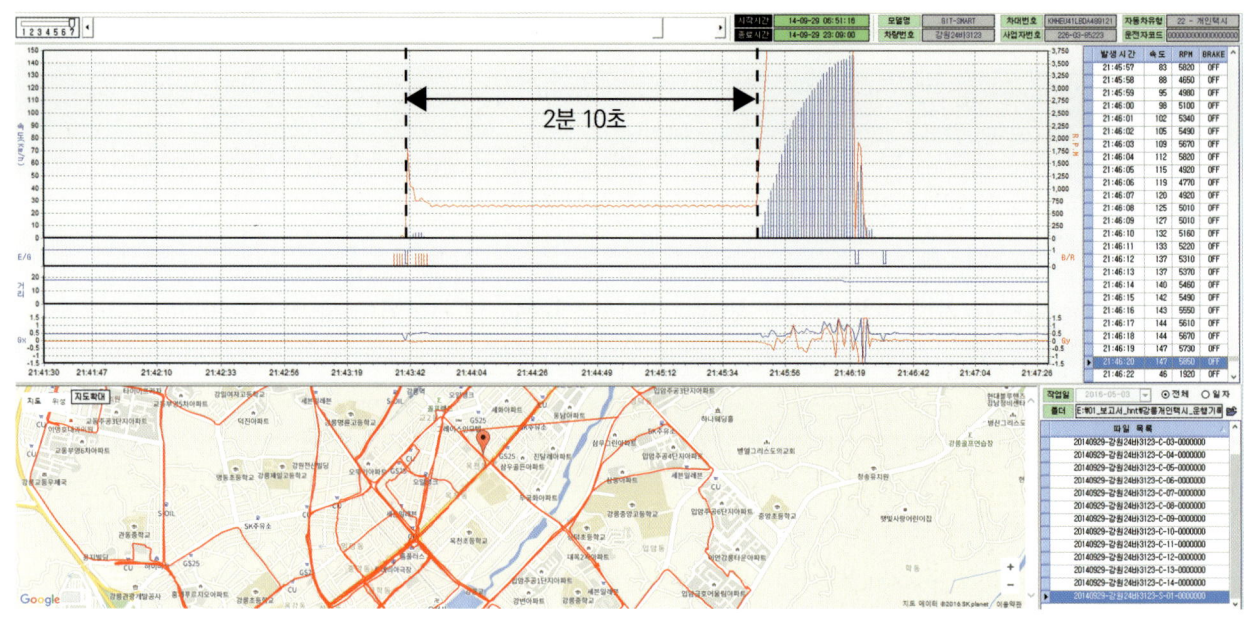

[fig. 5-44] 디지털 운행기록장치(DTG)의 데이터 분석 사례

224

(2) 블랙박스 영상 분석

차량에 장착된 블랙박스 영상 또는 사고지점 주변에 설치된 CCTV 영상을 활용하면, 차량의 충돌 전·후 속도, 보행자의 횡단특성, 양차의 접근과정, 운전자의 위험인지 및 사고회피 가능성, 차량번호 식별 등 교통사고의 원인과 요인에 대한 다양한 분석이 가능하다. 동영상의 프레임(Frame)[1] 특성을 고려하여 순간 영상을 정지화면으로 캡처(Capture)하면, 영상에 나타난 차량이나 보행자, 물체의 움직임 상태를 보다 상세히 파악할 수 있고, 시간 경과에 따른 거동 특성도 용이하게 파악할 수 있다.

[fig. 5-45] 차량에 장착된 영상기록장치(블랙박스) 및 영상 출력 화면

사고영상 분석을 수행하기 위해서는 영상 차체에 대한 화질 개선이나 프레임 분석이 수반되어야 하고, 영상에 나타난 사고현장 주변 시설물이나 물체, 도로 환경에 대한 정밀한 실측이 필요하다.

fig.5-47은 사고차량의 블랙박스에 저장된 영상을 정지화면으로 캡처하여 차량의 주행경로 및 구간별 접근속도를 산출한 것이다. fig.5-48은 동일차량에서 추출한 사고기록장치(EDR) 데이터를 비교 분석한 결과다.

---

1) 영상을 구성하는 1장의 정지된 화면. 블랙박스 영상 또는 CCTV 영상은 보통 1초당 15개(15프레임), 24개, 30개, 100개 등의 정지화면으로 구성되어 있다. 프레임 수가 증가하면 낮은 프레임에 비해 좀 더 선명하게 영상을 구현할 수 있지만 저장 용량이 증가하는 단점이 있다.

블랙박스 영상에 나타난 차량의 주행 구간별 통과시간과 측정된 구간거리를 이용하여 산출한 구간별 평균 주행속도는 No.1-2 구간 64.4km/h, No.2-3 구간 68.4km/h, No.3-4 구간 77.6km/h, No.4-5 구간 78.5km/h, No.5-6 구간 66.3km/h인 것으로 분석됨. 영상 분석 결과, 사고차량은 교차로 정지선을 지나 충돌지점(NO.6)으로 접근한 구간에서 다소 감속된 것으로 분석됨.

[블랙박스 영상 차량의 주행 구간별 평균 주행속도 분석 결과]

주행구간	구간 통과시간(s)	구간 통과거리(d)	구간 평균속도(V)	비고
No.1~2	≒5.03초	≒90m	64.4 km/h	No.1 : 교량연결지점 No.2 : 교차로이정표 No.3 : 진행방향표시 No.4 : 횡단보도예고 No.5 : 교차로정지선 No.6 : 충돌지점
No.2~3	≒7.633초	≒145m	68.4 km/h	
No.3~4	≒3.13초	≒67.5m	77.6 km/h	
No.4~5	≒3.234초	≒70.5m	78.5 km/h	
No.5~6	≒1.9초	≒35m	66.3 km/h	

주1) 구간 통과시간은 블랙박스 영상을 정지화면으로 캡쳐(Capture)한 프레임시간의 차이임.
주2) 구간 통과거리는 NO.1~6 구간에서 측정된 진행거리임.
주3) 구간 평균속도는 $V = \dfrac{d}{s} \times 3.6 \quad (km/h), \quad d : 거리 \quad s : 시간$

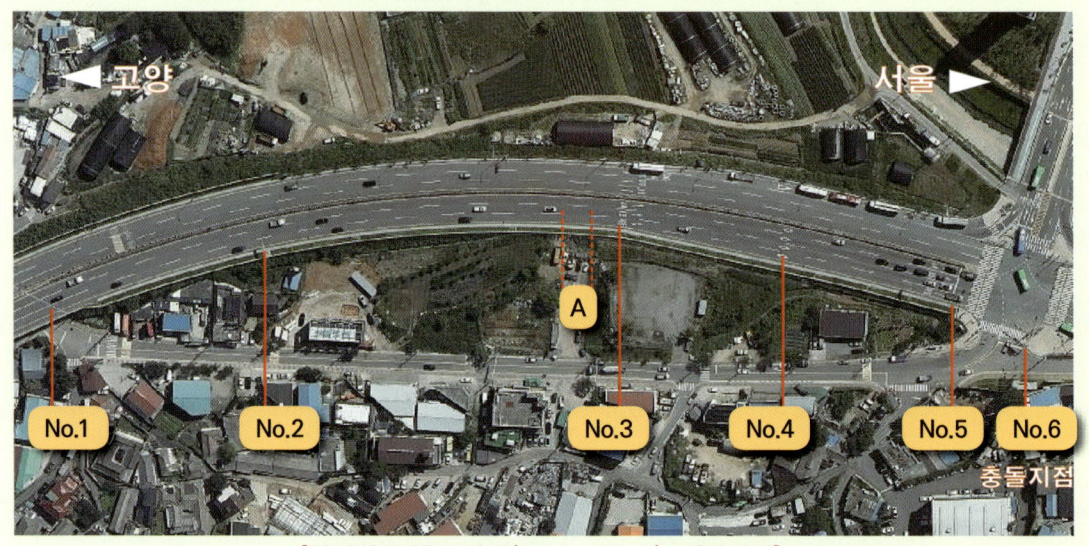

[차량의 주행 구간별(No.1~No.6). 진행거리]

[fig. 5-46] 블랙박스 영상에 나타난 구간 거리와 통과 시간을 이용한 평균속도 산출 사례

No.1 18:12:46초 정지화면 -07.230초(프레임시간)

No.2 18:21:51초 정지화면 -12.260초(프레임시간)

No.3A 18:12:59초 정지화면 -19.893초(프레임시간)

No.3B 18:12:59초 정지화면 -36.559초(프레임시간)

No.4 18:13:02초 정지화면 -39.659초(프레임시간)

No.5 18:13:05초 정지화면 -42.923초(프레임시간)

No.6 18:13:07초 정지화면 -44.823초(프레임시간)

No.7 18:13:07초 정지화면 - 충돌 직후 영상

[fig. 5-47] 블랙박스 영상에 나타난 차량의 통과 구간별 정지화면(Capture)

[EDR에 기록된 충돌 전(-5~0초) 차량속도, 엔진회전수, 가속페달 정보]

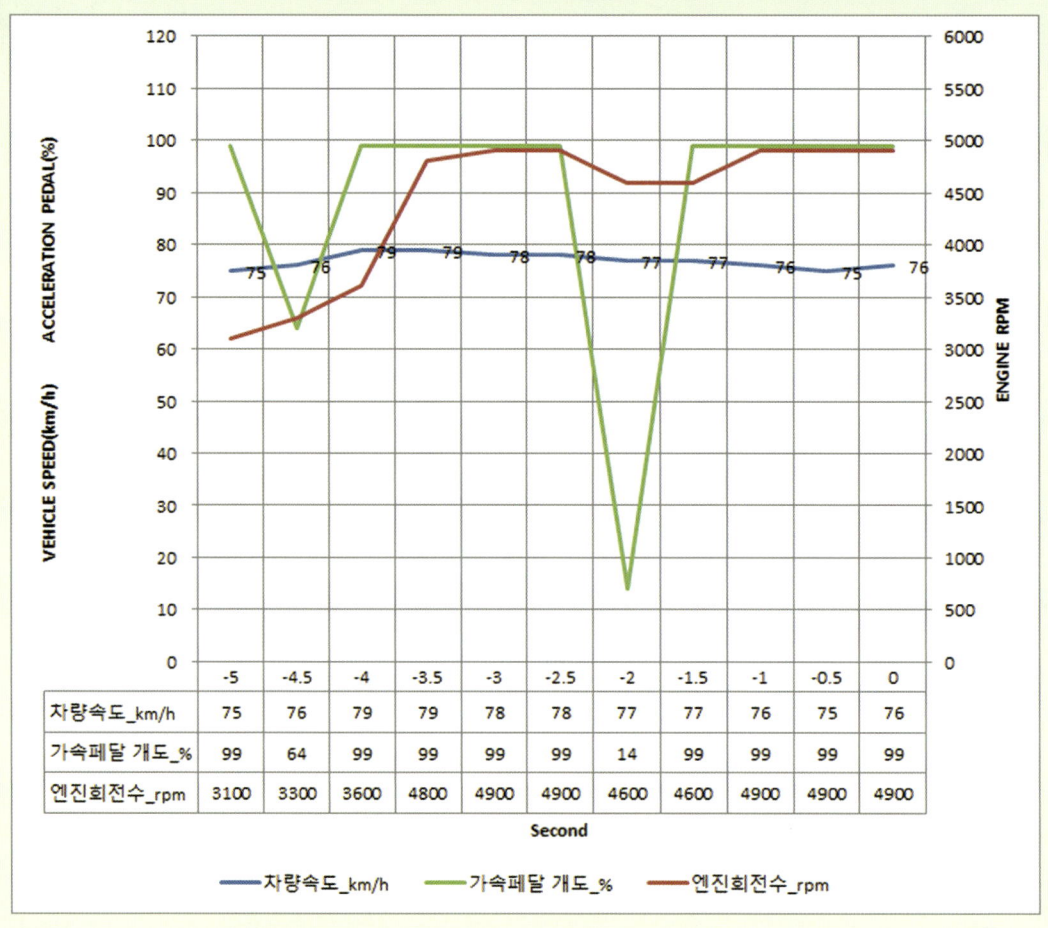

Second	-5	-4.5	-4	-3.5	-3	-2.5	-2	-1.5	-1	-0.5	0
차량속도_km/h	75	76	79	79	78	78	77	77	76	75	76
가속페달 개도_%	99	64	99	99	99	99	14	99	99	99	99
엔진회전수_rpm	3100	3300	3600	4800	4900	4900	4600	4600	4900	4900	4900

[블랙박스 영상 분석에 의한 차량의 구간별 평균속도]

주행구간	구간 통과시간(s)	구간 통과거리(d)	구간 평균속도(V)	비고
No.1~2	≒5.03초	≒90m	64.4 km/h	No.1 : 교량연결지점 No.2 : 교차로이정표 No.3 : 진행방향표시 No.4 : 횡단보도예고 No.5 : 교차로정지선 No.6 : 충돌지점
No.2~3	≒7.633초	≒145m	68.4 km/h	
No.3~4	≒3.13초	≒67.5m	77.6 km/h	
No.4~5	≒3.234초	≒70.5m	78.5 km/h	
No.5~6	≒1.9초	≒35m	66.3 km/h	

[fig. 5-48] 동일차량에서 추출된 EDR 데이터와 블랙박스 영상 분석 비교

09 자동차사고 및 교통사고 재구성

　EDR에 기록된 차량속도, 엔진회전수(rpm), 스로틀밸브(Throttle Valve) 변위, 충돌시 속도변화(Delta-V), 가속도(Acceleration) 데이터 등은 사고차량의 엔진작동 및 운동 상태를 추정할 수 있다. 또한 EDR에 기록된 브레이크 페달 스위치, 가속페달 개도량, 조향핸들 데이터는 사고당시 운전자의 사고회피 실행 여부나 안전운전 이행 여부를 추정하는데 유용한 자료다. 만약 운전자가 사고회피 동작을 취했다면 그 시점과 과정을 보다 정밀하게 분석할 수도 있다.

　이러한 사고차량의 충돌 및 운행 정보는 교통사고를 보다 과학적으로 재현(Reconstruction)하는데 매우 유용한 기초자료가 된다. PC-CRASH나 MADYMO 등 컴퓨터 시뮬레이션(Simulation)을 활용하여 교통사고의 원인과 요인을 분석할 때에도 입력 데이터의 신뢰도를 높여 보다 과학적인 분석과 재구성이 가능하다.

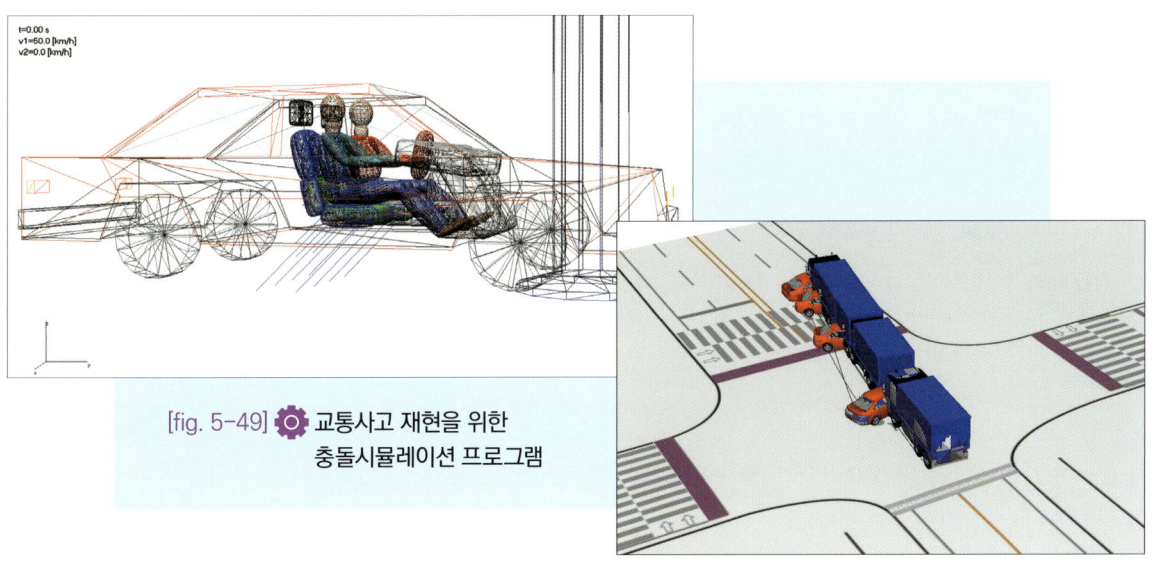

[fig. 5-49] 교통사고 재현을 위한 충돌시뮬레이션 프로그램

　다음 페이지의 fig.5-50-A와 fig.5-50-B는 동일방향 추돌사고에서 추돌차량에 기록된 EDR 데이터를 기초로 하여 충돌시뮬레이션(Collision Simulation : PC-CRASH)을 수행한 결과다. 추돌차량 속도(Vehicle Speed)와 충돌 후 속도변화(Delta-V) 등의 객관적인 실측 데이터를 입력시켜 충돌모의실험을 진행하면, 추돌차량의 충격량과 운동에 대한 분석의 신뢰성을 높일 수 있다.

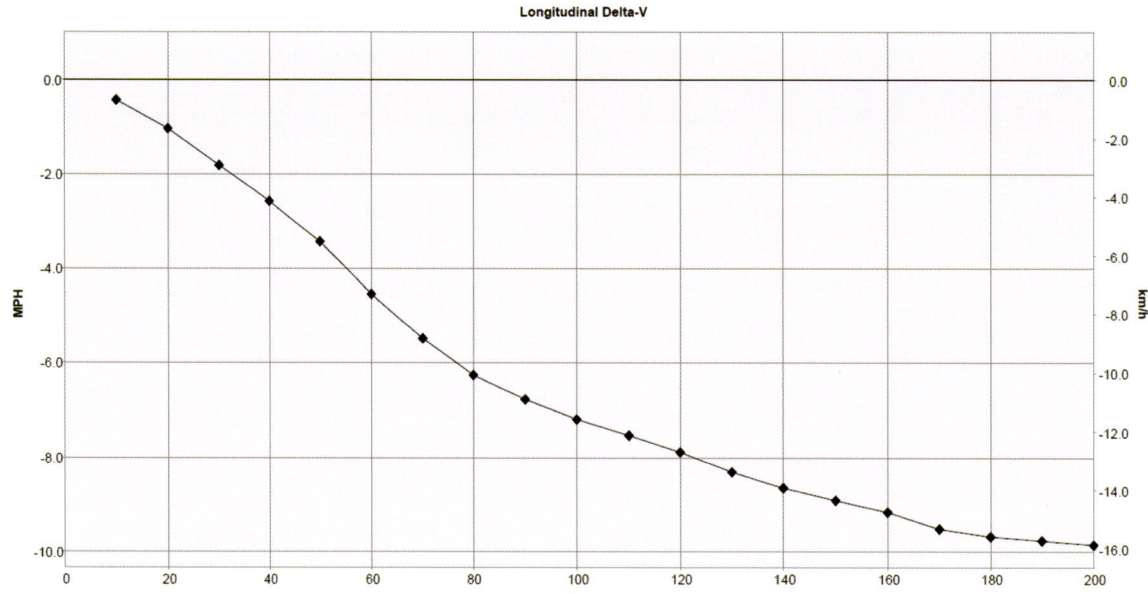

Pre-Crash Data, 1 Sample (Most Recent Event, TRG 1)

Recording Status, Pre-Crash/Occupant	Complete
Time from Pre-Crash to TRG (msec)	600
Buckle Switch, Left Seat	Buckled
Buckle Switch, Right Seat	Buckled
Occupancy Status, Passenger	Child or Not Occupied
Seat Position, Driver	Rearward
Shift Position	Drive

Pre-Crash Data, -5 to 0 seconds (Most Recent Event, TRG 1)

Time (sec)	-4.6	-3.6	-2.6	-1.6	-0.6	0 (TRG)
Vehicle Speed (MPH [km/h])	28.6 [46]	31.1 [50]	32.3 [52]	32.3 [52]	32.3 [52]	16.2 [26]
Brake Switch	OFF	OFF	OFF	OFF	ON	ON
Accelerator Rate (V)	1.21	1.41	0.78	1.17	1.05	0.78
Engine RPM (RPM)	1,600	1,600	1,200	1,200	1,200	400

[fig. 5-50-A] 추돌차량에 기록된 EDR 데이터 추출 내용

[fig. 5-50-B] EDR 데이터를 이용한 충돌모의실험(Collision Simulation)

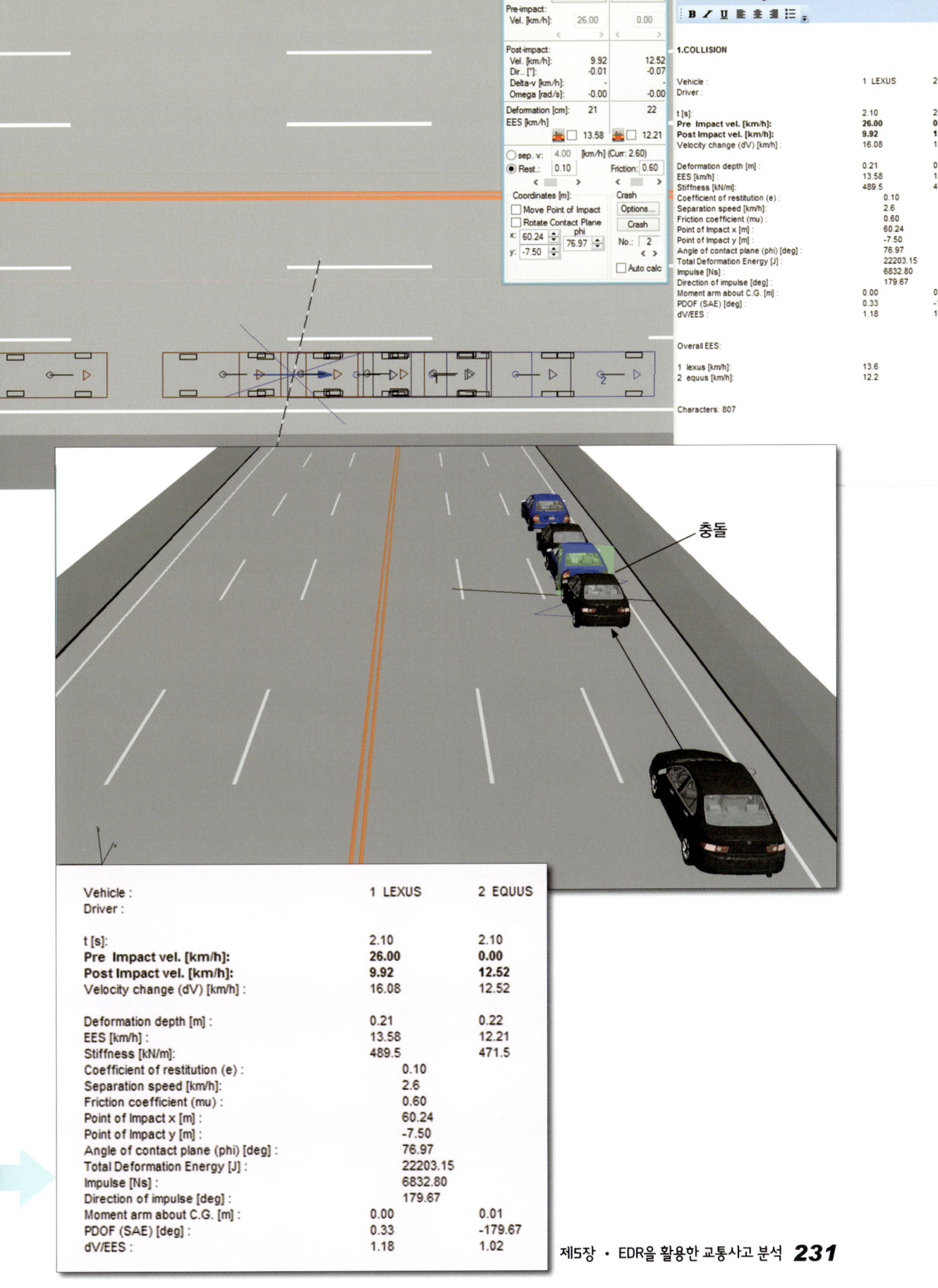

3 EDR 데이터 분석 사례

사례 1 고의사고

(1) 사고 개요

사고차량 운전자가 농로 삼거리에서 길을 잘못 진입하여 후진하다가 우측 바퀴가 비탈진 경사면 아래로 빠져 차가 굴러 떨어졌다는 운전자 주장의 사고임.

(2) 사고현장 및 사고차량

[fig. 5-51] 사고현장 및 사고차량

(3) EDR 데이터 분석 결과

EDR 비교 분석 결과, 본 건 추락 사고는 운전자가 주장하는 것과 같이 차를 후진하다가 굴러 떨어져 발생한 것이 아니라 차량속도 0 km/h, 엔진회전수 0 rpm, 스로틀밸브 개도량 3%, 브레이크 스위치 off, 운전석 시트벨트 off 상태에서 추락사고가 발생한 것으로 분석됨.

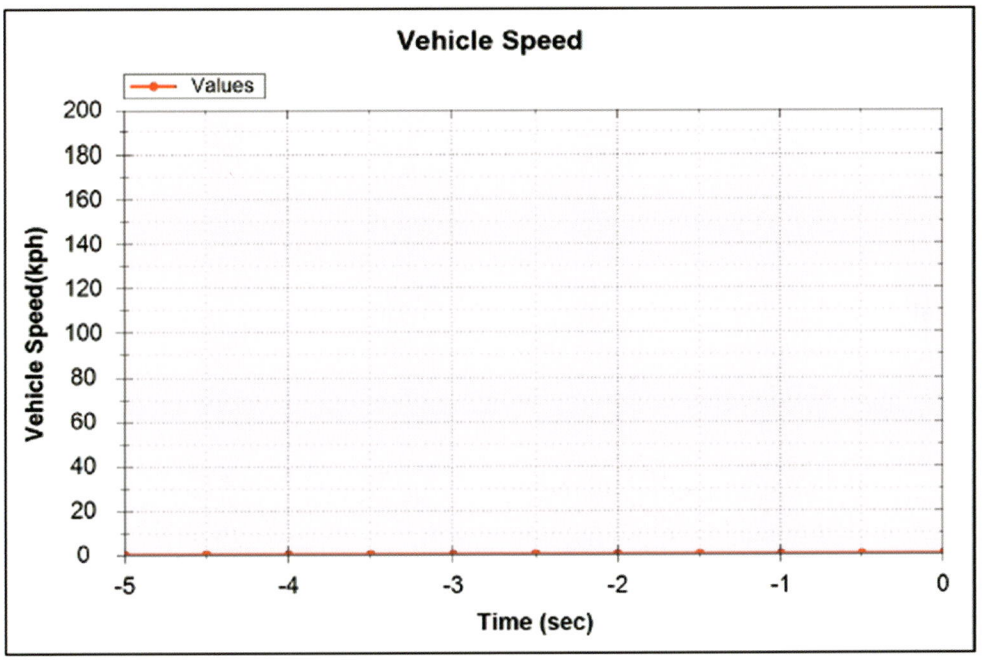

[fig. 5-52] 사고차량의 차량속도 및 엔진스로틀(Engine Throttle) 데이터 분석 결과

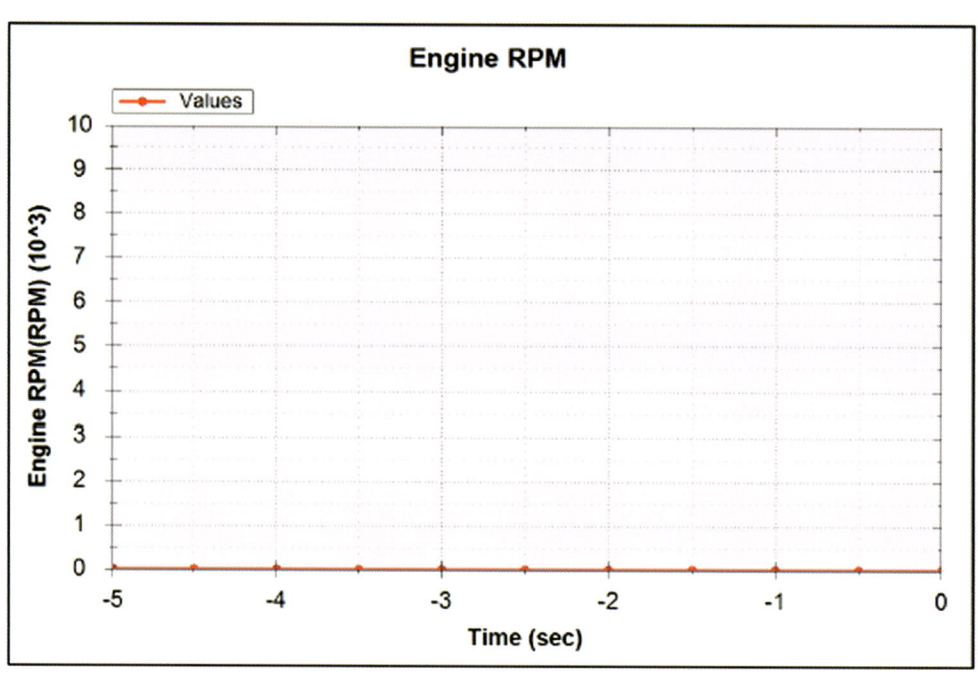

Num	Time (sec)	Engine RPM (RPM)
1	-5.0	0
2	-4.5	0
3	-4.0	0
4	-3.5	0
5	-3.0	0
6	-2.5	0
7	-2.0	0
8	-1.5	0
9	-1.0	0
10	-0.5	0
11	0.0	0

Num	Time (sec)	Service brake_ on/off
1	-5.0	OFF
2	-4.5	OFF
3	-4.0	OFF
4	-3.5	OFF
5	-3.0	OFF
6	-2.5	OFF
7	-2.0	OFF
8	-1.5	OFF
9	-1.0	OFF
10	-0.5	OFF
11	0.0	OFF

[fig. 5-53] 사고차량의 엔진회전수(rpm) 및 브레이크 스위치 데이터 분석 결과

사례 2 추락사고

(1) 사고 개요

사고당시 운전자가 차량을 주차하기 위해서 풋 브레이크를 밟고 시동을 끈 상태에서 차에서 내렸는데 차량이 앞으로 굴러가면서 절벽으로 추락하여 동승석에 타고 있던 동승자가 큰 부상을 입었다는 주장의 사고임.

(2) 사고현장 및 차량 모습

[fig. 5-54] 사고현장 및 사고차량의 실내 모습.
운전석 안전벨트가 늘어진 채 고착되어 있음

(3) EDR 데이터 분석 결과

EDR 비교 분석 결과, 본 건 사고는 운전자가 주장하는 것과 같이 차량 시동이 off 되어 주차된 상태에서 차가 전방으로 굴러가 추락한 것이 아니라 시동이 걸려 차량이 서서히 발진되면서 추락한 것으로 분석됨. 차량속도는 충돌 전 5초에서 충돌시점까지 0~6km/h 범위로 변화된 상태이고, 엔진회전수는 700rpm→0rpm, 조향핸들은 20~165°범위로 변화된 상태임. 브레이크 스위치는 충돌 전 5초부터 off 상태였다가 충돌시점에 on 신호가 기록된 상태임.

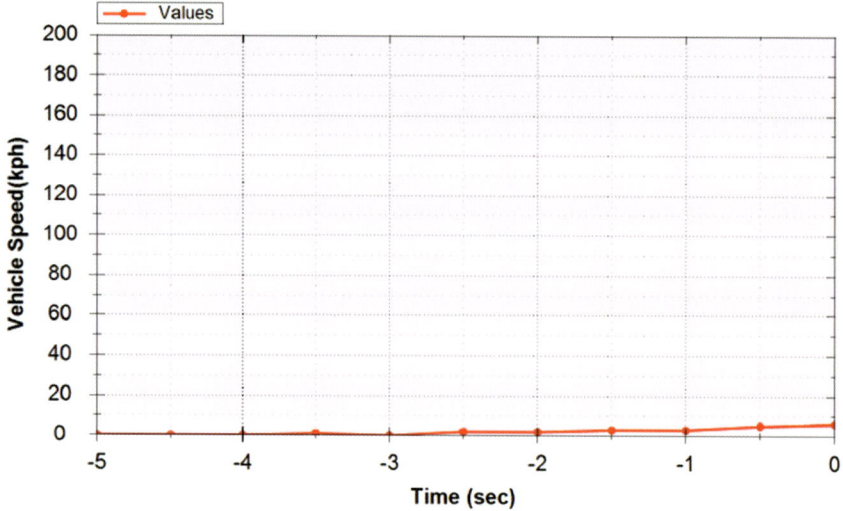

[fig. 5-55] 사고차량의 EDR 데이터 분석 결과.

EDR에 기록된 충돌 전 5초부터 충돌시점 (0초)까지의 차량속도 및 엔진회전수 정보를 감안할 때 사고차량은 엔진시동이 걸린 상태에서 차가 서서히 발진되면서 추락한 것으로 분석됨

Num	Time (sec)	Vehicle Speed (kph)
1	-5.0	0
2	-4.5	0
3	-4.0	0
4	-3.5	1
5	-3.0	0
6	-2.5	2
7	-2.0	2
8	-1.5	3
9	-1.0	3
10	-0.5	5
11	0.0	6

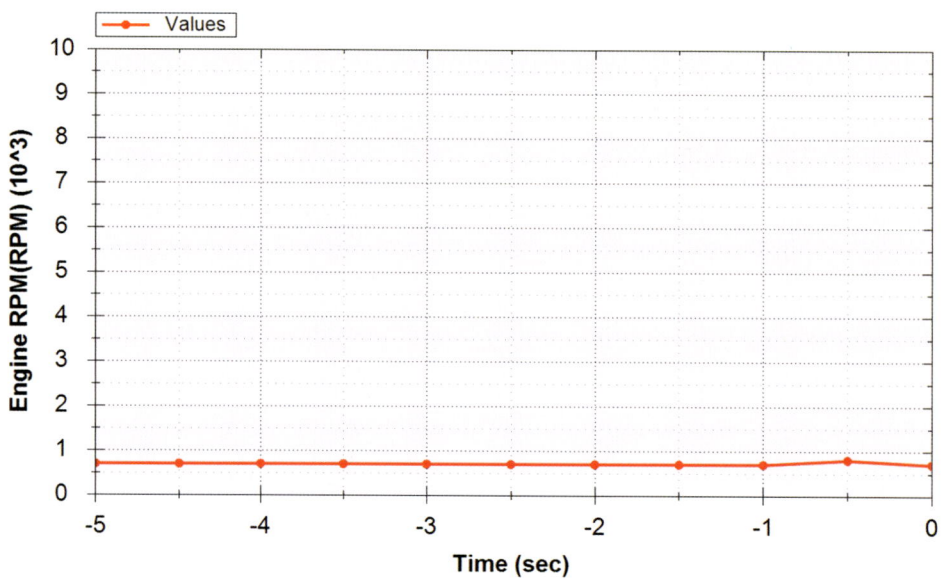

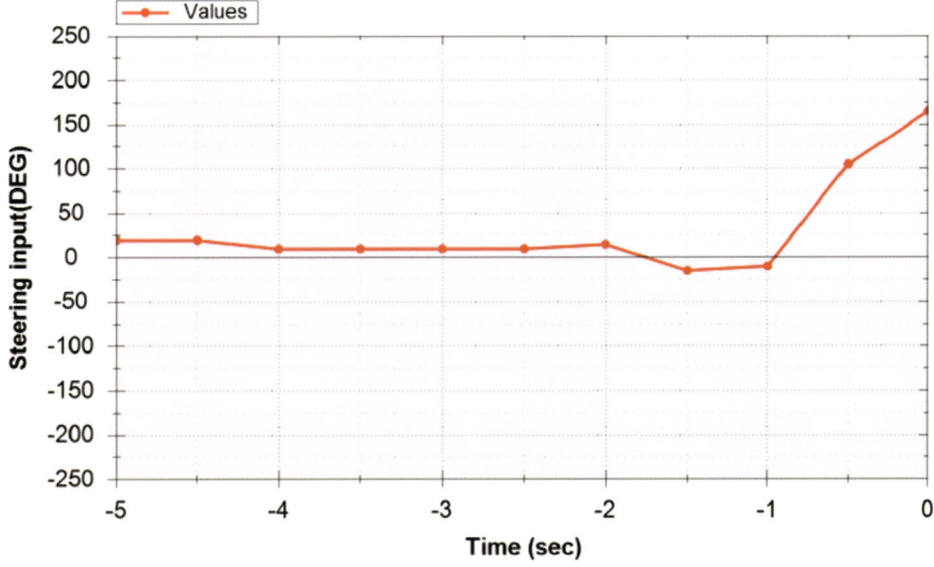

Num	Time (sec)	Steering input (DEG)
1	-5.0	20
2	-4.5	20
3	-4.0	10
4	-3.5	10
5	-3.0	10
6	-2.5	10
7	-2.0	15
8	-1.5	-15
9	-1.0	-10
10	-0.5	105
11	0.0	165

Note) Positive value(CCW), Negative value(CW)

Num	Time (sec)	Service brake_ on/off
1	-5.0	OFF
2	-4.5	OFF
3	-4.0	OFF
4	-3.5	OFF
5	-3.0	OFF
6	-2.5	OFF
7	-2.0	OFF
8	-1.5	OFF
9	-1.0	OFF
10	-0.5	OFF
11	0.0	ON

[fig. 5-56] 사고차량의 조향핸들 및 브레이크 스위치 데이터 분석 결과

사례 3 추돌사고 충격량

(1) 사고 개요

고속도로의 3중 추돌사고에서 1차 추돌된 차량의 운전자가 목부 및 허리부분에 심한 통증을 호소하다가 디스크 진단을 받고 수술한 사고임. 1차 추돌당시 추돌된 차량(피추돌차량)의 충돌속도와 충격량의 크기가 어느 정도인지 쟁점이 된 사고임.

(2) 사고현장 및 사고차량 모습

[fig. 5-57] 1차 추돌시 추돌차량과 피추돌 차량의 정지위치 모습

[fig. 5-58] 사고차량 손상상태. 추돌차의 전면 범퍼부위와 피추돌차의 후미 범퍼부분이 경미하게 손상된 상태임

(3) EDR 데이터 분석 결과

EDR 비교 분석 결과, 충돌시 길이방향 속도변화(Longitudinal Delta-V)는 최대 9km/h(60ms), 길이방향 가속도(Acceleration)는 최대 5.8g(44ms)로 기록됨. 충돌 전 데이터(Pre-Crash Data)를 살펴보면, 충돌 전 3.5초에 브레이크를 작동시켜 차량이 감속된 상태이며 충돌시점(0초)에서의 차량속도는 7km/h로 분석됨.

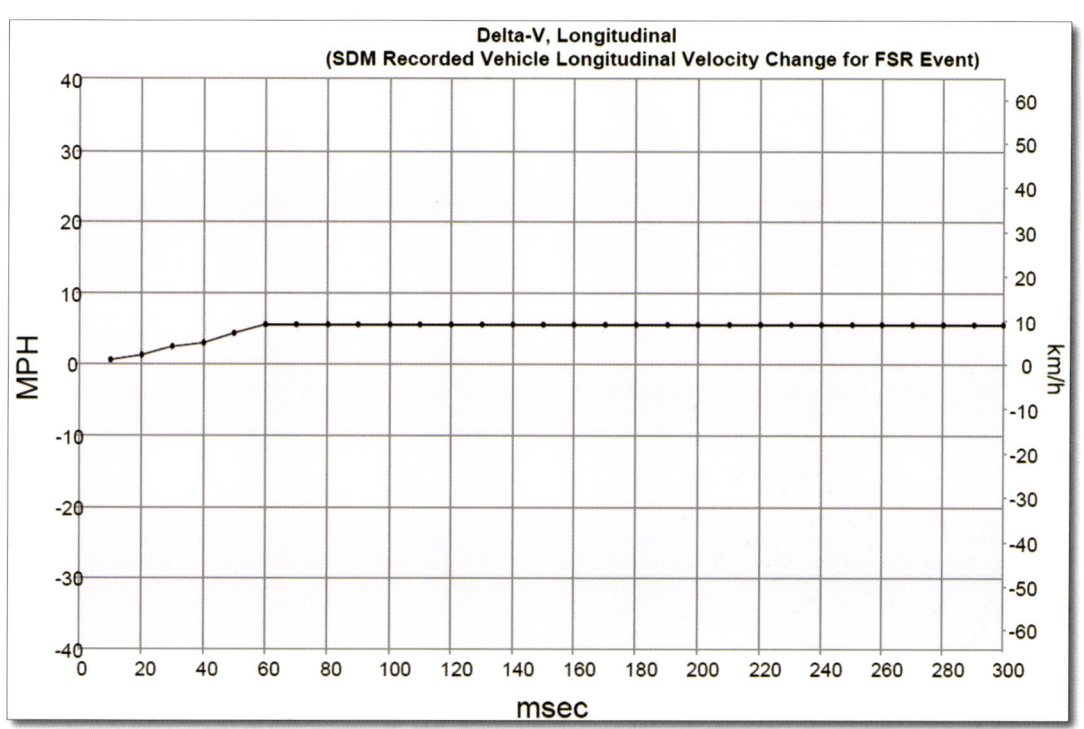

[fig. 5-59] 사고차량의 EDR에 기록된 충돌시 길이방향 속도변화 데이터 분석 결과

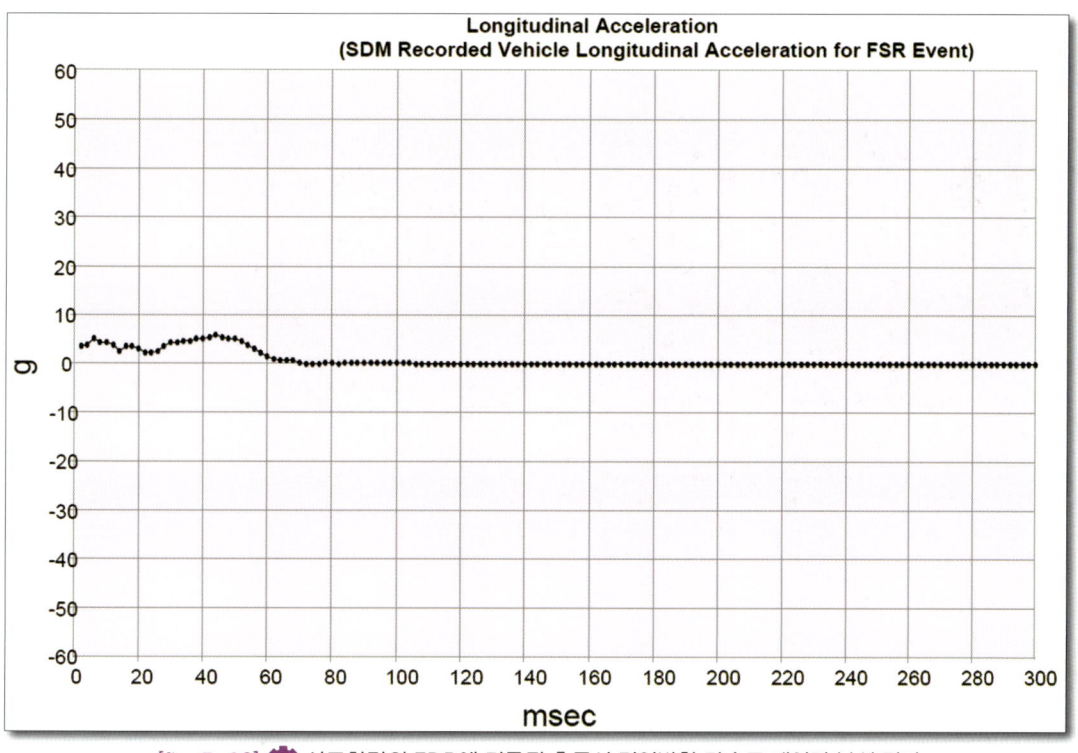

[fig. 5-60] 사고차량의 EDR에 기록된 충돌시 길이방향 가속도 데이터 분석 결과

System Status at Event (Event Record 1)

Event Record Type	Non-Deployment
OnStar Deployment Status Data Sent	No
Complete file recorded (Event Recording Complete)	Yes
Crash Record Locked	No
OnStar SDM Recorded Vehicle Velocity Change Data Sent	No
Deployment Event Counter	0
Multi-Event, Number of Events (Event Counter)	1
OnStar Notification Event Counter	0
Time From Event 1 to 2 (Time Between Events) (seconds)	Data Not Available
Ignition Cycle, Crash (Ignition Cycles at Event)	3624
Algorithm Active: Frontal	No
Algorithm Active: Side	No
Algorithm Active: Rollover	No
Algorithm Active: Rear	Yes
Concurrent Event Flag Set	No
Event Severity Status: Frontal Pretensioner	No
Event Severity Status: Frontal Stage 1	No
Event Severity Status: Frontal Stage 2	No
Event Severity Status: Left Side	No
Event Severity Status: Right Side	No
Event Severity Status: Rear	No
Event Severity Status: Rollover	No
Safety Belt Status, Driver (Driver Belt Switch Circuit Status)	Buckled

Pre-Crash Data -5.0 to -0.5 sec (Event Record 1)

Times (sec)	Accelerator Pedal, % Full (Accelerator Pedal Position)	Service Brake (Brake Switch Circuit State)	Engine RPM (Engine Speed)	Engine Throttle, % Full (Throttle Position)	Speed, Vehicle Indicated (Vehicle Speed) (MPH [km/h])
-5.0	0	Off	1728	17	39 [62]
-4.5	0	Off	1664	16	39 [62]
-4.0	0	Off	1728	17	39 [62]
-3.5	0	On	1664	17	39 [62]
-3.0	0	On	1600	16	37 [59]
-2.5	0	On	1344	15	33 [53]
-2.0	0	On	1088	13	27 [43]
-1.5	0	On	960	14	19 [31]
-1.0	0	On	704	15	11 [18]
-0.5	0	On	640	17	4 [7]

Pre-Crash Data -2.0 to -0.5 sec (Event Record 1)

Times (sec)	Cruise Control Active	Cruise Control Resume Switch Active	Cruise Control Set Switch Active	Engine Torque (lb-ft [N-m])	Reduced Engine Power Mode Indicator
-2.0	No	No	No	-14 [-18]	Off
-1.5	No	No	No	-13 [-17]	Off
-1.0	No	No	No	-12 [-16]	Off
-0.5	No	No	No	3 [4]	Off

[fig. 5-61] 사고차량의 시스템 정보 및 충돌 전 데이터(pre crash data) 분석 결과

사례 4 에어백 결함

(1) 사고 개요

사고차량이 고속도로를 주행하다가 진로변경해 들어온 화물차의 후미를 차체 앞부분으로 추돌한 사고임. 충돌당시 사고차량의 전방 에어백이 전개되지 않아 운전자가 부상을 입은 사고에서 사고차량의 추돌속도와 충돌시 차체에 전달된 충격량의 크기가 어느 정도인지, 에어백의 정상 작동 여부가 쟁점이 된 사고임.

(2) 사고차량 손상상태

[fig. 5-62] 사고차량 손상상태. 차체 앞부분이 화물차의 후미 밑부분으로 끼어들어가면서 전체적으로 전면 우측부분이 집중적으로 파손된 상태임. 전면 우측 사이드멤버가 휘어져 꺾인 상태이고, 엔진이 후방으로 밀린 상태임. 실내 운전석 및 동승석 에어백은 모두 전개되지 않은 상태임.

(3) EDR 데이터 분석 결과

EDR 비교 분석 결과, 충돌시 종방향 속도변화(Longitudinal Delta-V)는 최대 -52.7km/h(200ms)로 기록됨. 충돌 전 데이터(Pre-Crash Data)는 충돌 전 4.1초에서

충돌시점(0초)까지 차량속도가 122km/h이고, 브레이크 스위치는 off 상태, 엔진회전수(rpm)는 2800rpm인 것으로 분석됨. 차량의 전방 에어백은 일반적으로 충돌시의 속도변화(Delta-V)가 20~30km/h 이상일 때 작동되는데, 본 건 사고차량에 가해진 충격력은 전방 에어백이 전개되어야 할 작동 조건이었던 것으로 판단됨.

[fig. 5-63] 사고차량의 에어백제어모듈(ACM)에서 EDR 데이터를 추출하는 모습

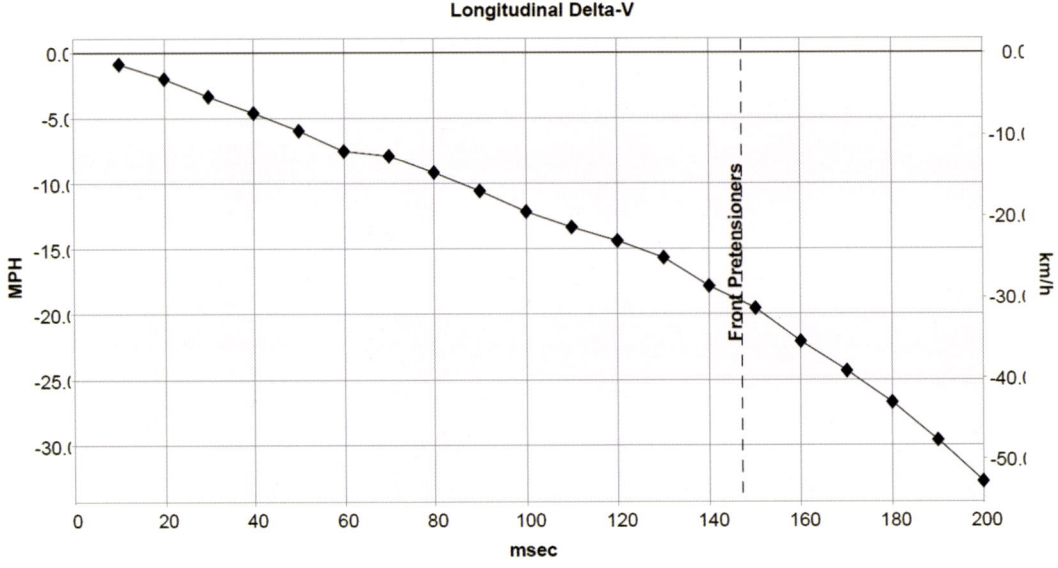

[fig. 5-64] EDR의 충돌시 속도변화(delta-v) 데이터 분석 결과

Pre-Crash Data, -5 to 0 seconds (2nd Prior Event, TRG 2)

Time (sec)	-4.1	-3.1	-2.1	-1.1	-0.1	0 (TRG)
Vehicle Speed (MPH [km/h])	75.8 [122]	75.8 [122]	75.8 [122]	75.8 [122]	75.8 [122]	75.8 [122]
Brake Switch	OFF	OFF	OFF	OFF	OFF	OFF
Accelerator Rate (V)	1.52	1.52	1.52	1.52	1.52	0.78
Engine RPM (RPM)	2,800	2,800	2,800	2,800	2,800	2,800

[fig. 5-65] EDR의 충돌 전 데이터 분석 결과

사례 5 급발진 사고

(1) 사고 개요

사고차량이 아파트 지하주차장으로 내려가다가 우측으로 선회하는 순간 차가 갑자기 급발진되면서 지하주차장의 벽면을 뚫고 정지하였다는 주장의 사고임.

(2) 사고현장 및 차량 손상상태

[fig. 5-66] 사고현장 및 사고차량 손상상태. 사고차량이 지하주차장 벽면을 충돌하면서 차체의 앞부분이 파손되고, 실내의 운전석 에어백이 전개된 상태임

(3) EDR 데이터 분석 결과

EDR 비교 분석 결과, 충돌시 종방향 속도변화(Longitudinal Delta-V)는 최대 13km/h(200ms)로 기록됨. 충돌 전 데이터(Pre-Crash Data)는 -4.4초에서 충돌시점(0초)까지 차량속도가 10~52km/h로 변화되고, 브레이크 스위치는 모두 off 상태로 기록됨. 엔진회전수(rpm)는 -4.4초 시점에 800rpm, 충돌시점에는 4800rpm으로 증가된 것으로 분석임.

[fig. 5-67] 사고차량의 OBD 단자에 진단 커넥터를 연결하여 EDR 데이터를 분석한 모습

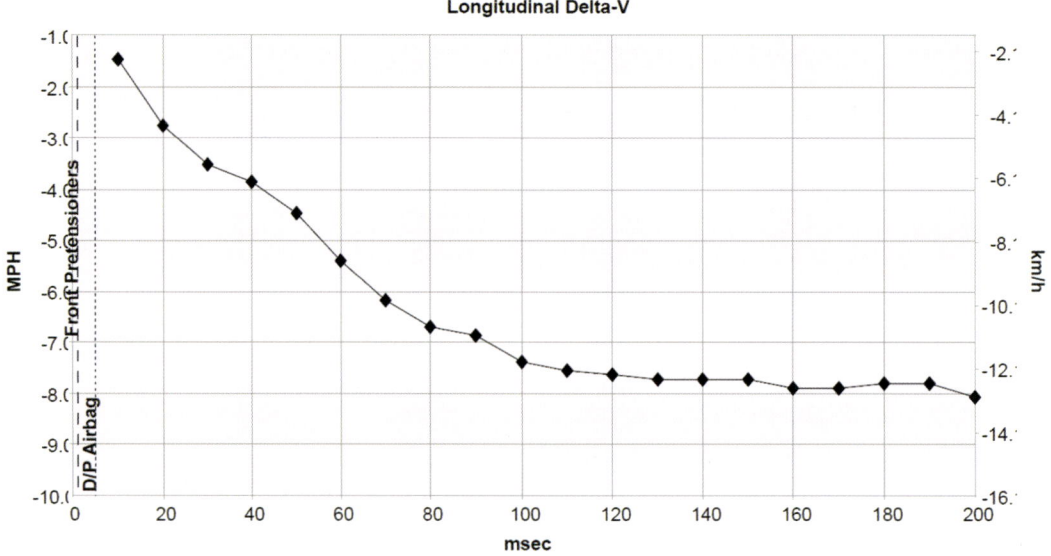

[fig. 5-68] EDR의 충돌 데이터(delta-v) 분석 결과.
충돌시 종방향 속도변화는 200ms 시점에서 최대 −13km/h인 것으로 분석됨

Pre-Crash Data, 1 Sample (Most Recent Event, TRG 1)

Recording Status, Pre-Crash/Occupant	Complete
Time from Pre-Crash to TRG (msec)	400
Buckle Switch, Left Seat	Buckled
Buckle Switch, Right Seat	Unbuckled
Occupancy Status, Passenger	Not Occupied
Seat Position, Driver	Rearward
Shift Position	Drive

Pre-Crash Data, -5 to 0 seconds (Most Recent Event, TRG 1)

Time (sec)	-4.4	-3.4	-2.4	-1.4	-0.4	0 (TRG)
Vehicle Speed (MPH [km/h])	6.2 [10]	7.5 [12]	8.7 [14]	16.2 [26]	22.4 [36]	32.3 [52]
Brake Switch	OFF	OFF	OFF	OFF	OFF	OFF
Accelerator Rate (V)	1.02	1.29	1.84	2.50	3.32	3.36
Engine RPM (RPM)	800	1,200	2,000	2,000	4,400	4,800

[fig. 5-69] EDR의 충돌 전 데이터 분석 결과.
충돌 전 4.4초 시점부터 충돌시점(0초)까지 차량속도(vehicle speed), 브레이크 스위치(brake switch), 가속페달 변위(accelerator rate), 엔진회전수(rpm) 데이터가 기록된 상태임. 충돌 1초 전 변속위치는 'D'레인지, 운전석의 안전벨트 버클(buckle)은 체결된 상태임.

【EDR정보】				진 단 일		2016. 11. 30	
충돌유형	■ Front Crash		□ Rear Crash		□ Side Crash		□ Roll over
데이터 유형	■ Single Event		□ Multi Event		(□1st □2nd □3rd □4th □5th)		

		Pre-Crash Data	-4.4	-3.4	-2.4	-1.4	-0.4	0(event)
충돌 전 운행 정보		자동차속도(vehicle speed : km/h)	10	12	14	26	36	52
		가속페달변위(accelerator rate: V, %)	1.02	1.29	1.84	2.5	3.32	3.36
		스로틀변위(throttle rate : V, %)						
		브레이크스위치(brake swich : on/off)	off	off	off	off	off	off
		엔진회전수(engine RPM : rpm)	800	1200	2000	2000	4400	4800
		핸들조향각도(steering angle: deg)						
		ABS 작동상태(on/off)						
		ECS(ESP) 작동상태(on/off)						
		에어백 경고등 점등상태(on/off)					off	
		안전벨트착용여부 (seat belt : on/off)	운석석	buckled				
			조수석	unbuckled				
		안전벨트 텐셔너 작동여부 (belt tensioner: on/off)	운전석					
			조수석					
		에어백 전개 여부 (air bag deploy on/off)	운전석	deployment (전개)				
			조수석	non deployment (미전개)				
			측면	non deployment (미전개)				

		Crash Pulse Data	10	20	40	60	80	100	120	150	max
충돌 정보		충돌 속도변화 (delta_v : km/h)	진행방향	-2.3	-4.4	-6.2	-8.7	-10.8	-11.9	-12.3	-12.4	-13
			측면방향									
		충돌 가속도 (acceleration : g)	진행방향									
			측면방향									
		전복경사각도(roll over : deg)										

※ 첨부_EDR 원본 데이터 사본 1부.

사례 6 차량속도 및 운전조작 정보

(1) 사고 개요

사고차량이 충돌 후 전복(rollover)된 사고임. EDR을 통해 사고차량의 충돌속도 및 운전자의 운전조작 상황에 대한 분석이 이루어진 사고임.

(2) 차량 손상상태

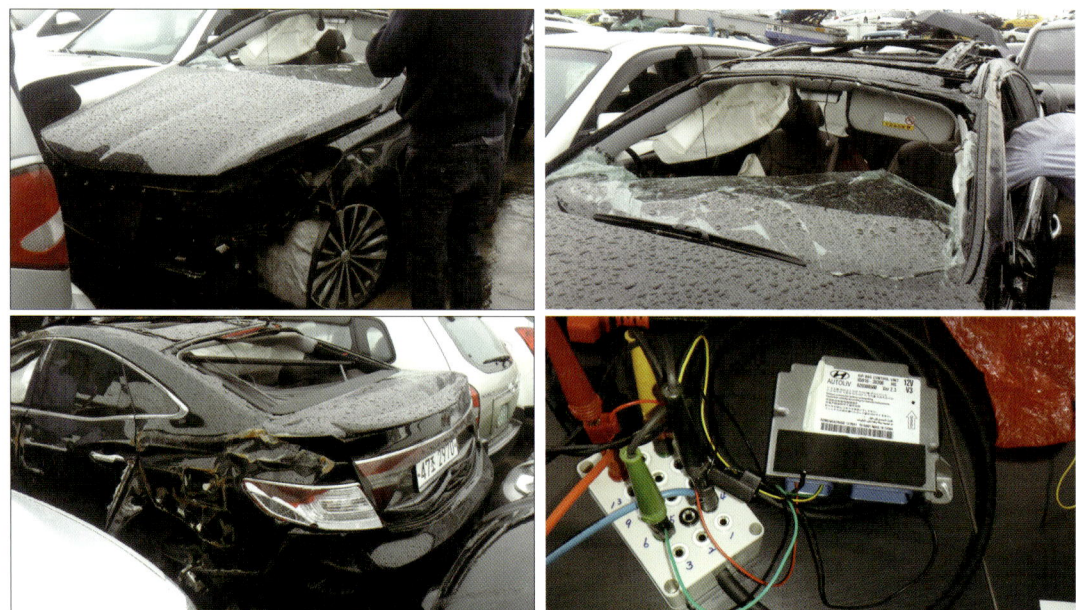

[fig. 5-70] 사고차량 손상상태. 사고차량의 전면, 측면, 후면, 지붕부분이 모두 손상된 상태이고, 실내의 전방 및 측면 에어백(side airbag)이 모두 전개된 상태임

(3) EDR 데이터 분석 결과

● 사고 이벤트의 유형

사고차량은 정면충돌과 측면충돌로 인해 전면(Front) 및 측면(Side) 에어백이 전개된 상태로서 총 2회의 이벤트 정보가 기록된 상태임.

● 속도변화(DELTA-V)

EDR에 나타난 충돌 후 속도변화(Delta-V)는 길이방향(종방향)의 최대(Max)값이 −27km/h이고, 측면방향(횡방향)의 최대값이 −64km/h로 기록됨.

● EDR에 기록된 차량속도(VEHICLE SPEED)

EDR에 나타난 이벤트 시점(0초)으로부터 -5초 전까지의 차량속도는 163~165km/h 범위로 변화된 것으로 기록됨.

● 엔진스로틀(ENGINE THROTTLE) 변화량

EDR에 나타난 이벤트 시점으로부터 -5초 전까지의 엔진 스로틀 변화량은 모두 100% 상태인 것으로 기록됨.

● 엔진회전수(RPM ; ENGINE RPM)

EDR에 나타난 이벤트 시점으로부터 -5초 전까지의 엔진 회전수는 2900~4000rpm 범위로 변화된 것으로 기록됨.

● 브레이크 작동 스위치(SERVICE BRAKE_ON/OFF)

EDR에 나타난 이벤트 시점으로부터 -5초 전까지의 브레이크 스위치는 모두 off 상태인 것으로 기록됨.

● 핸들 조향각도(STEERING ANGLE: DEG)

EDR에 나타난 이벤트 시점으로부터 -5초 전까지의 핸들 조향각도는 0~-25 deg 범위로 변화된 것으로 기록됨. + 값 : CCW , - 값 : CW

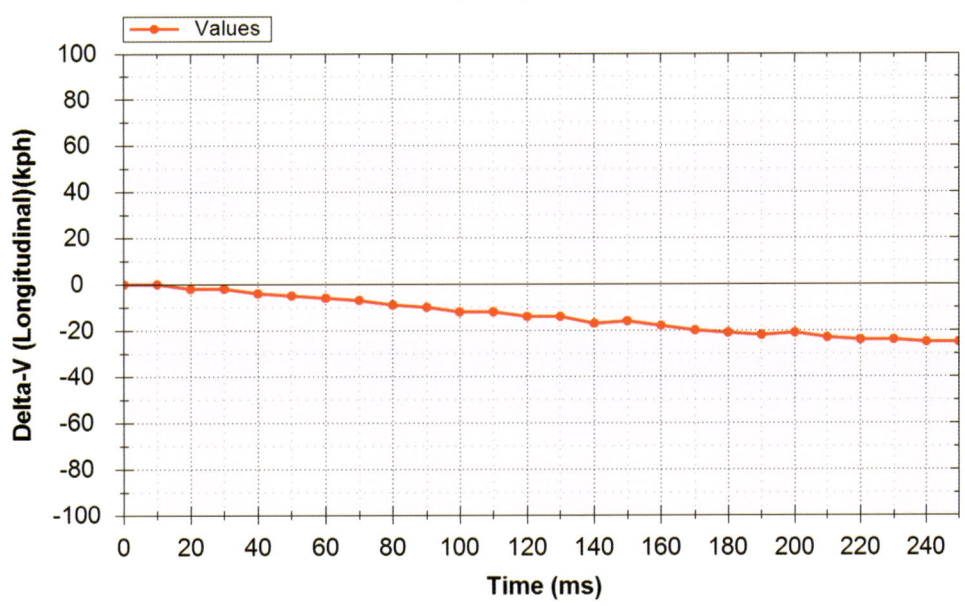

[fig. 5-71] EDR의 충돌 데이터(delta-v) 분석 결과. 충돌시
길이방향(longitudinal) 속도변화는 최대 -27km/h인 것으로 분석됨

제5장 · EDR을 활용한 교통사고 분석

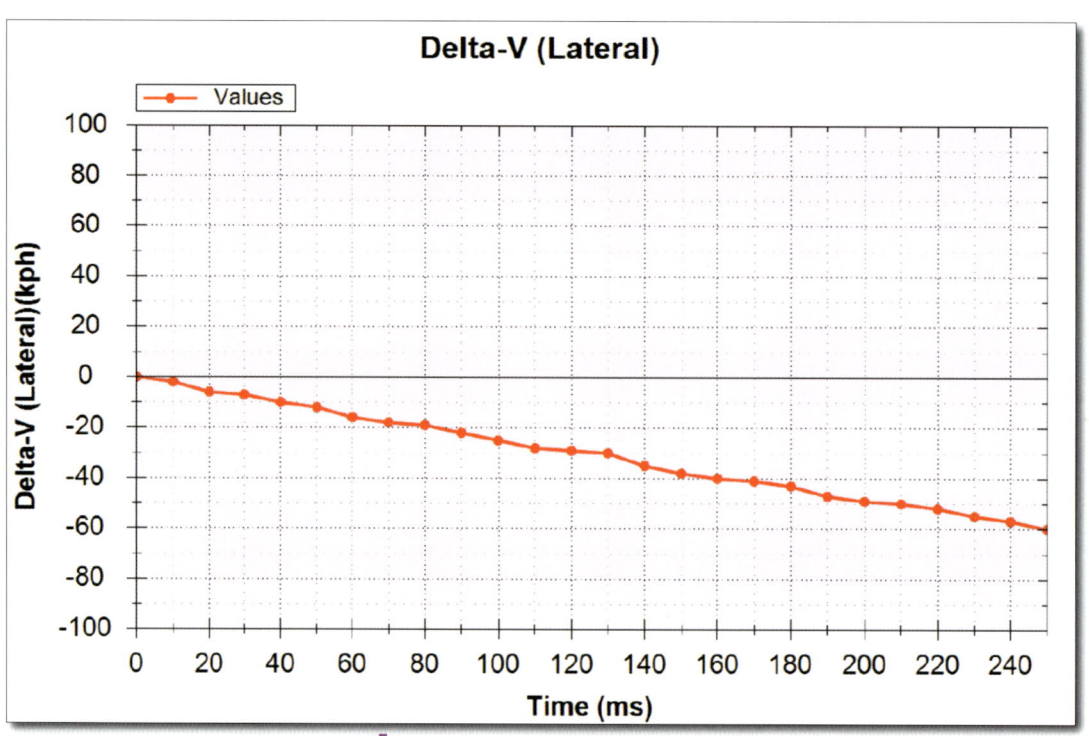

[fig. 5-72] EDR의 충돌 데이터(Delta-V) 분석 결과.

충돌시 측면방향(lateral) 속도변화는 최대 -63km/h인 것으로 분석됨

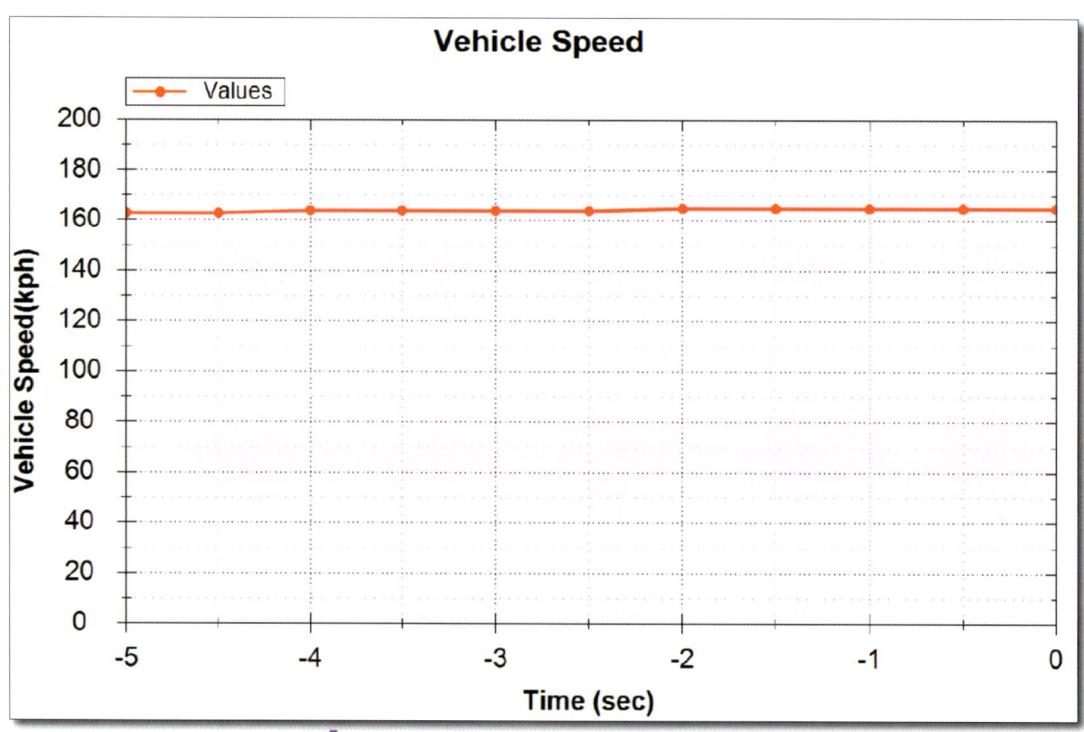

[fig. 5-73] EDR의 충돌 전 데이터 분석 결과.

차량속도는 충돌 전 5초 163km/h, 충돌시점에는 165km/h인 것으로 기록됨

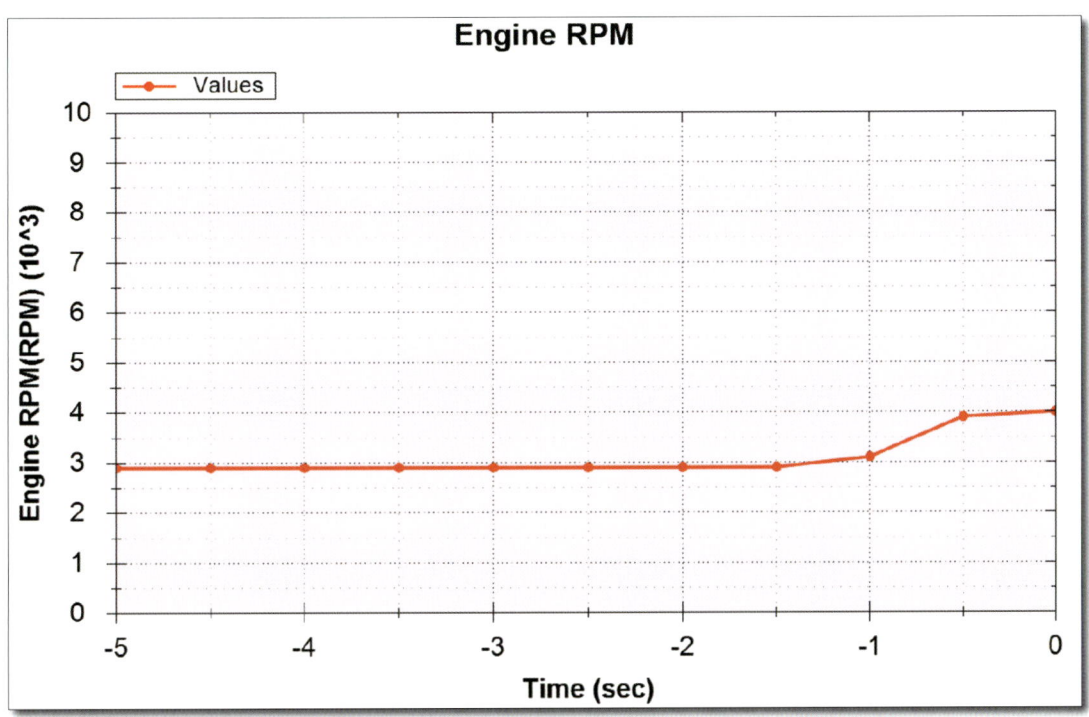

[fig. 5-74] EDR의 충돌 전 데이터 분석 결과.

엔진회전수는 충돌 전 5초 2900rpm, 충돌시점에는 4000rpm인 것으로 기록됨

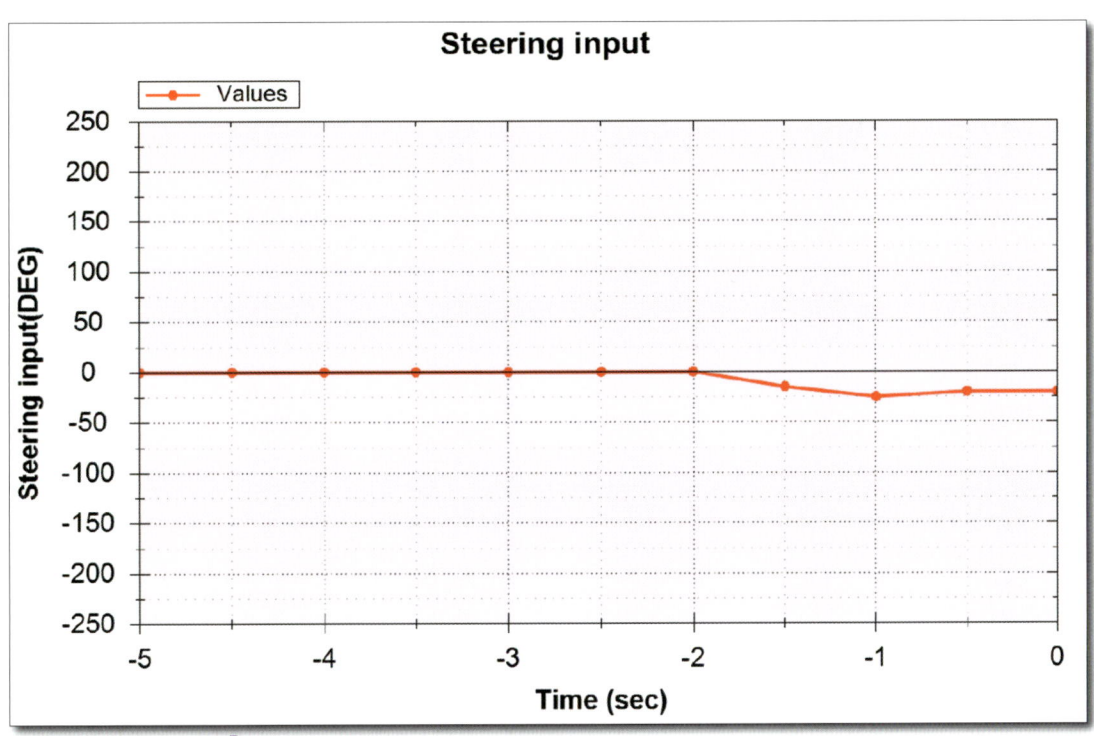

[fig. 5-75] EDR의 충돌 전 데이터 분석 결과.

조향핸들(steering) 각도는 충돌 전 5초 0°, 충돌시점에는 -20°인 것으로 기록됨. (-) 값은 시계방향임

제5장 · EDR을 활용한 교통사고 분석　**249**

【EDR정보】

		진 단 일	2016. 04. 29
충돌유형	■ Front Crash ☐ Rear Crash ■ Side Crash ☐ Roll over		
데이터 유형	☐ Single Event ■ Multi Event (■1st ■2nd ☐3rd ☐4th ☐5th)		

충돌 전 운행 정보

Pre-Crash Data		-5	-4	-3	-2	-1	0(event)
자동차속도(vehicle speed : km/h)		163	164	164	165	165	165
가속페달변위(accelerator rate: V, %)							
스로틀변위(throttle rate : V, %)		100%	100%	100%	100%	100%	100%
브레이크스위치(brake swich : on/off)		off	off	off	off	off	off
엔진회전수(engine RPM : rpm)		2900	2900	2900	2900	3100	4000
핸들조향각도(steering angle: deg)		0	0	0	0	-25	-20
ABS 작동상태(on/off)		off	off	off	off	off	off
ECS(ESP) 작동상태(on/off)		on	on	on	on	on	on
에어백 경고등 점등상태(on/off)						off	
안전벨트착용여부 (seat belt : on/off)	운석석	not supported (정보없음)					
	조수석	not supported (정보없음)					
안전벨트 텐셔너 작동여부 (belt tensioner: on/off)	운전석	deployment (전개)					
	조수석	deployment (전개)					
에어백 전개 여부 (air bag deploy on/off)	운전석	deployment (전개)					
	조수석	deployment (전개)					
	측면	non deployment (미전개)					

충돌 정보

Crash Pulse Data		0	40	80	120	160	200	240	max
충돌 속도변화 (delta_v : km/h)	진행방향	0	-4	-9	-14	-18	-21	-25	-27
	측면방향	0	-10	-19	-29	-40	-49	-57	-64
충돌 가속도 (acceleration : g)	진행방향	-1.3	-5.0	-3.5	-4.5	-4.5	1.5	-0.5	
	측면방향	-16.5	-6.5	-4.0	-1.5	-4.5	-4.5	-5.5	
전복경사각도(roll over : deg)									

※첨부_EDR 원본 데이터 사본 1부.

부록

부록-1 차량 에어백 시스템의 구조 및 작동 과정

1 에어백의 정의

차량이 상대 차량 또는 장애물과 정면충돌하면 차체가 파손되면서 급격히 감속된다. 이때 차량에 탑승한 운전자와 승객은 관성에 의해 전방으로 튕겨나가게 되는데, 운전자는 조향핸들이나 계기패널에 가슴이나 머리를 부딪치고, 동승석 탑승자는 전방 대시보드 또는 앞유리를 충격하면서 상처를 입게 된다. 차량이 측면 충돌되면 탑승자가 찌그러져 밀려들어 온 차체의 측면 구조물과 직접 부딪쳐 상해를 입게 된다. 에어백은 충돌시 쿠션(공기주머니)을 순간적으로 부풀려 운전자 및 탑승자의 머리, 가슴 등의 신체가 차량의 핸들, 계기패널, 전면 및 측면 유리, 차체의 구조물과 직접 부딪치는 것을 방지하여 탑승자를 보호하기 위한 안전장치다.

또한 에어백은 탑승자가 안전벨트를 착용한 상태에서 최대 효과를 발휘하기 때문에 안전벨트의 보조장치(SRS : Supplement Restraint System)로 기능하고 있다.

차량에 장착된 에어백

2 에어백의 종류

에어백은 충돌 유형에 따라 전방충돌 에어백, 측면충돌 에어백, 전복 에어백, 보행자보호 에어백 등이 있고, 쿠션이 장착되는 위치에 따라 운전석 에어백, 동승석 에어백, 측면 에어백, 커튼 에어백, 무릎 에어백 등이 있다.

(1) 운전석 에어백(DAB: DRIVER AIRBAG)

전방 충돌 시 운전자를 보호하기 위한 에어백이다. 스티어링 휠의 내부에 쿠션이 설치되어 있으며 운전자의 머리, 가슴, 목 부위를 보호하는 역할을 한다.

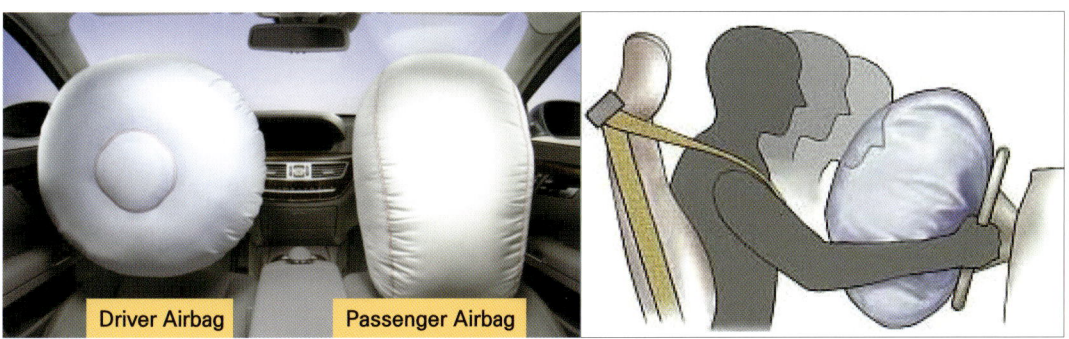

✦ 운전석 에어백

(2) 동승석 에어백(PAB: PASSENGER AIRBAG)

전방 충돌 시 동승석 탑승자를 보호하기 위한 에어백이다. 동승석 전방 대쉬보드 내부에 쿠션이 설치 있으며 동승석 탑승자의 머리, 가슴, 목 부위를 보호한다.

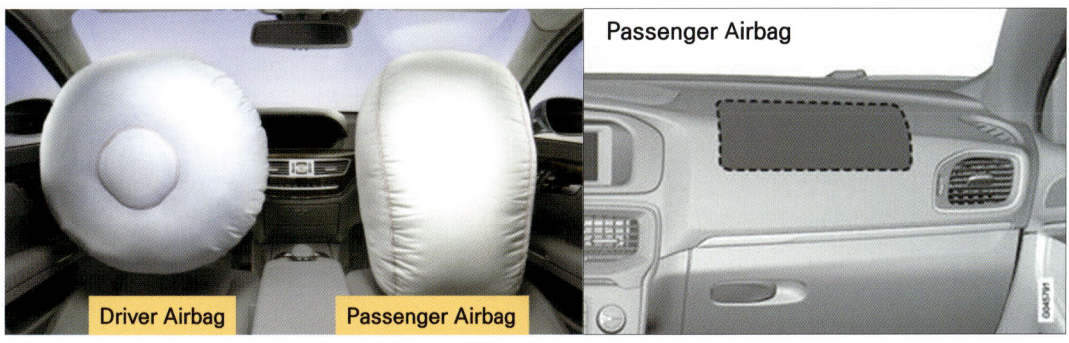

✦ 동승석 에어백

(3) 무릎 에어백(KAB: KNEE AIRBAG)

전방 충돌 시 운전자 또는 동승석 탑승자의 무릎을 보호하기 위한 에어백이다. 대쉬보드 아래쪽에 쿠션이 설치되어 있으며 탑승자의 무릎, 다리부분을 보호한다.

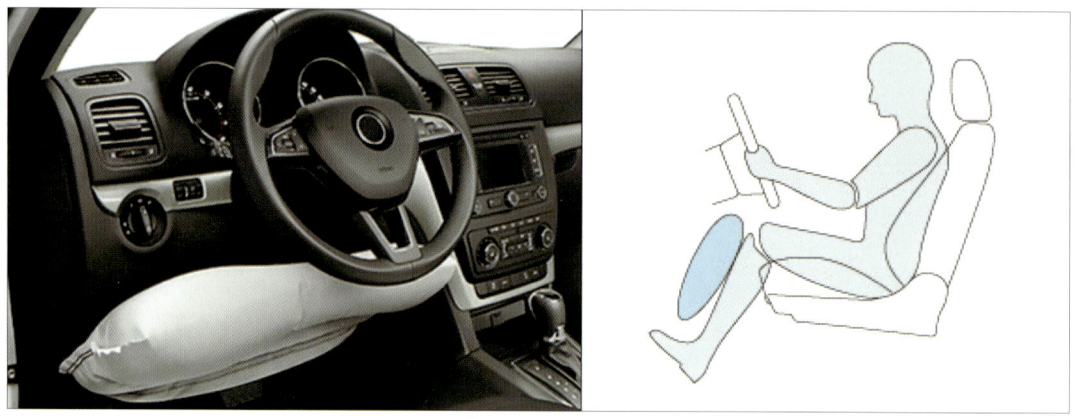

🛠 무릎 에어백

(4) 측면 에어백(SIDE AIR BAG)

측면 충돌 시 탑승자의 옆구리 및 머리를 보호하기 위한 에어백이다. 탑승자의 시트 측면과 도어 창틀 내측에 쿠션이 설치되어 있다.

🛠 측면 에어백

(5) 커튼 에어백(CURTAIN AIR BAG)

측면 충돌 또는 전복 시 탑승자를 보호하기 위한 에어백이다. 차량의 실내 측면 창틀 위 또는 루프 레일부에 쿠션이 넓게 설치되어 있으며, 탑승자의 머리를 보호하고, 승객이 차량 밖으로 튕겨나가지 않도록 보호한다.

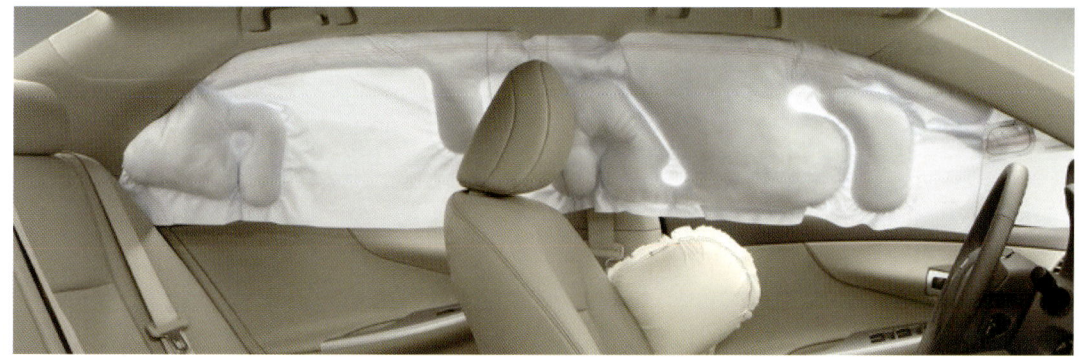

◎ 커튼 에어백

(6) 전복 에어백(ROLLOVER AIR BAG)

차량의 전복을 감지하는 센서를 추가하여 횡전도 또는 전복 시에 커튼 에어백 또는 측면 에어백을 전개시켜 탑승자를 보호하기 위한 에어백이다.

(7) 헤드레스트 에어백(HAB: HEADREST AIRBAG)

탑승자 시트(seat)의 헤드레스트 내에 설치되어 있으며 후방 충돌 시 목이 뒤로 젖혀질 때 머리와 목을 보호하는 역할을 한다.

(8) 보행자 보호 에어백(PPA: PEDESTRIAN PROTECTION AIRBAG)

보행자가 차량과 충돌할 때 보행자의 머리와 신체를 보호하기 위한 에어백이다. 범퍼, 후드, 앞유리 하단 등에 쿠션이 설치되어 있다.

◎ 보행자보호 에어백이 설치된 볼보자동차

3 에어백의 구조

에어백 시스템은 크게 충격을 감지하는 센서(Sensor), 가스발생장치(Inflater)와 팽창 쿠션으로 구성된 에어백 모듈(Module), 에어백 시스템을 제어하는 컨트롤 유닛(ACU or ACM)으로 구성되어 있다.

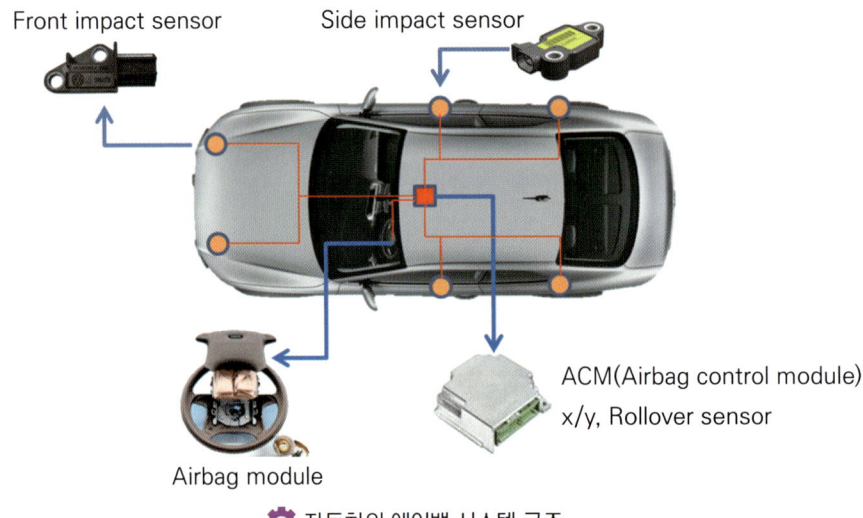

자동차의 에어백 시스템 구조

(1) 충돌감지센서

충돌감지센서는 충돌을 감지하고 충격의 부하 수준을 평가하는 기능을 한다. 센서에 의해 측정된 충격량은 에어백제어모듈(ACM)에 전달되어 에어백의 전개 여부를 판단하는 기초 데이터로 활용된다. 충돌감지센서는 전방 충돌센서, 측면 충돌센서, 전복감지센서 등이 있다.

① 전방 충돌센서(FIS : FRONT IMPACT SENSOR)

전방 충돌센서는 대부분 차량 앞 범퍼 끝단 또는 전방 프레임의 좌우측에 각각 1개씩 설치되어 있고, 실내 에어백제어모듈(ACM)의 내부에도 장착되어 있다. 전방의 충돌센서에서 측정된 충격량과 실내의 ACM에서 측정된 충격량을 비교 분석하여 전방 에어백의 전개 여부를 결정한다.

② 측면 충돌센서(SIS : SIDE IMPACT SENSOR)

측면 충돌센서는 차체 측면 센터필러(B-Pillar), 리어필러(C-Pillar), 도어(Door), 에어백제어모듈(ACM)의 내부에 설치되어 있다. 측면의 충돌센서에서 측정된 충격량과 실내의 ACM에서 측정된 충격량을 비교 분석하여 측면 에어백의 전개 여부를 결정한다.

(2) 에어백 모듈(AIR BAG MODULE)

에어백 모듈은 크게 가스발생기와 쿠션(공기주머니)으로 구성되어 있다.

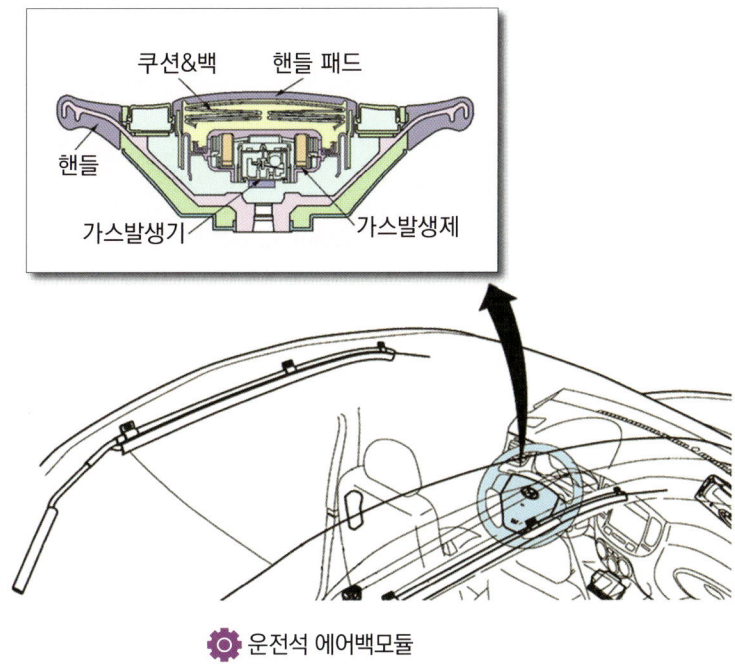

🔹 운전석 에어백모듈

① 가스발생기(INFLATOR)

가스발생기는 에어백 모듈 내부 용기에 담겨져 있는 고체연료를 연소시켜 질소가스를 발생시키고, 이 질소가스를 쿠션(공기주머니)으로 공급하는 역할을 한다. 작동기체의 발생장치로는 고체식, 기체식, 혼합식, 공기 흡입식으로 분류할 수 있는데 경량화 및 소형화에 유리한 고체식이 대부분 사용되고 있다.

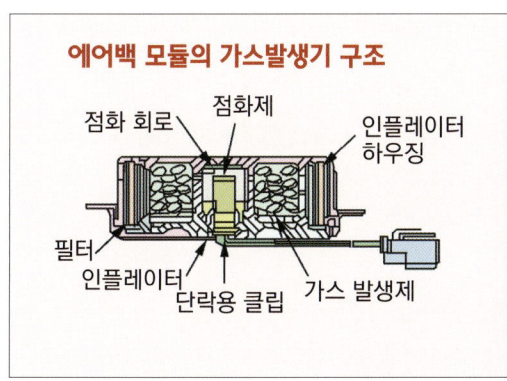
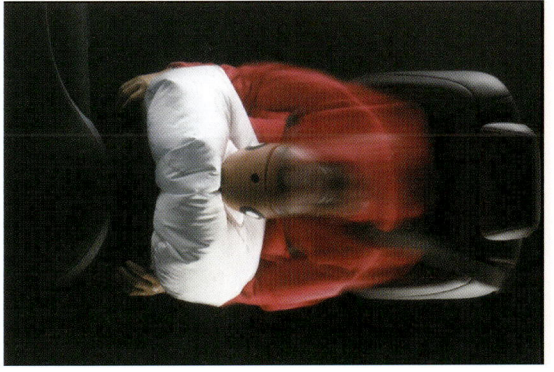

🔹 가스발생기의 구조 및 에어백 쿠션

② 쿠션(CUSHION & BAG)

쿠션은 충돌 사고시 순간적으로 팽창되어 탑승자가 핸들이나 대시판넬 등에 직접 부딪치는 것을 방지하는 역할을 한다. 쿠션은 대부분 팽창시 기밀을 유지하기 위하여 실리콘으로 코팅된 나일론 천으로 만들어져 있다. 쿠션의 뒷면에는 사고 후 탑승자의 시야 확보와 탈출 등을 위해 팽창된 가스가 배출될 수 있는 여러 개의 구멍이 설치되어 있다. 쿠션의 크기는 보통 운전석 60리터(ℓ), 동승석 150리터 정도이다.

(3) 에어백제어모듈(ACM)

각종 센서로부터 입력된 신호를 분석하여 에어백의 작동 여부를 결정하고, 시스템 고장시 경고등을 점등시키는 기능을 한다. ACM의 내부에는 충돌감지 프로그램(Algorithm)이 내장되어 있고, 여러 개의 에어백과 시트벨트 프리텐셔너를 작동시킬 수 있는 점화회로가 연결되어 있다. 보통 전원 차단시에도 일정시간(약 0.15초) 동안 에어백 시스템을 작동시킬 수 있는 에너지를 내부 콘덴서에 저장하고 있다.

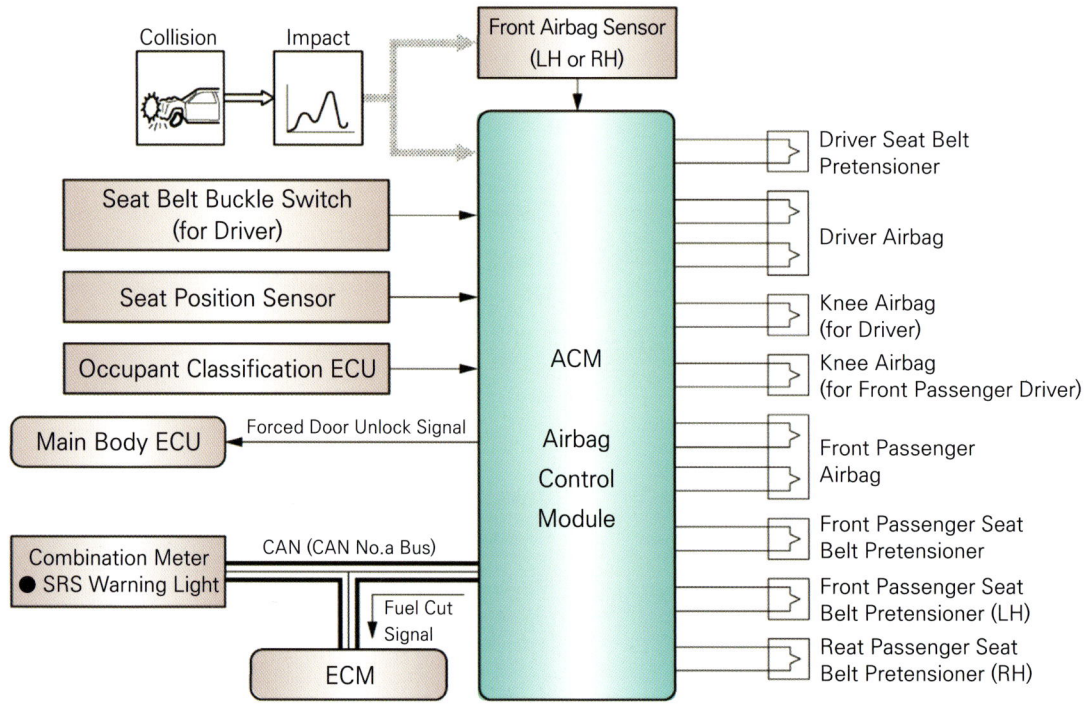

에어백제어모듈(ACM)의 작동 과정

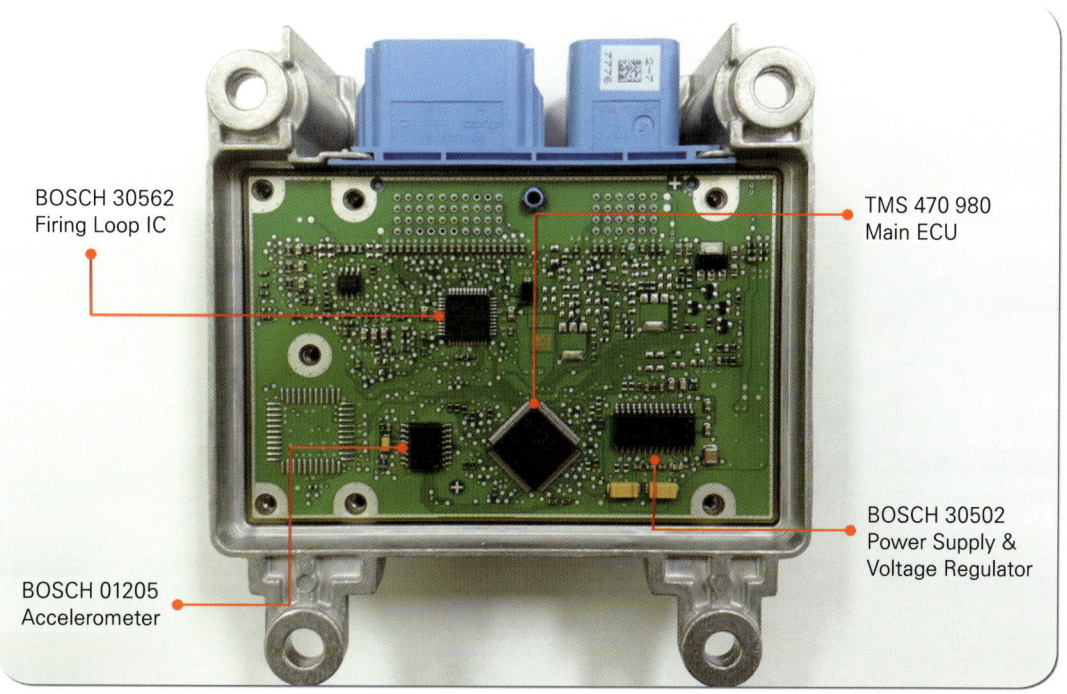

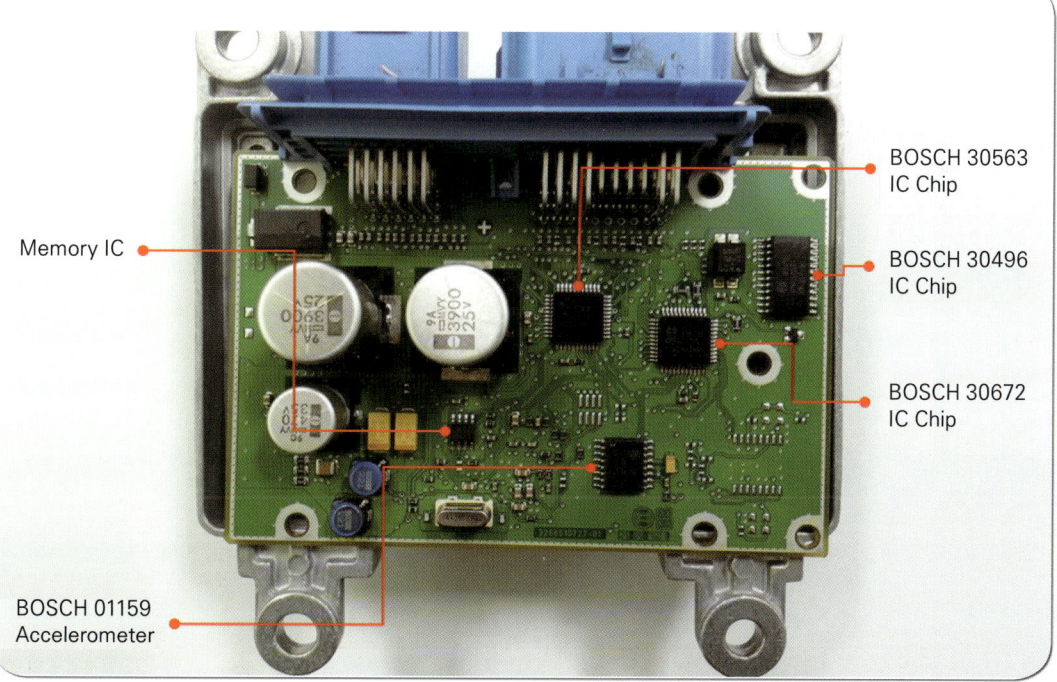

● BOSCH 에어백제어모듈(ACM)의 내부 모습

4. 에어백의 작동원리

Advanced Air Bag Technology Assessment Final Report, US NHTSA, 1998

일반적으로 충돌사고는 100ms 이내에 발생한다. 에어백 전개여부는 충돌초기 20ms 정도에서 결정되어야만 충돌 후 50ms 또는 탑승객이 전방으로 12cm(5") 정도 이동하기 전에 에어백이 완전히 전개될 수 있다. 이때가 완전히 전개된 에어백 면이 탑승자의 전방에서 거의 멈추게 되기 때문이다. 탑승자는 안전띠나 에어백에 의해 구속되기 전까지는 충돌전의 속도를 유지하다가 차실 내장재와 일체가 되면서 차체감속도로 감소하게 된다. 다음 그림은 48km/h 고정벽 충돌시 속도변화 및 대략적인 에어백 전개 스케줄을 나타낸 것이다.

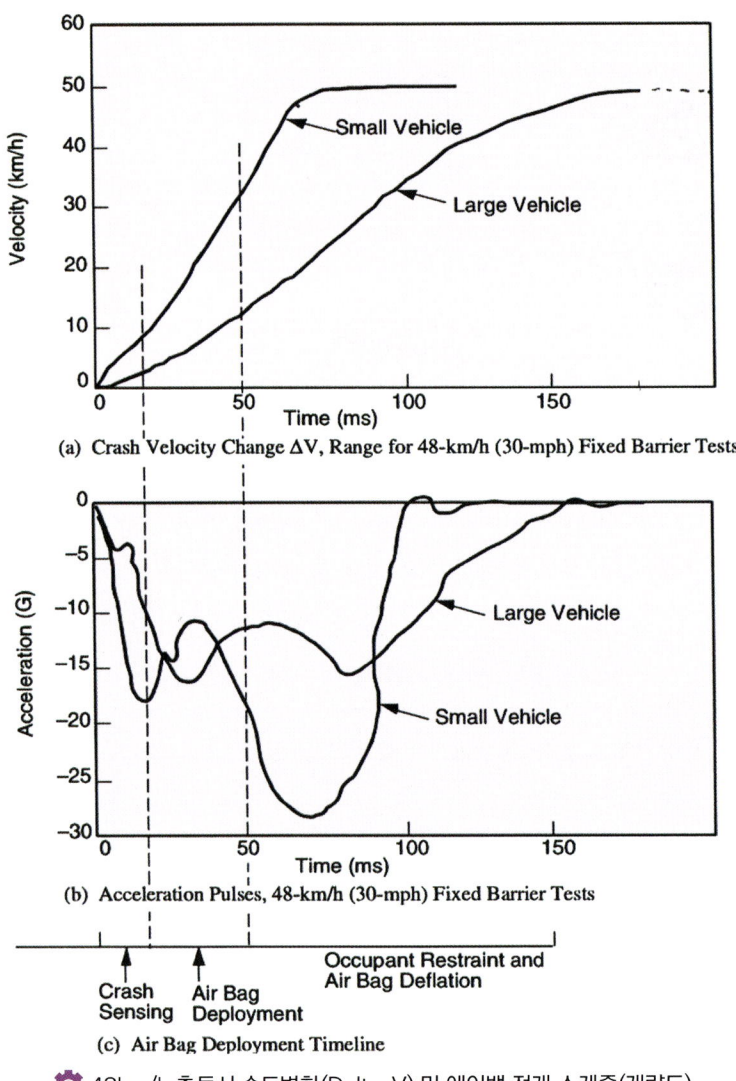

48km/h 충돌시 속도변화(Delta-V) 및 에어백 전개 스케줄(개략도)

5 에어백의 작동과정

한국소비자원, 자동차 에어백 안전실태 조사, 2012. 12

(1) 자동차에는 차체의 전방 및 측면에 충돌감지센서가 부착되어 있고, 차 실내에도 차종에 따라 2~3개의 충격감지센서와 1~2개의 안전센서가 설치되어 있다. 에어백의 전개 여부는 제어백제어모듈(ACM)에 프로그램된 알고리즘에 의해 최종 판단한다. 안전센서는 운전석과 동승석 중간 지점의 앞쪽에 있으며 불필요한 에어백 작동을 방지해 주는 역할을 한다.

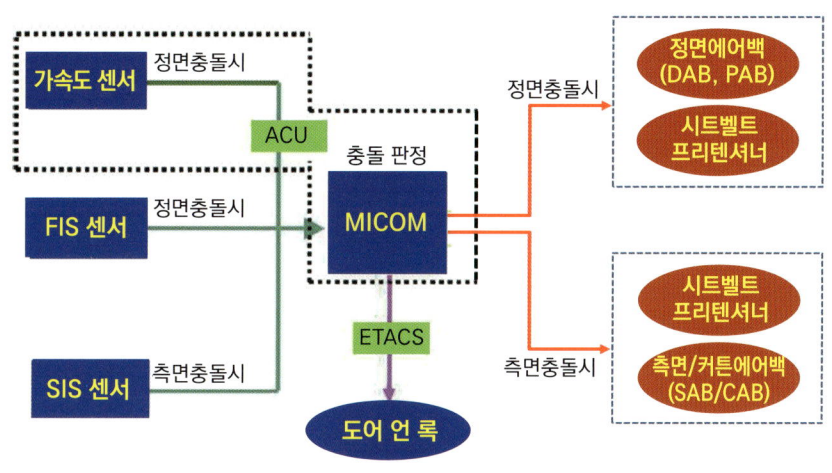

에어백 시스템의 작동 흐름도

(2) 제어백제어모듈(ACM)에는 전개시 전원의 상태, 전개되어진 에어백, 전개시간, 가속도 센서 측정값, 안전벨트 착용여부, 안전벨트 프리텐셔너 작동상태, 에어백 경고등 점등여부 등이 기록되며, 충돌시 배터리가 이탈되어도 보통 150ms 동안 충돌기록이 저장된다.

(3) 자동차가 충돌한 후 센서가 점화 장치를 작동시키기까지 걸리는 시간은 약 0.02초이며, 점화가 발생되면 질소 발생 장치에 폭발이 일어나고 이때 발생한 질소 가스는 여과장치를 지나 에어백 안으로 순식간에 밀려들어가게 된다.

(4) 에어백을 순간적으로 부풀리는데 사용하는 물질은 나트륨과 질소로 이루어진 화합물인 아지드화나트륨($2NaN_3$)이라는 물질을 사용한다. 이 화합물은 높은 온도에서도 불이 붙지 않으며, 충돌이 일어날 때 폭발하지 않지만, 산화철이라는 화합물을 섞어 놓으면 충돌센서 내의 스위치가 작동하여, 기체 발생 장치 내의 점화기를 작동시켜 순간적으로 높은 열이 발생하고 불꽃을 일으켜 질소 가스를 발생시킨다.

(5) 에어백이 완전히 팽창할 때 까지 걸리는 시간은 약 0.05초이며, 팽창된 에어백은 탑승자의 얼굴, 가슴 등과 접촉하면서 에어백을 누르고, 이때 에어백 후면의 가스배출 구멍으로 가스가 배출되어 백이 수축되면서 탑승자와의 충격을 완화시킨다.

6 에어백의 작동 및 미작동 조건

차량의 에어백 시스템은 차량 외부 및 실내에 장착된 충격센서(가속도센서)가 충격을 감지하고, 실내에 설치된 에어백제어모듈(ACM)에서 충격량을 분석하여 작동 여부를 결정하게 된다.

(1) 에어백의 작동 조건

에어백은 충돌 사고 시 안전벨트만으로 탑승자를 충분히 보호하기 어려운 충돌 조건에서 작동한다. 세부적인 작동 조건은 차종에 따라 다르나 대체적으로 전방 에어백의 경우에는 정면에서 좌우 30° 이내의 각도로 작용한 속도변화(Delta_v) 20~30km/h 이상에서 작동한다. 또한 에어백의 충돌감지 알고리즘에 의해 대체적으로 속도변화 14km/h 이하에서는 전개되지 않고, 속도변화 14~20km/h 구간은 불완전 영역(Gray Area)으로 설정되어 있다. 불완전 영역은 충돌감지 상황에 따라 에어백이 작동할 수도 있고, 작동하지 않을 수도 있는 구간이다.

유효충돌속도 & 속도변화(delta-V)	작동 상태	비 고
14km/h 이하	비작동 영역(non fire)	에어백 미 전개
14~20 km/h 구간	불완전 영역(gray area)	충돌상황에 따라 전개/미전개
20km/h 이상 (좌/우 30°이내)	작동영역(all fire)	에어백 작동

전방 에어백의 일반적인 작동조건

(2) 에어백의 미작동 조건

전방 에어백 시스템을 기준할 때 대체적으로 속도변화 14km/h 이하의 경미한 충돌 사고에서는 에어백이 전개되지 않는다. 또한 에어백의 작동 알고리즘에 의해 불완전 영역(Gray Area)으로 설정된 충돌 조건에서는 에어백이 작동하지 않을 수 있다. 전방 에어백이 작동하지 않을 수 있는 불완전 충돌 유형으로는 후방 충돌, 측면 충돌, 모서리부분 충돌, 다른 차량의 밑부분으로 끼어들어가는 충돌, 전면의 특정부위가 나무 또는 전신주와 충돌하는 경우, 차량이 옆으로 구르거나 전복된 경우 등이 있다. 다만, 불완전 충돌 유형에서도 전방으로 강한 충격이 발생한 경우에는 에어백이 작동된다.

부록-2 국내 사고기록장치(EDR) 관련 규정

자동차관리법

제29조의3(사고기록장치의 장착 및 정보제공)

① 자동차제작·판매자등이 사고기록장치를 장착할 경우에는 국토해양부령으로 정하는 바에 따라 장착하여야 한다.

② 자동차제작·판매자등이 제1항에 따라 사고기록장치가 장착된 자동차를 판매하는 경우에는 사고기록장치가 장착되어 있음을 구매자에게 알려야 한다.

③ 제1항에 따라 사고기록장치를 장착한 자동차제작·판매자등은 자동차 소유자 등 국토해양부령으로 정하는 자가 기록내용을 요구할 경우 사고기록장치의 기록정보를 제공하여야 한다.

④ 제1항부터 제3항까지의 규정에 따른 사고기록장치의 장착기준, 장착사실의 통지 및 기록정보의 제공방법 등 필요한 사항은 국토해양부령으로 정한다.

[본조신설 2012.12.18.]

[시행일 : 2015.12.19] 제29조의3

제79조(벌칙) 다음 각 호의 어느 하나에 해당하는 자는 3년 이하의 징역 또는 1천만원 이하의 벌금에 처한다. 〈개정 2011.5.24. , 2012.12.18. , 2013.3.23. , 2013.12.30. 〉

1. 제20조·제44조·제45조 및 제47조에 따른 국토교통부장관의 지정을 받지 아니하고 등록번호판의 발급, 자동차검사 또는 택시미터의 검정을 한 자
2. 제29조의3제1항을 위반한 자동차제작·판매자등(판매위탁을 받은 자는 제외한다)
3. 제29조의3제2항을 위반하여 사고기록장치가 장착되어 있음을 구매자에게 알리지 아니한 자
4. 제29조의3제3항을 위반하여 사고기록장치의 기록정보를 제공하지 아니하거나 거짓으로 제공한 자

자동차관리법 시행규칙

제30조의2(사고기록장치의 장착 안내 및 정보제공 등)

① 법 제29조의3제2항에 따라 자동차를 제작·조립 또는 수입하는 자(이들로부터 자동차의 판매위탁을 받은 자를 포함하며, 이하 "자동차제작·판매자등"이라 한다)는 사고기록장치가 장착된 자

동차를 판매하는 경우에는 별표 4의4의 사고기록장치 안내문을 구매자에게 교부하여야 한다.

② 법 제29조의3제3항에서 "국토교통부령으로 정하는 자"란 다음 각 호의 어느 하나에 해당하는 자를 말한다.

1. 자동차 소유자
2. 자동차 소유자의 배우자·직계존속 또는 직계비속
3. 사고 자동차의 운전자
4. 사고 자동차의 운전자의 배우자·직계존속 또는 직계비속
5. 국토교통부장관
6. 법 제32조제3항에 따라 성능시험을 대행하는 자(이하 "성능시험대행자"라 한다)

③ 자동차제작·판매자등은 제2항 각 호의 어느 하나에 해당하는 자로부터 사고기록장치 기록내용의 제공을 요구 받으면 그 날부터 15일 이내에 사고기록의 기록내용을 직접 교부하거나 우편으로 송달하여야 한다.

[본조신설 2013.12.12][시행일 : 2015.12.19] 제30조의2

사고기록장치 세부 안내문(제30조의2제1항 관련)

이 자동차에는 사고기록장치가 장착되어 있습니다.

사고기록장치는 자동차의 충돌 등 사고 전후 일정시간 동안 자동차의 운행 정보(주행속도, 제동페달, 가속페달 등의 작동 여부)를 저장하고, 저장된 정보를 확인할 수 있는 기능을 하는 장치를 말합니다. 사고기록정보는 사고 상황을 좀 더 잘 이해하는데 도움이 됩니다.

자동차 및 자동차부품의 성능과 기준에 관한 규칙

제56조의2(사고기록장치)

① 법 제2조제10호에서 "자동차의 충돌 등 국토교통부령으로 정하는 사고"란 다음 각 호의 어느 하나에 해당하는 상황이 발생한 경우를 말한다.

1. 0.15초 이내에 진행방향의 속도 변화 누계가 시속 8킬로미터 이상에 도달하는 경우(측면방향의 속도 변화가 기록되는 자동차의 경우에는 측면방향 속도 변화 누계가 0.15초 이내에 시속 8킬로미터 이상에 도달하는 경우를 포함한다)
2. 에어백 또는 좌석안전띠 프리로딩 장치 등 비가역안전장치가 전개되는 경우

② 「자동차관리법」 제29조의3제1항에 따라 승용자동차와 차량 총중량 3.85톤 이하의 승합자동차·화물자동차에 사고기록장치를 장착할 경우에는 별표 5의25에 따른 사고기록장치 장착기준에 적합하게 장착하여야 한다.

자동차 및 자동차부품의 성능과 기준에 관한 규칙, [별표 5의25] 관련

사고기록장치 장착기준(제56조의2제2항 관련)

1. 사고기록장치 장착 일반기준

    가. 사고기록장치는 제56조의2제1항제1호 또는 제2호 중 먼저 발생한 사고에 대하여 이 표 제2호에서 정한 방법에 따라 운행정보를 기록하여야 한다.

    나. 사고기록장치는 가목에 따른 운행정보의 기록을 2회 이상 할 수 있어야 한다.

    다. 그 밖에 사고기록장치 운행정보의 기록방법 등에 관한 세부내용은 국토교통부장관이 정하여 고시한다.

2. 사고기록장치 기록 항목

    가. 사고기록장치에는 다음과 같은 운행정보가 기록되어야 한다.

순번	기록항목	기록 간격 · 시간	초당 기록회수
1	진행방향 속도변화 누계	다음 각 목 중 짧은 시간 가. 0초부터 0.25초까지 나. 0초부터 사고종료시점 + 0.03초 까지	100
2	진행방향 최대 속도변화값	다음 각 목 중 짧은 시간 가. 0초부터 0.30초까지 나. 0초부터 사고종료시점 + 0.03초 까지	해당 없음
3	최대 속도변화값 시간		
4	자동차 속도	-5초부터 0초까지	2
5	엔진 스로틀밸브 열림량 또는 가속페달 변위량	-5초부터 0초까지	2
6	제동페달 작동 여부	-5초부터 0초까지	2
7	시동장치의 원동기 작동위치 누적 횟수	-1초 시점	해당 없음
8	정보추출 시 시동장치의 원동기 작동위치 누적 횟수	정보 추출시점	해당 없음
9	운전석 좌석안전띠 착용 여부	-1초 시점	해당 없음
10	정면 에어백 경고등 점등 여부	-1초 시점	해당 없음
11	운전석 정면 에어백 전개 시간(다단 에어백은 1단계 전개 시간)	0초부터 전개시점까지	해당 없음
12	동승석 정면 에어백 전개 시간 (다단 에어백은 1단계 전개 시간)	0초부터 전개시점까지	해당 없음

13	다중사고 횟수	다중사고 종료시점	해당 없음
14	다중사고 간격	시간 간격	해당 없음
15	1)부터 14)까지 항목의 정상 기록완료 여부	예 또는 아니오	해당 없음

주)

1. "0초"란 사고기록 시 기록간격이나 시간간격에 대한 기준시점으로서 다음 각 목 중 먼저 발생된 경우의 시점을 말한다.

   가. 에어백제어장치의 "켜짐(wake-up)" 기능을 가진 경우에는 에어백 제어 프로그램이 작동되는 경우

   나. 에어백제어장치의 연속작동 제어 프로그램을 가진 경우에는 0.02초 이내에 진행방향 속도 변화 누계가 시속 0.8킬로미터 이상 도달하는 경우(측면방향 속도변화가 기록되는 자동차는 0.005초 이내에 측면방향 속도 변화 누계가 시속 0.8킬로미터 이상 도달하는 경우를 포함한다)

   다. 에어백 또는 좌석안전띠 프리로딩 장치 등 비가역안전장치가 전개되는 경우

2. "사고종료시점"이란 사고기록을 종료하는 기준시점으로 다음 각 목 중 먼저 발생된 경우의 시점을 말한다.

   가. 0.02초 이내에 진행방향 속도 변화 누계가 시속 0.8킬로미터 미만일 경우. 다만, 측면방향 속도 변화가 기록되는 자동차는 0.02초 이내에 진행방향과 측면방향의 합성 속도 변화 누계가 시속 0.8킬로미터 미만일 경우를 말한다.

   나. 에어백제어장치의 에어백 등 비가역안전장치 제어 프로그램이 재설정되는 경우

3. "제동페달"에는 발조작식 외에 다른 형태의 조작방식을 포함한다.

4. "시동장치의 원동기 작동위치 누적횟수"란 사고시점까지 시동장치의 원동기 작동위치 누적 횟수를 말한다.

5. "정보 추출 시 시동장치의 원동기 작동위치 누적횟수"란 정보 추출시점까지 시동장치의 원동기 작동위치 누적횟수를 말한다.

6. "다중사고 횟수"란 교차로 사고 등 5초 이내에 발생한 연속 사고의 횟수를 말한다.

7. "다중사고 간격"이란 첫 번째 사고의 0초부터 두 번째 사고의 0초까지의 시간 간격을 말한다.

나. 가목에서 정한 항목 이외의 아래 표의 기록항목과 같은 운행정보를 추가로 기록하려는 경우에는 아래 표의 기록방법에 적합하게 기록하여야 한다.

순번	기록 항목	기록 간격·시간	초당 기록회수
1	측면방향 속도변화 누계	다음 각 목 중 짧은 시간 가. 0초부터 0.25초까지 나. 0초부터 사고종료시점+0.03초까지	100
2	측면방향속도 최대변화값	다음 각 목 중 짧은 시간 가. 0초부터 0.30초까지 나. 0초부터 사고종료시점+0.03초까지	해당 없음
3	측면방향속도 최대변화값 시간		
4	합성속도 최대변화값 시간		
5	자동차 전복경사각도	-1초부터 1초 이상까지	10

6	엔진 회전수(RPM)	-5초부터 0초까지	2
7	바퀴잠김방지식제동장치(ABS) 작동 여부		
8	자동차안정성제어장치(ESC) 작동 여부		
9	조향핸들 각도		
10	동승석 좌석안전띠 착용 여부	-1초 시점	해당 없음
11	동승석 정면에어백 작동상태(켜짐, 꺼짐, 자동)	-1초 시점	해당 없음
12	운전석 정면 다단 에어백의 2단계부터 단계별 전개 시간	0초부터 전개시점까지	해당 없음
13	동승석 정면 다단 에어백의 2단계부터 단계별 전개 시간		
14	운전석 정면 다단 에어백의 2단계부터 단계별 추진체 강제처리 여부		
15	동승석 정면 다단 에어백의 2단계부터 단계별 추진체 강제처리 여부		
16	운전석 측면 에어백 전개 시간	0초부터 전개시점까지	해당 없음
17	동승석 측면 에어백 전개 시간		
18	운전석 커튼 에어백 전개 시간		
19	동승석 커튼 에어백 전개 시간		
20	운전석 좌석안전띠 프리로딩 장치 전개 시간		
21	동승석 좌석안전띠 프리로딩 장치 전개 시간		
22	운전석좌석 최전방 위치이동스위치 작동 여부	-1초 시점	해당 없음
23	동승석좌석 최전방 위치이동스위치 작동 여부		
24	운전석 승객 크기 유형		
25	동승석 승객 크기 유형		
26	운전자 정위치 착석 여부		
27	동승석 정위치 착석 여부		
28	측면방향 가속도	다음 각 목 중 짧은 시간 가. 0초부터 0.25초까지 나. 0초부터 사고종료시점+0.03초 까지	해당 없음
29	진행방향 가속도		
30	수직방향 가속도		

주)

1. "합성속도 최대변화값 시간"이란 진행방향과 측면방향의 합성속도변화 최대값에 대한 시간을 말한다.
2. "에어백의 단계별 추진체 강제처리 여부"란 에어백 추진체의 처리 목적이 승객보호인지 강제처리인지 여부를 구분하여 표시하는 것을 말한다.
3. 12)부터 15)까지는 1단계를 제외한 남은 단계의 수만큼 항목을 추가하여 기록하여야 한다.
4. "승객 크기 유형"이란 승객의 몸무게 또는 신체크기 등을 구분하는 것을 말한다.

부록-3　EDR 데이터 요소에 관한 주요 회로도

1. 에어백(Air-Bag) 시스템 회로

2. ABS(Anti Lock Brake System) 시스템 회로

3. 차속 회로

4. 브레이크 등화 스위치 회로

5. 엔진제어(PCM) 회로

6. 자기진단점검(OBD) 단자 회로

01 에어백(AIR-BAG) 시스템 회로 #1

01 에어백(AIR-BAG) 시스템 회로 #2

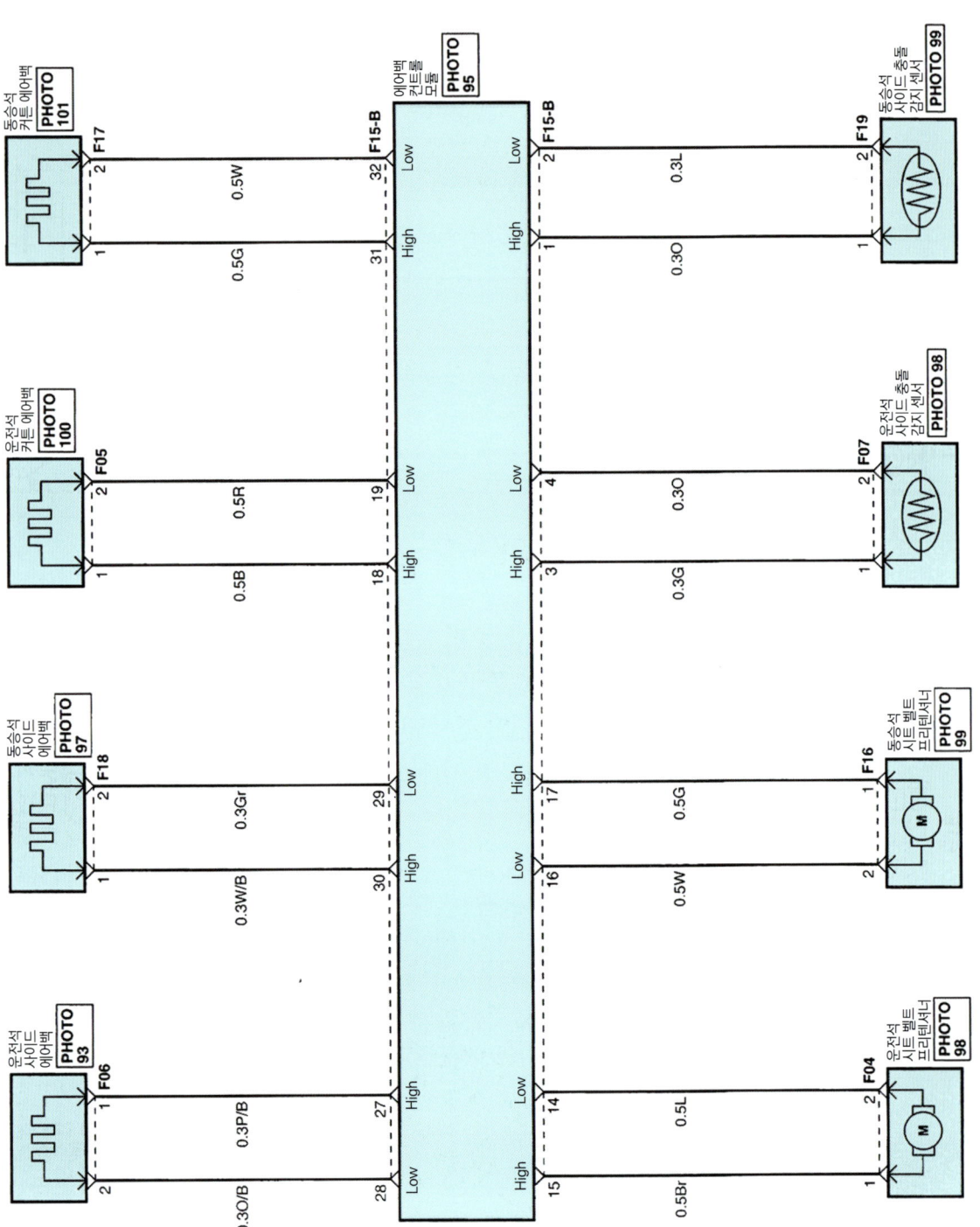

02 ABS(ANTI LOCK BRAKE SYSTEM) 시스템 회로 #1

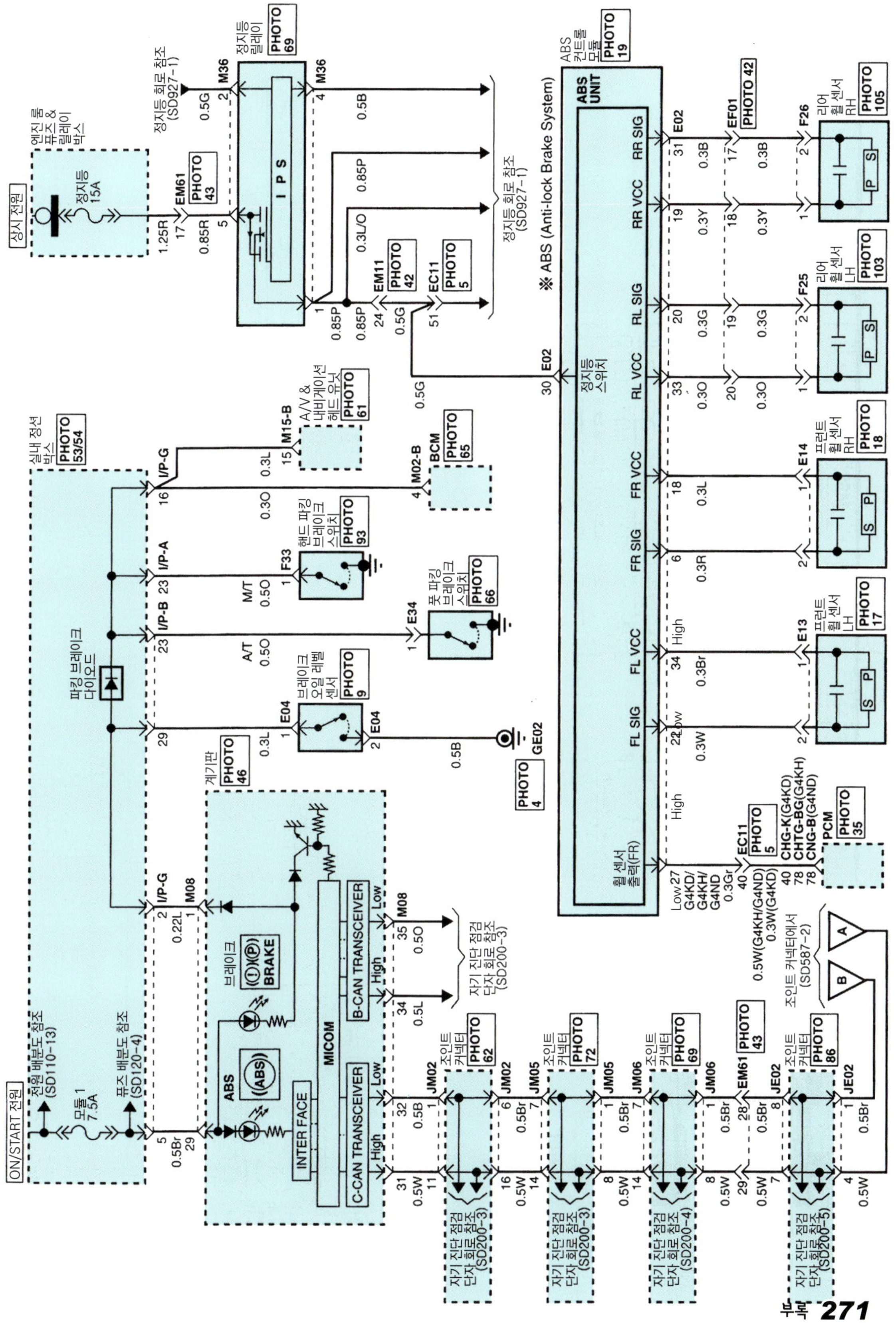

02 ABS(ANTI LOCK BRAKE SYSTEM) 시스템 회로 #2

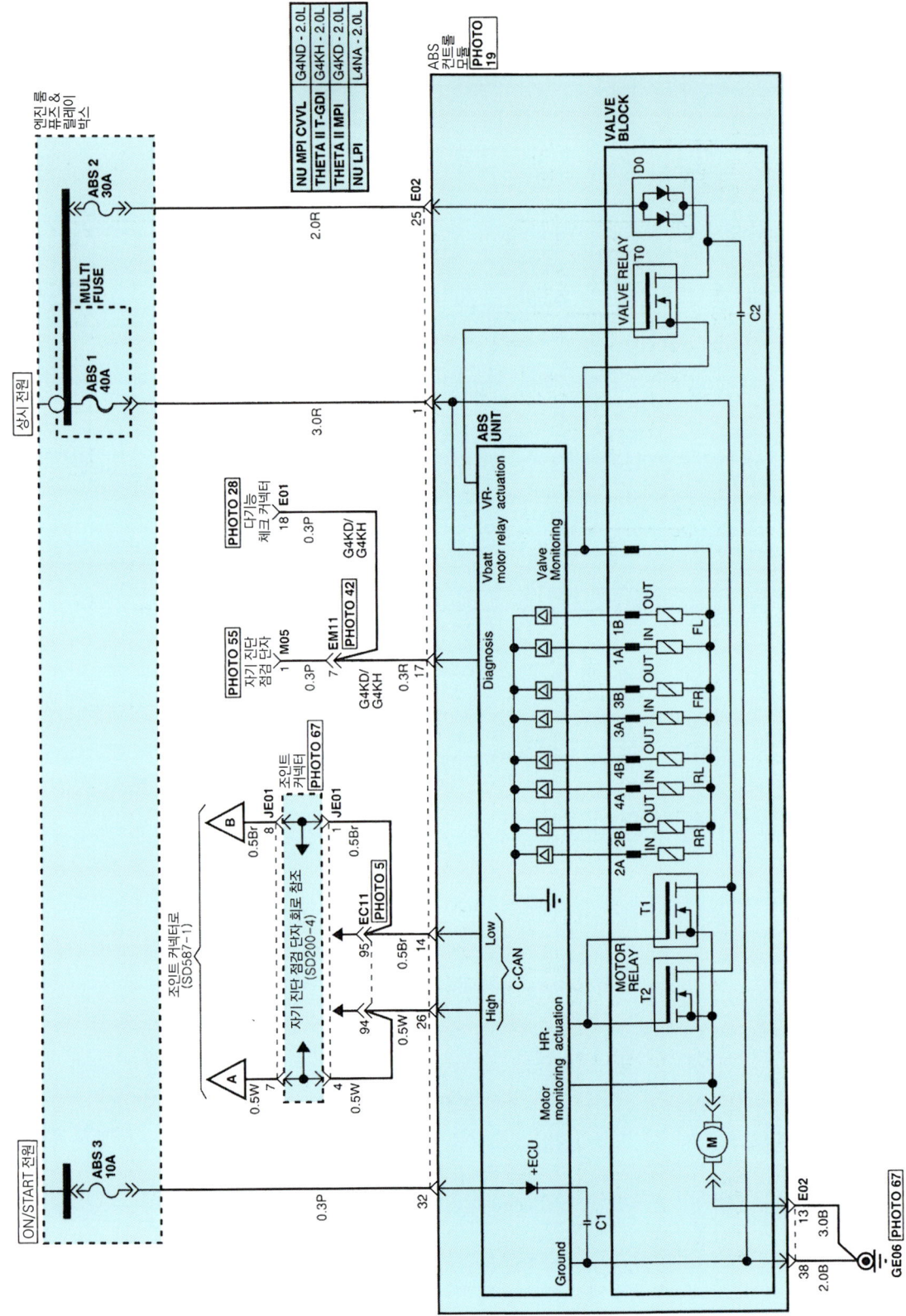

03 차속 회로 #1

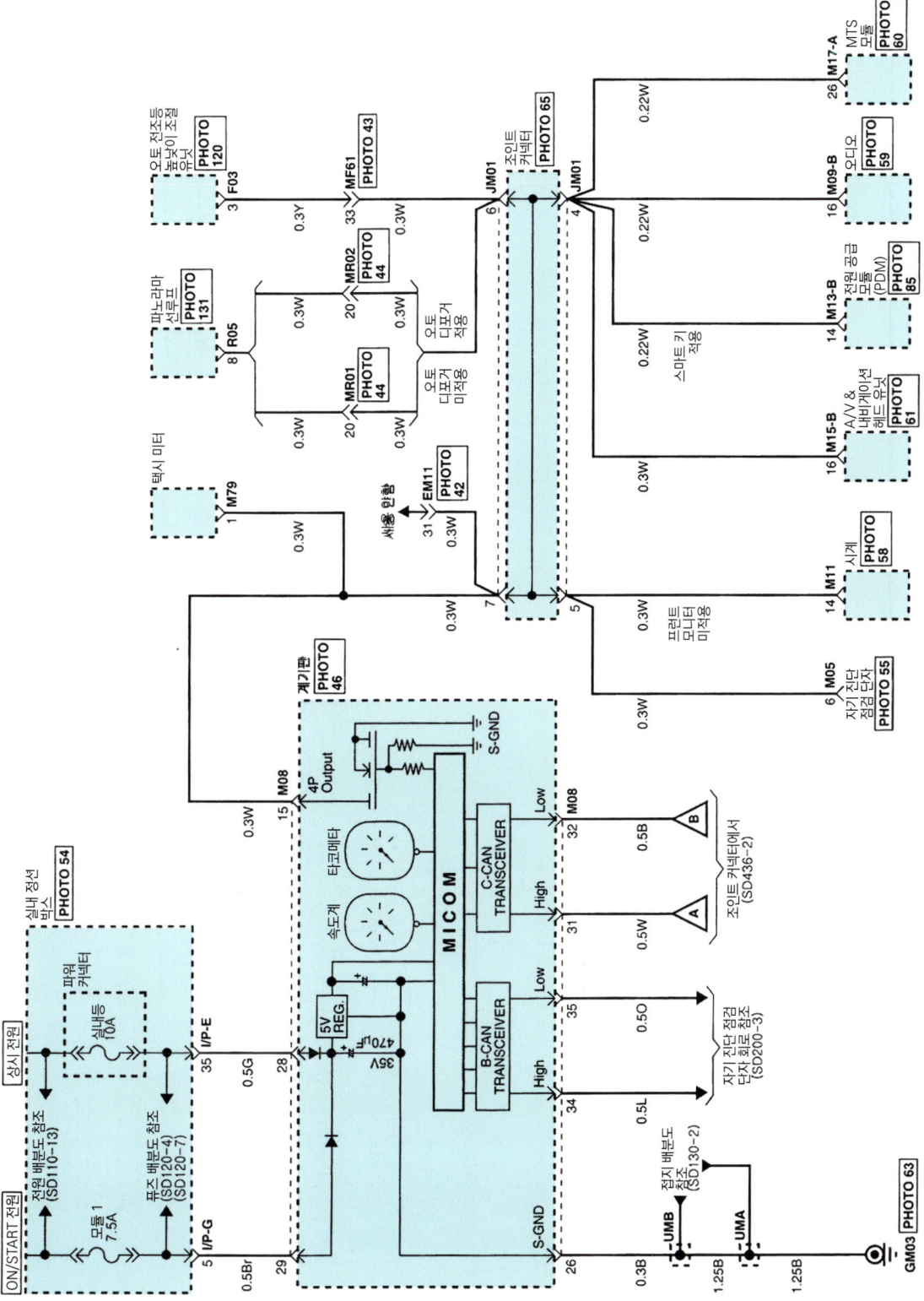

부록 **273**

03 차속 회로 #2

- 보통 ABS 모듈은 4개의 프론트 및 리어 휠 스피드 센서로부터 차속 신호를 받아 CAN 통신을 통해 PCM(Powertrain Control Module)과 계기판의 MICOM에 정보를 송신한다. EDR은 CAN 통신을 통해 차속정보를 확인하고, 계기판의 MICOM은 송신받은 차속정보를 제어하여 계기판에 속도를 표시한다.

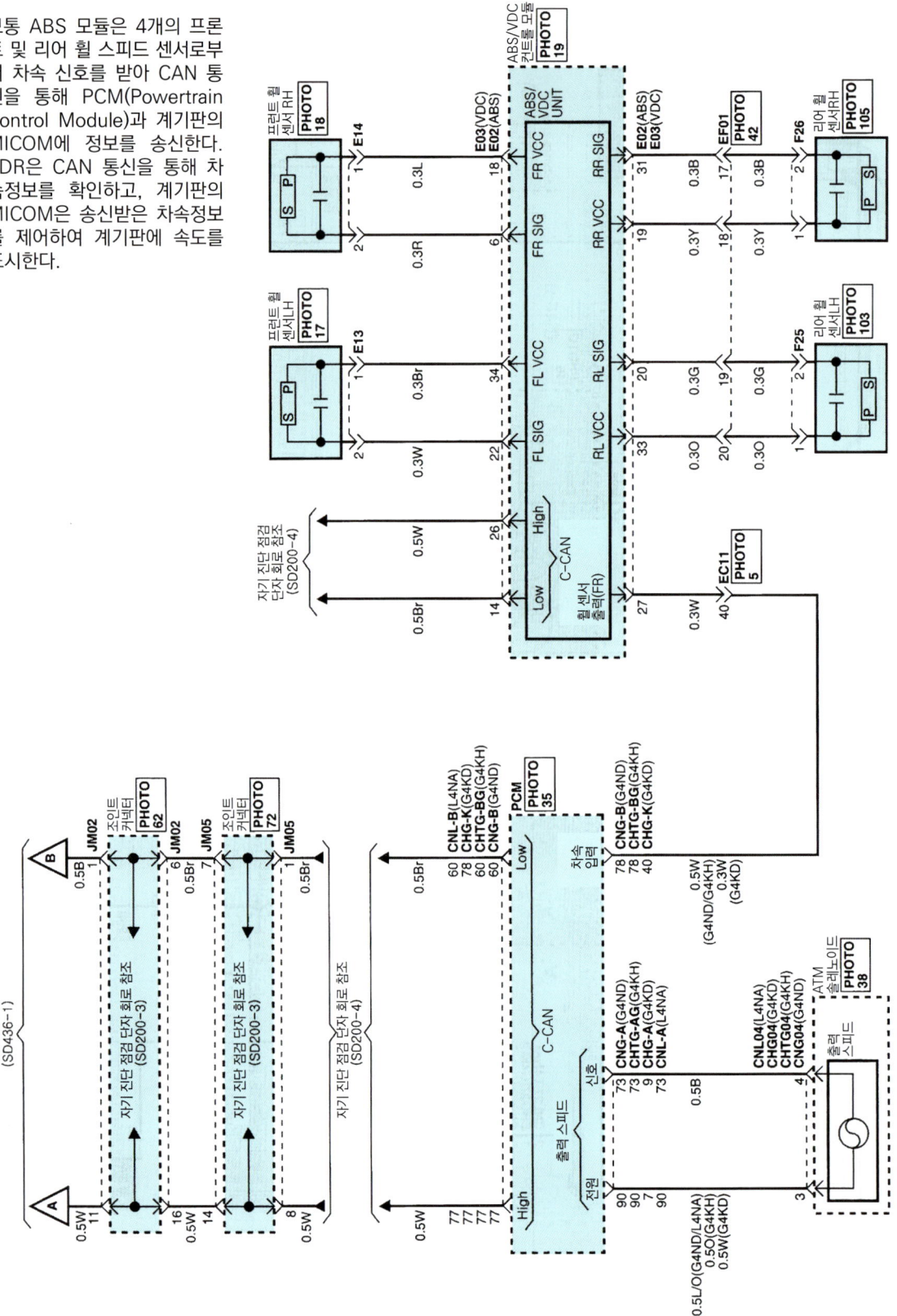

04 브레이크 등화 스위치 회로

- 브레이크 페달을 밟으면 브레이크 등화 스위치 A는 ON, 스위치 B는 OFF 상태가 된다. 스위치 B는 시스템 점검을 위한 회로이며, 브레이크 스위치가 작동되면 후방의 브레이크 등화가 점등된다.

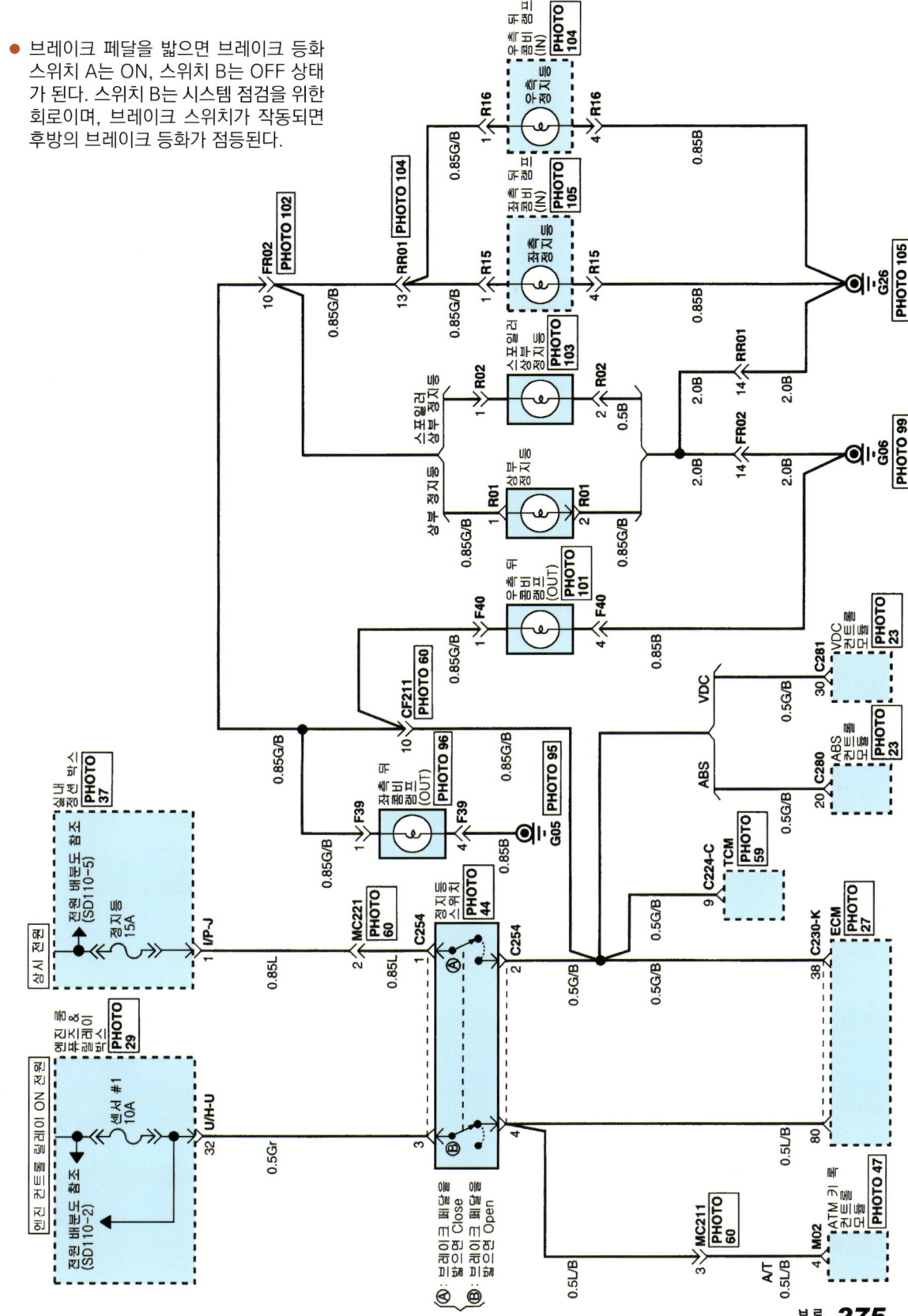

05 엔진제어(PCM) 회로 #1

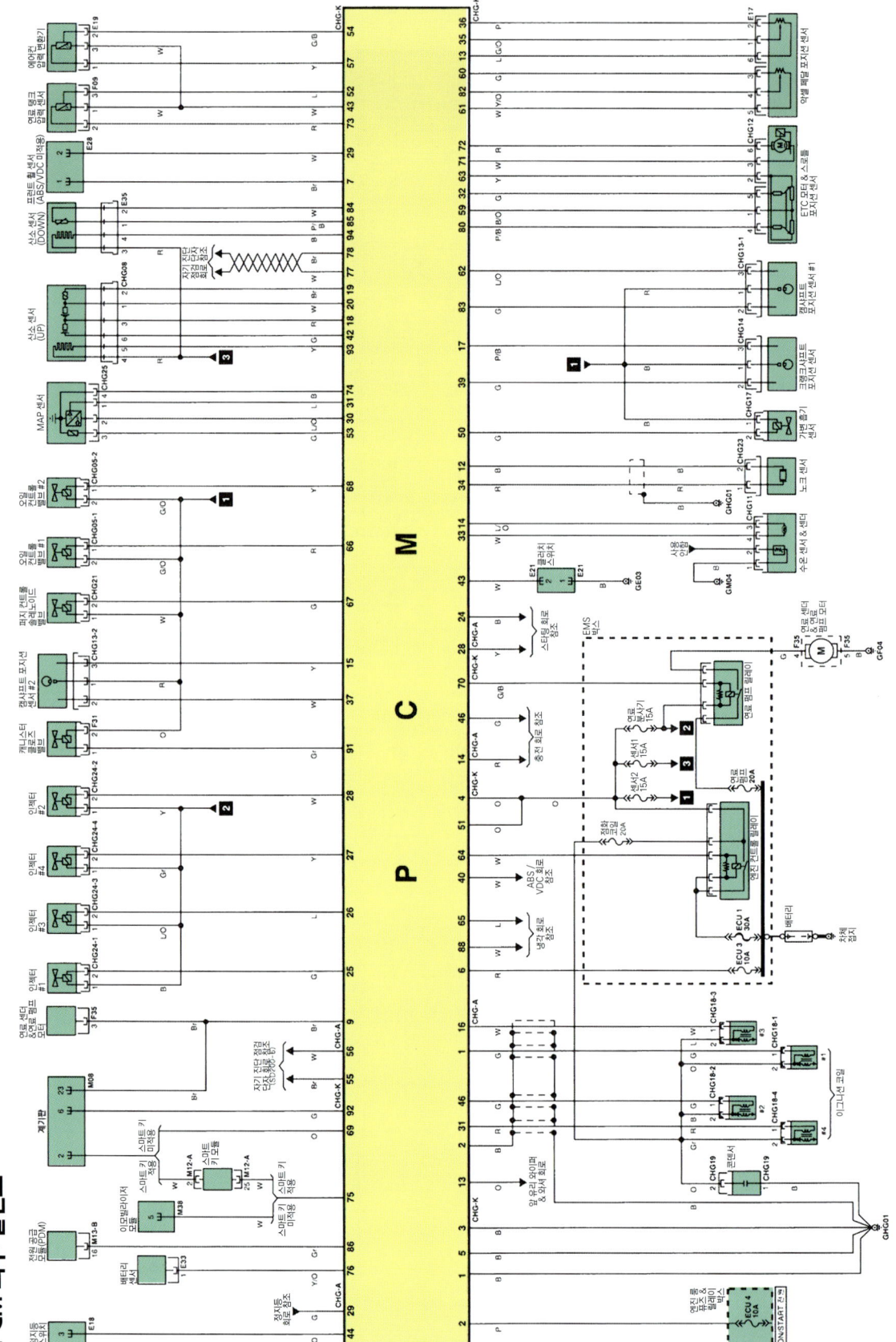

PCM 외부 결선도

05 엔진제어(PCM) 회로 #2

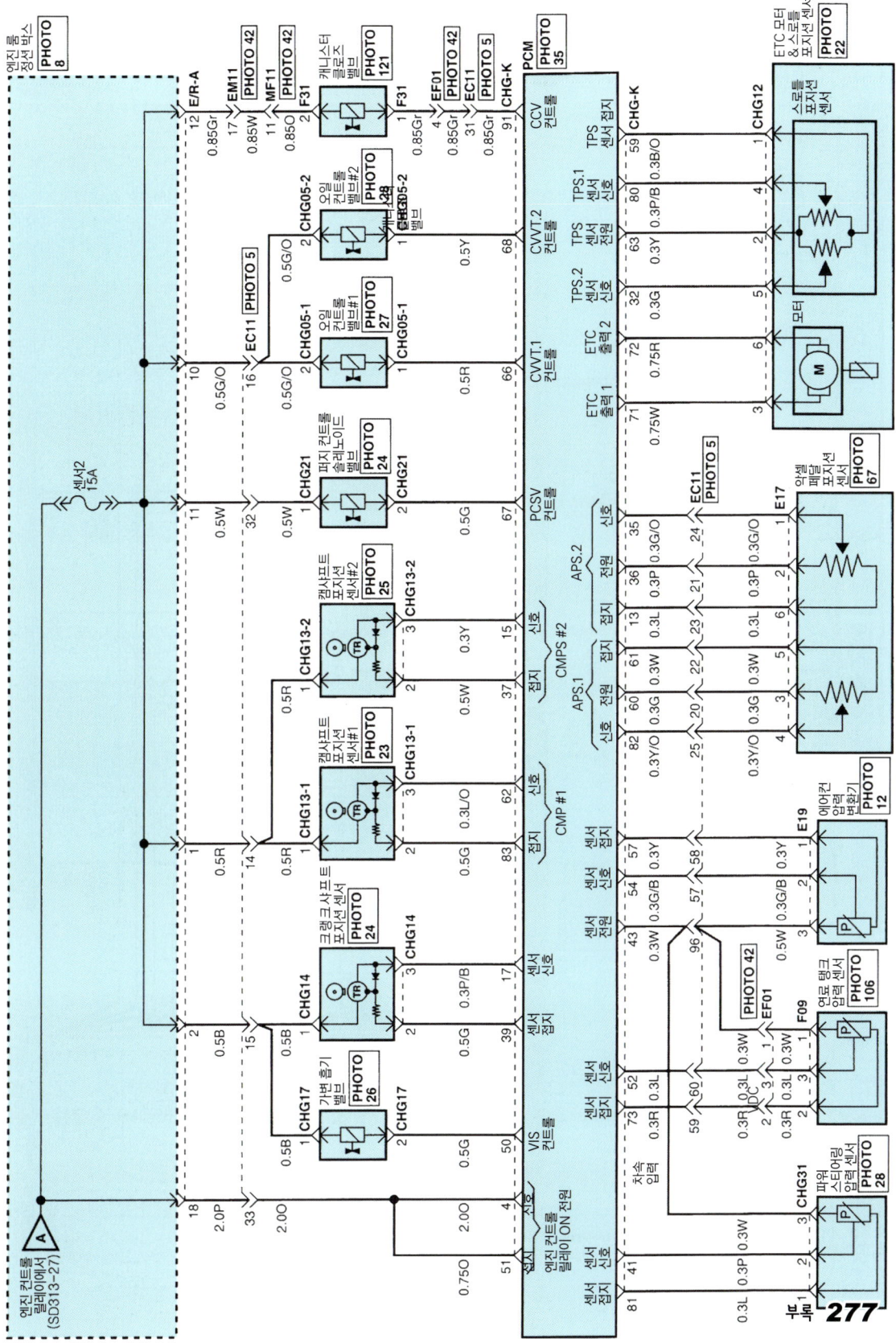

06 자기진단점검(OBD) 단자 회로 #1

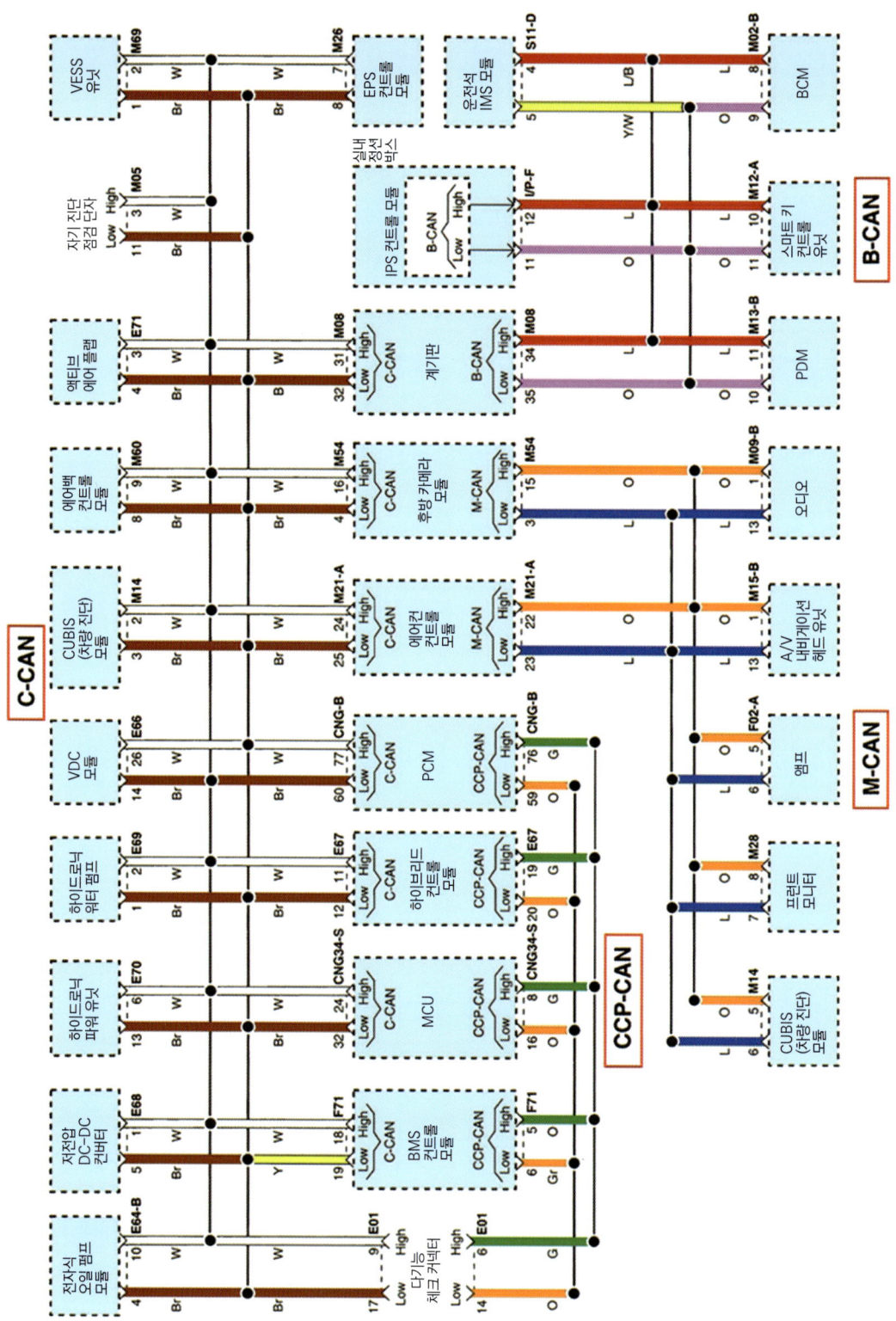

06 자기진단점검(OBD) 단자 회로 #2

● 차량 시스템의 점검 및 EDR 데이터를 추출하기 위한 단자로 이용된다.

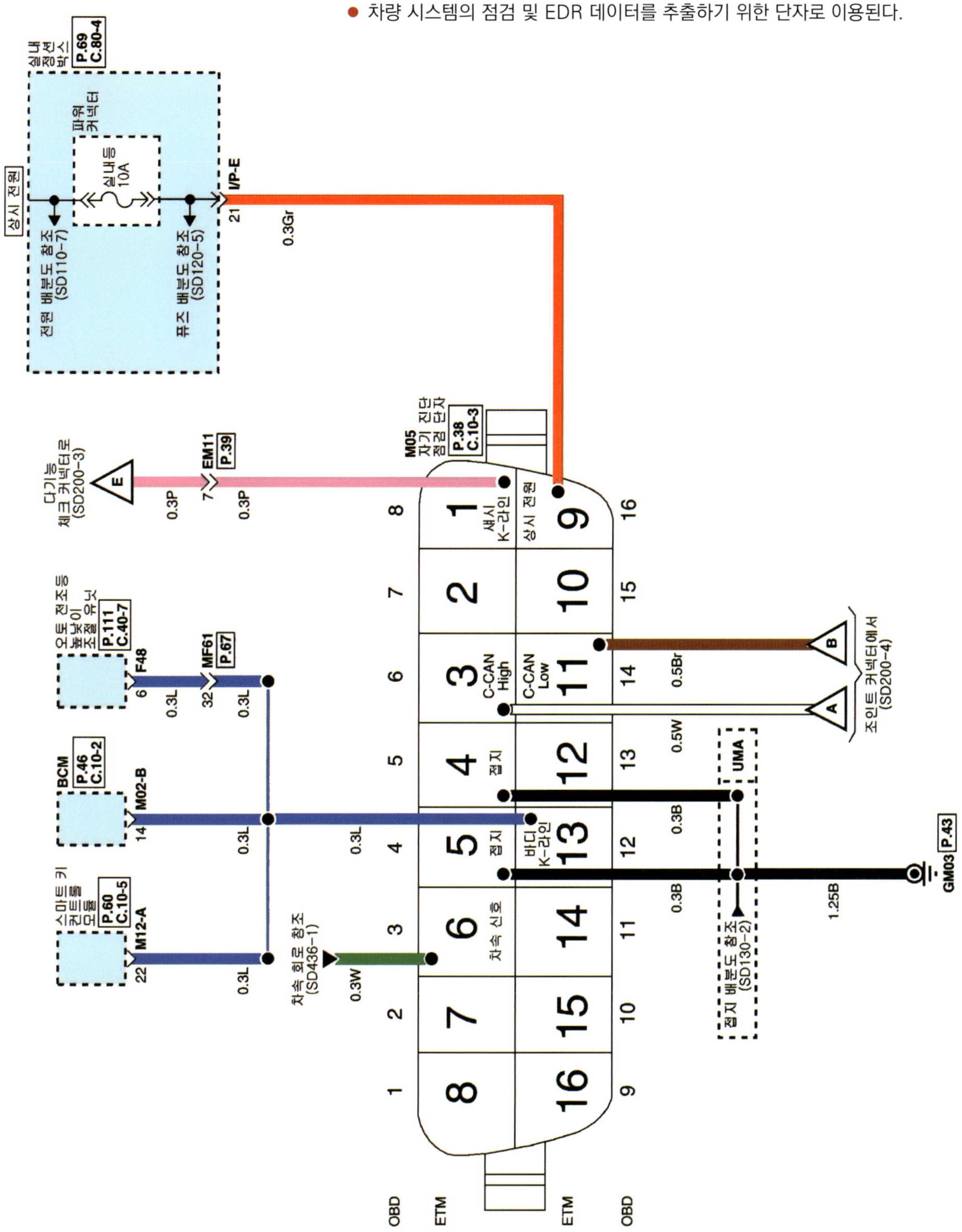

M·E·M·O

부록-4 EDR REPORT(HYUNDAI)

Vehicle Information
  HY | EQUUS(VI) | 2013 | ALL | AIRBAG SYSTEM

Additional Information
  User   :
  CaseNumber :
  CrashDate :
  Part No. : 95910 -
  Save on   : Wednesday, May 20, 2015, at 18:29:33
  G-EDR Software Version : 1.00

EDR Data Limitations

The retrieval of his EDR data has authorized by the vehicle's owner, or other legal authority.

The airbag ECU can store up to two events. Deployment events cannot be overwritten or cleared from airbag ECU. Non-deployment events(which did not qualify as deployable events) can be overwritten by subsequent events.

The specifications for EDR are designed to be compatible with NHTSA 49 CFR Part 563 rule. The EDR data recording specifications of airbag ECU are divided into the following four categories.
- For the Event#1: Event#1-1 Event#1-2 Event#1-3 Real-Time Data.
- For the Event#2: Event#2-1 Event#2-2 Event#2-3 Real-Time Data.
The airbag ECU records data for all or some of the following crash(event)
But, depending on the installed airbag ECU, data for side crash and/or rollover crash(event) may not be recored.

Ignition cycle counter(download) will increment by 1 every time when the power mode cycles is changed from OFF/Accessory to IGN/RUN or EDR data is downloaded by using the retrieval tool.

< Event # 1 - 1 >

1 [Delta-V (Longitudinal)]

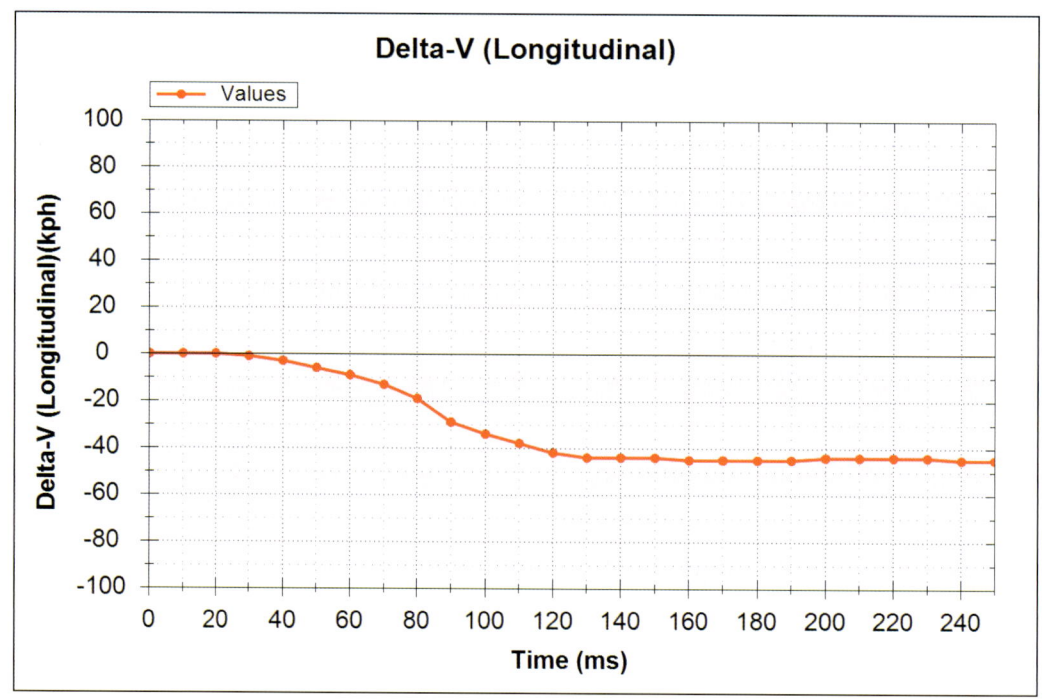

Num	Time (ms)	Delta-V (Longitudinal) (kph)
1	0.0	0
2	10.0	0
3	20.0	0
4	30.0	-1
5	40.0	-3
6	50.0	-6
7	60.0	-9
8	70.0	-13
9	80.0	-19
10	90.0	-29
11	100.0	-34
12	110.0	-38
13	120.0	-42
14	130.0	-44
15	140.0	-44
16	150.0	-44
17	160.0	-45
18	170.0	-45
19	180.0	-45
20	190.0	-45

21	200.0	-44
22	210.0	-44
23	220.0	-44
24	230.0	-44
25	240.0	-45
26	250.0	-45

2 [Max. Delta-V (Longitudinal)]

Num	Max. Delta-V (Longitudinal) (kph)
1	-45

3 [Time_ Max. Delta-V (Longitudinal)]

Num	Time_ Max. Delta-V (Longitudinal) (ms)
1	297.5

4 [Delta-V (Lateral)]

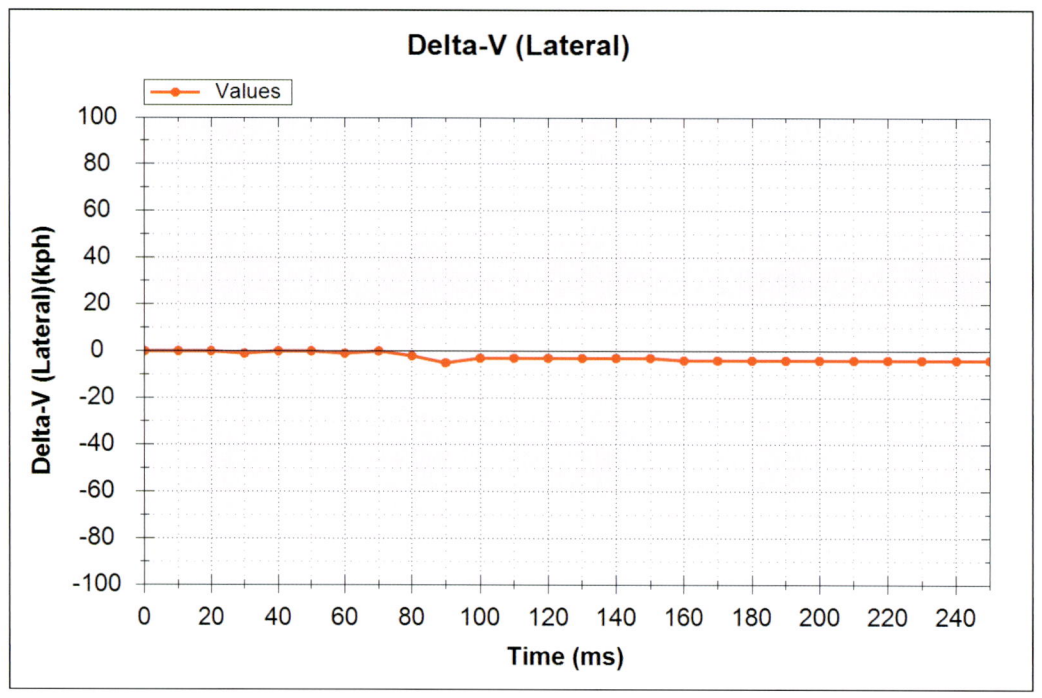

Num	Time (ms)	Delta-V (Lateral) (kph)
1	0.0	0
2	10.0	0
3	20.0	0
4	30.0	-1
5	40.0	0
6	50.0	0
7	60.0	-1
8	70.0	0
9	80.0	-2
10	90.0	-5
11	100.0	-3
12	110.0	-3
13	120.0	-3
14	130.0	-3
15	140.0	-3
16	150.0	-3
17	160.0	-4
18	170.0	-4
19	180.0	-4
20	190.0	-4
21	200.0	-4
22	210.0	-4

23	220.0	-4
24	230.0	-4
25	240.0	-4
26	250.0	-4

5 [Max. Delta-V (Lateral)]

Num	Max. Delta-V (Lateral) (kph)
1	-5

6 [Time_ Max. Delta-V (Lateral)]

Num	Time_ Max. Delta-V (Lateral) (ms)
1	297.5

7 [Time_ Max. Delta-V (Resultant)]

Num	Time_ Max. Delta-V (Resultant) (ms)
1	252.5

8 [Vehicle roll angle]
Not Supported...

< Event # 1 - 2 >

1 [Vehicle Speed]

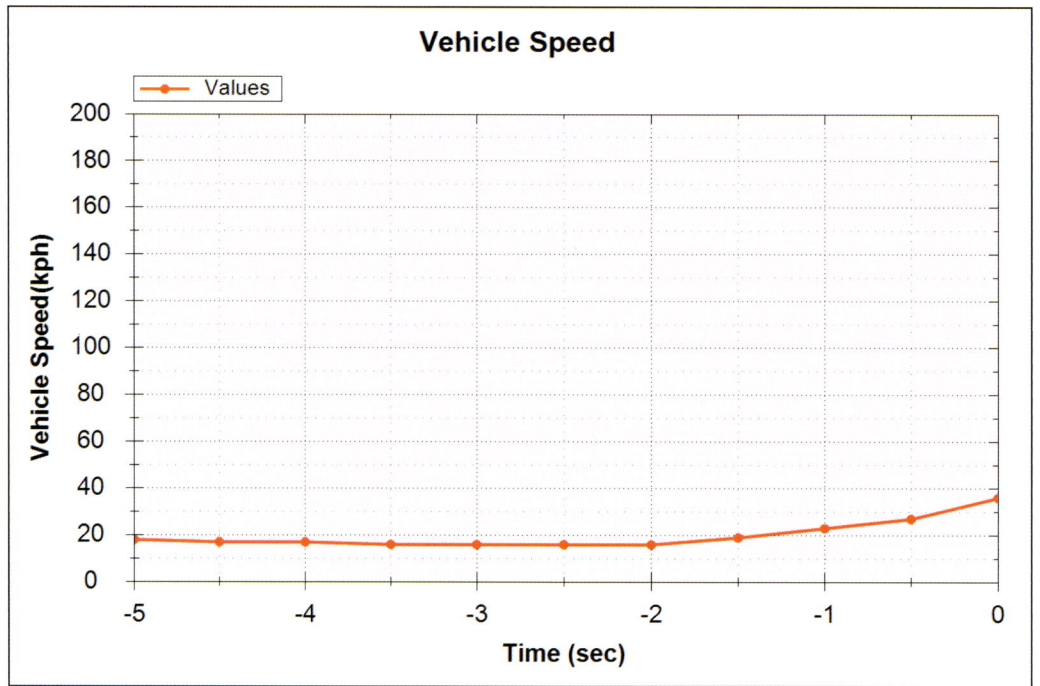

Num	Time (sec)	Vehicle Speed (kph)
1	-5.0	18
2	-4.5	17
3	-4.0	17
4	-3.5	16
5	-3.0	16
6	-2.5	16
7	-2.0	16
8	-1.5	19
9	-1.0	23
10	-0.5	27
11	0.0	36

2 [Engine Throttle]

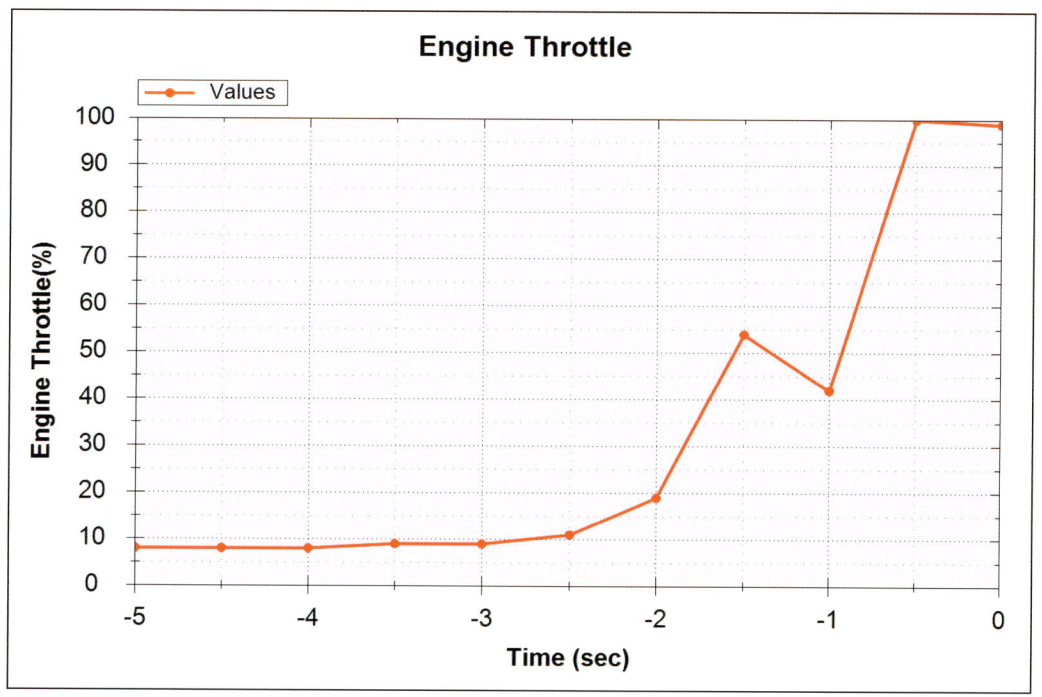

Num	Time (sec)	Engine Throttle (%)
1	-5.0	8
2	-4.5	8
3	-4.0	8
4	-3.5	9
5	-3.0	9
6	-2.5	11
7	-2.0	19
8	-1.5	54
9	-1.0	42
10	-0.5	100
11	0.0	99

3 [Service brake_ on/off]

Num	Time (sec)	Service brake_ on/off
1	-5.0	OFF
2	-4.5	OFF
3	-4.0	OFF
4	-3.5	OFF

5	-3.0	OFF
6	-2.5	OFF
7	-2.0	OFF
8	-1.5	OFF
9	-1.0	OFF
10	-0.5	OFF
11	0.0	OFF

4 [Ignition Cycle_ Crash]

Num	Ignition Cycle_ Crash (Cyc.)
1	11347

5 [Safety belt status_ driver]

Num	Safety belt status_ driver
1	Not Supported

6 [Airbag warning lamp on/off]

Num	Airbag warning lamp on/off
1	OFF

7 [Time to deploy_ Frontal airbag-1st stage_ driver]

Num	Time to deploy_ Frontal airbag-1st stage_ driver (ms)
1	41

8 [Time to deploy_ Frontal airbag-1st stage_ passenger]

Num	Time to deploy_ Frontal airbag-1st stage_ passenger (ms)
1	41

9 [Number of event]

Num	Number of event
1	1 event

10 [Time from Event 1 to 2]

Num	Time from Event 1 to 2 (ms)
1	0

11 [Completed file recorded]

Num	Completed file recorded
1	YES

12 [Engine RPM]

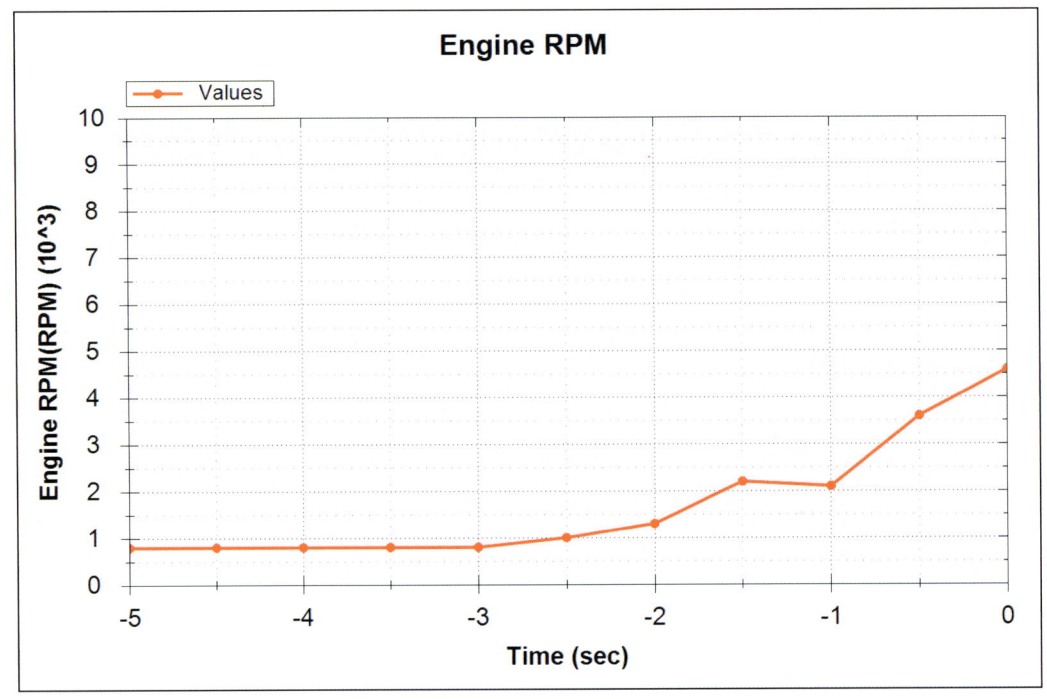

Num	Time (sec)	Engine RPM (RPM)
1	-5.0	800
2	-4.5	800
3	-4.0	800
4	-3.5	800
5	-3.0	800
6	-2.5	1000
7	-2.0	1300
8	-1.5	2200
9	-1.0	2100
10	-0.5	3600
11	0.0	4600

13 [ABS activity]

Num	Time (sec)	ABS activity
1	-5.0	OFF
2	-4.5	OFF
3	-4.0	OFF
4	-3.5	OFF

5	-3.0	OFF
6	-2.5	OFF
7	-2.0	OFF
8	-1.5	OFF
9	-1.0	OFF
10	-0.5	OFF
11	0.0	OFF

14 [Stability control]

Num	Time (sec)	Stability control
1	-5.0	ON
2	-4.5	ON
3	-4.0	ON
4	-3.5	ON
5	-3.0	ON
6	-2.5	ON
7	-2.0	ON
8	-1.5	ON
9	-1.0	ON
10	-0.5	ON
11	0.0	ON

15 [Steering input]

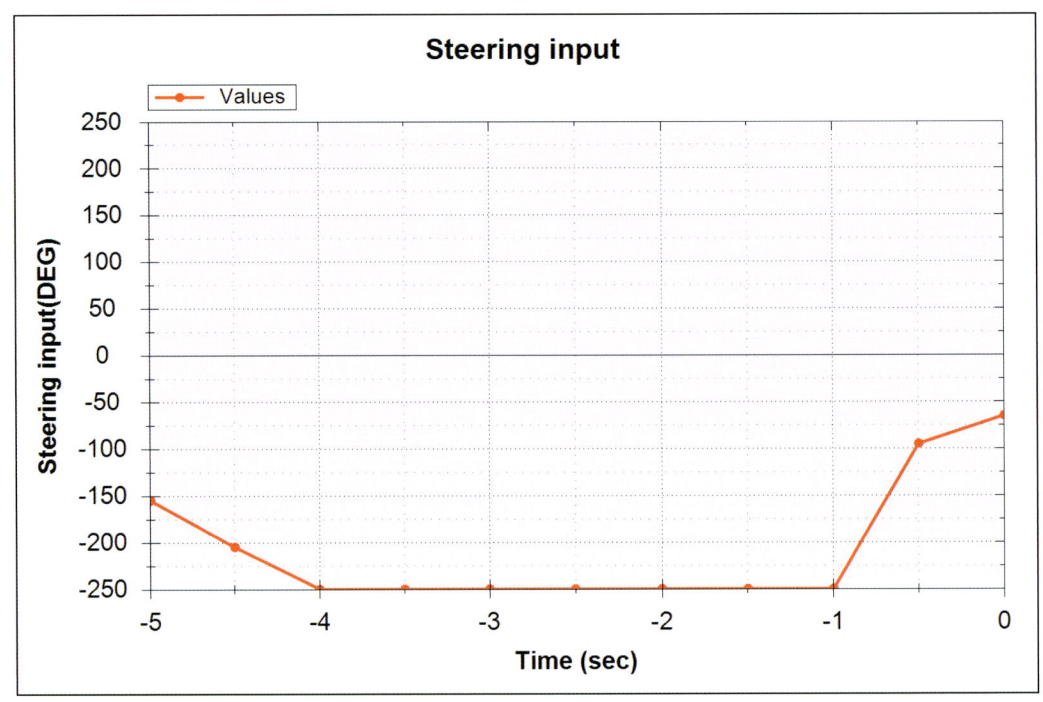

Num	Time (sec)	Steering input (DEG)
1	-5.0	-155
2	-4.5	-205
3	-4.0	-250
4	-3.5	-250
5	-3.0	-250
6	-2.5	-250
7	-2.0	-250
8	-1.5	-250
9	-1.0	-250
10	-0.5	-95
11	0.0	-65

Note) Positive value(CCW), Negative value(CW)

16 [Safety seat belt_ passenger]

Num	Safety seat belt_ passenger
1	Not Supported

17 [Seat track position switch_ foremost_ status_ driver]

Num	Seat track position switch_ foremost_ status_ driver
1	Not Supported

18 [Seat track position switch_ foremost_ status_ passenger]

Num	Seat track position switch_ foremost_ status_ passenger
1	Not Supported

19 [Occupant size(5th percentile female or larger) classification_ driver]

Num	Occupant size(5th percentile female or larger) classification_ driver
1	Not Supported

20 [Occupant size(Child) classification_ passenger]

Num	Occupant size(Child) classification_ passenger
1	Not Supported

21 [Time to deploy_ Frontal airbag-2nd stage_ driver]

Num	Time to deploy_ Frontal airbag-2nd stage_ driver (ms)
1	46

22 [Time to deploy_ Frontal airbag-2nd stage_ passenger]

Num	Time to deploy_ Frontal airbag-2nd stage_ passenger (ms)
1	46

23 [Time to deploy_ side airbag_ driver]

Num	Time to deploy_ side airbag_ driver (ms)
1	0

24 [Time to deploy_ side airbag_ passenger]

Num	Time to deploy_ side airbag_ passenger (ms)
1	0

25 [Time to deploy_ curtain airbag_ driver]

Num	Time to deploy_ curtain airbag_ driver (ms)
1	0

26 [Time to deploy_ curtain airbag_ passenger]

Num	Time to deploy_ curtain airbag_ passenger (ms)
1	0

27 [Time to fire_ pretensioner_ driver]

Num	Time to fire_ pretensioner_ driver (ms)
1	41

28 [Time to fire_ pretensioner_ passenger]

Num	Time to fire_ pretensioner_ passenger (ms)
1	41

29 [Frontal airbag deployment_ Second stage disposal_ driver]

Num	Frontal airbag deployment_ Second stage disposal_ driver
1	NO

30 [Frontal airbag deployment_ Third stage disposal_ driver]

Num	Frontal airbag deployment_ Third stage disposal_ driver
1	NO

31 [Frontal airbag deployment_ Second stage disposal_ right front passenger]

Num	Frontal airbag deployment_ Second stage disposal_ right front passenger
1	NO

32 [Frontal airbag deployment_Third stage disposal_ right front passenger]

Num	Frontal airbag deployment_Third stage disposal_ right front passenger
1	NO

33 [Time to deploy_ Frontal airbag-3rd stage_ driver]
   Not Supported...

34 [Time to deploy_ Frontal airbag-3rd stage_ passenger]
   Not Supported...

< Event # 1 - 3 >

1 [Acceleration (Longitudinal)]

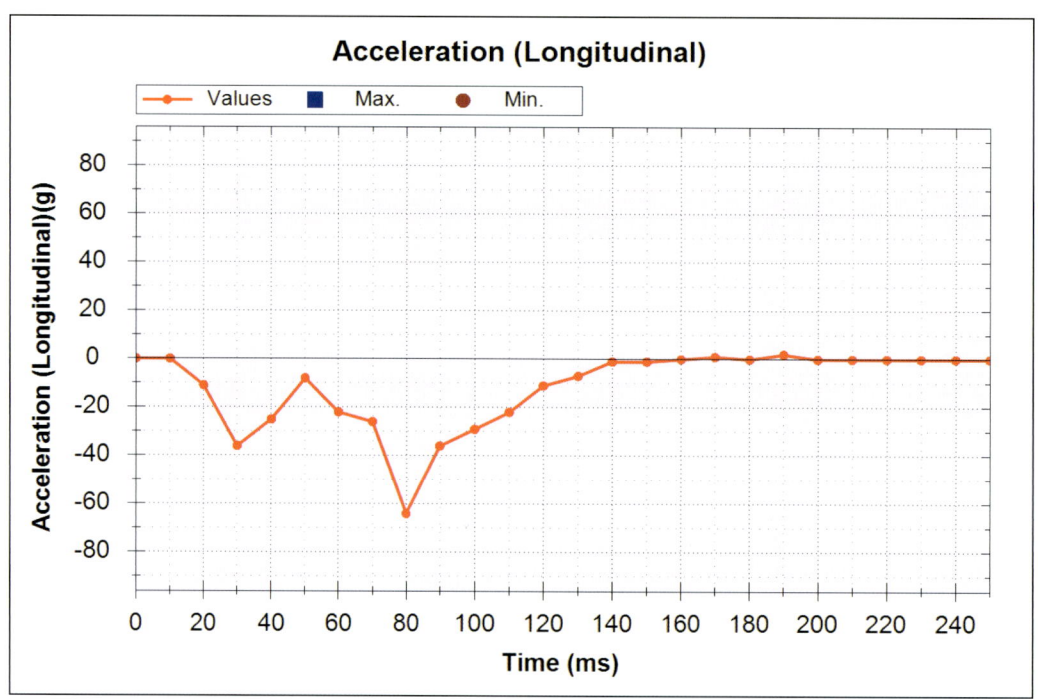

Num	Time (ms)	Acceleration (Longitudinal) (g)
1	0.0	0.0
2	10.0	0.0
3	20.0	-11.0
4	30.0	-36.0
5	40.0	-25.0
6	50.0	-8.0
7	60.0	-22.0
8	70.0	-26.0
9	80.0	-64.0
10	90.0	-36.0
11	100.0	-29.0
12	110.0	-22.0
13	120.0	-11.0
14	130.0	-7.0
15	140.0	-1.0
16	150.0	-1.0
17	160.0	0.0
18	170.0	1.0
19	180.0	0.0
20	190.0	2.0
21	200.0	0.0
22	210.0	0.0
23	220.0	0.0
24	230.0	0.0
25	240.0	0.0
26	250.0	0.0

2 [Acceleration (Lateral)]

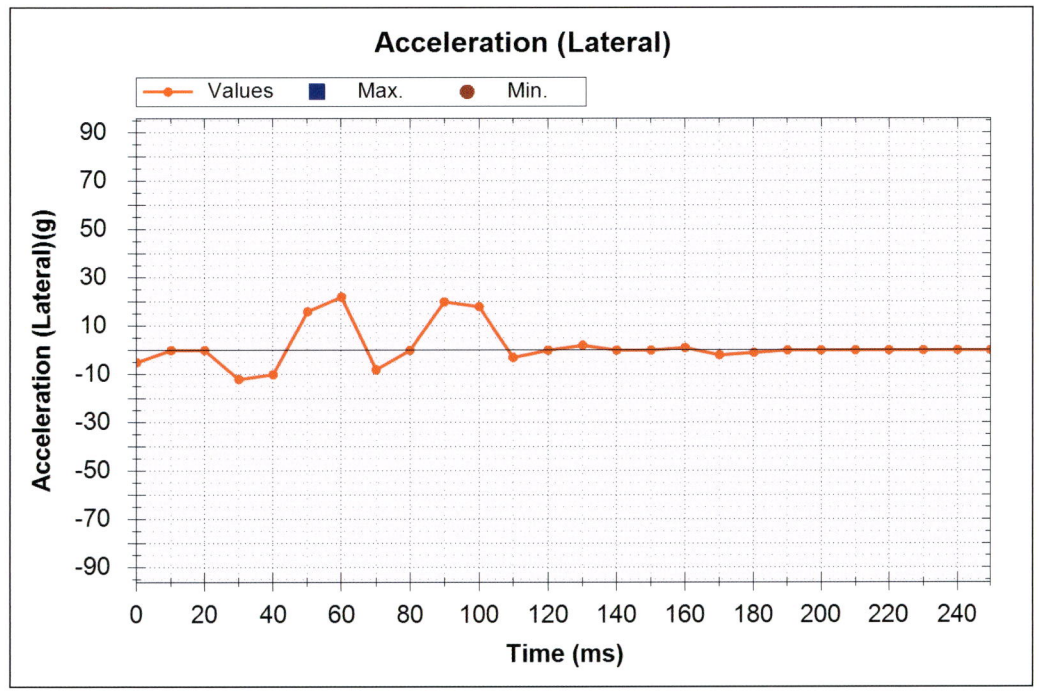

Num	Time (ms)	Acceleration (Lateral) (g)
1	0.0	-5.0
2	10.0	0.0
3	20.0	0.0
4	30.0	-12.0
5	40.0	-10.0
6	50.0	16.0
7	60.0	22.0
8	70.0	-8.0
9	80.0	0.0
10	90.0	20.0
11	100.0	18.0
12	110.0	-3.0
13	120.0	0.0
14	130.0	2.0
15	140.0	0.0
16	150.0	0.0
17	160.0	1.0
18	170.0	-2.0
19	180.0	-1.0
20	190.0	0.0
21	200.0	0.0
22	210.0	0.0
23	220.0	0.0
24	230.0	0.0
25	240.0	0.0
26	250.0	0.0

3 [Acceletation (Normal)]

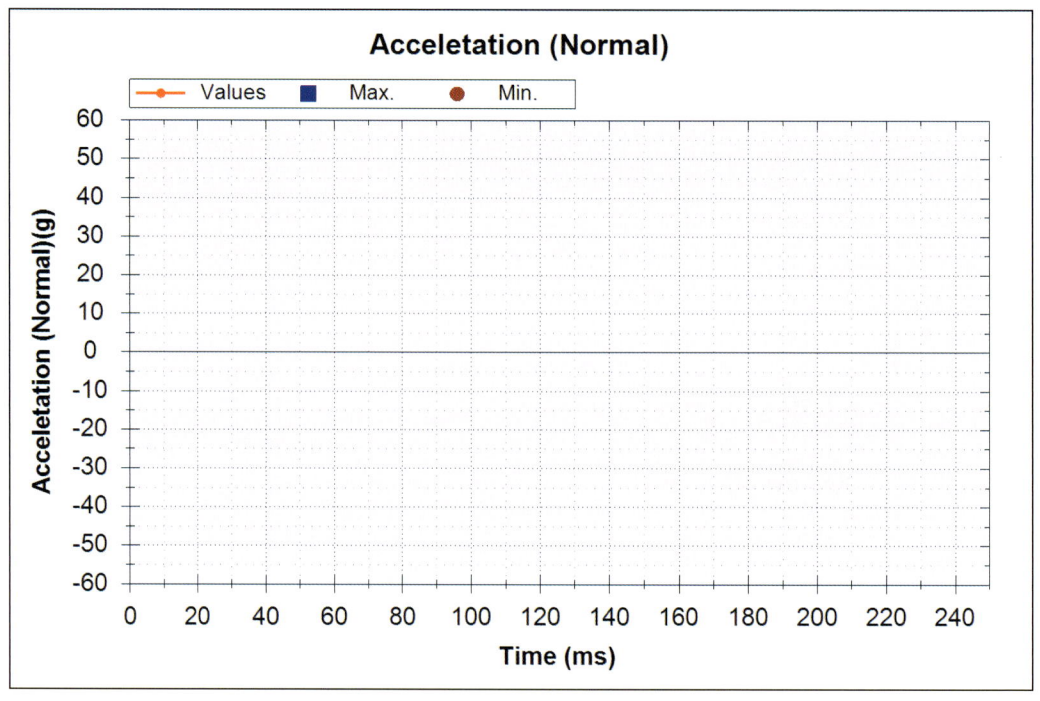

Num	Time (ms)	Acceletation (Normal) (g)
1	0.0	Not supported
2	10.0	Not supported
3	20.0	Not supported
4	30.0	Not supported
5	40.0	Not supported
6	50.0	Not supported
7	60.0	Not supported
8	70.0	Not supported
9	80.0	Not supported
10	90.0	Not supported
11	100.0	Not supported
12	110.0	Not supported
13	120.0	Not supported
14	130.0	Not supported
15	140.0	Not supported
16	150.0	Not supported
17	160.0	Not supported
18	170.0	Not supported
19	180.0	Not supported
20	190.0	Not supported
21	200.0	Not supported
22	210.0	Not supported
23	220.0	Not supported
24	230.0	Not supported
25	240.0	Not supported
26	250.0	Not supported

< Real-time Data >

1 [Ignition cycle download]

Num	Ignition cycle download (Cyc.)
1	Invalid

< Event # 2 - 1 >

There is no recorded event.

< Event # 2 - 2 >

There is no recorded event.

< Event # 2 - 3 >

There is no recorded event.

< Event # 2 - 3 >

There is no recorded event.

< Event # 1 - 1 >

07 DA 61 50 7F 00 00 00 7F 7F 7F 7E 7C 79 76 72 6C 62 5D 59 55 53 53 53 52 52 52 52 53 53
53 53 52 52 52 77 7F 7F 7F 7E 7F 7F 7E 7F 7D 7A 7C 7C 7C 7C 7C 7C 7B 7B 7B 7B 7B 7B 7B 7B
7B 7B 7A 77 65

< Event # 1 - 2 >

07 DA 61 51 FF FF FF 3F 12 11 11 10 10 10 10 13 17 1B 24 08 08 08 09 09 0B 13 36 2A 64 63
55 55 D5 2C 53 03 00 29 29 00 00 01 08 08 08 08 08 0A 0D 16 15 24 2E 00 00 C0 55 55 D5 60
56 4D 4D 4D 4D 4D 4D 6C 72 03 03 03 07 07 2E 2E 00 00 00 00 29 29 00 00

< Event # 1 - 3 >

07 DA 61 52 07 00 00 00 7F 7F 74 5B 66 77 69 65 3F 5B 62 69 74 78 7E 7E 7F 80 7F 81 7F 7F
7F 7F 7F 7F 7A 7F 7F 73 75 8F 95 77 7F 93 91 7C 7F 81 7F 7F 80 7D 7E 7F 7F 7F 7F 7F 7F
00 00 00 00 00 00 00 00 00 00 00 00 00 00 00 00 00 00 00 00 00 00 00 00

< Real-time Data >

07 DA 61 D0 FF FF 0F 00 78 91 FF FF FF FF FF FF FF FF FF FF FF FF 00 00 00 00 FF FF

< Event # 2 - 1 >

There is no recorded event.

< Event # 2 - 2 >

There is no recorded event.

< Event # 2 - 3 >

There is no recorded event.

< Real-time Data >

07 DA 61 D0 FF FF 0F 00 78 91 FF FF FF FF FF FF FF FF FF FF FF FF 00 00 00 00 FF FF

부록-5 EDR REPORT(LEXUS)

IMPORTANT NOTICE: Robert Bosch LLC and the manufacturers whose vehicles are accessible using the CDR System urge end users to use the latest production release of the Crash Data Retrieval system software when viewing, printing or exporting any retrieved data from within the CDR program. Using the latest version of the CDR software is the best way to ensure that retrieved data has been translated using the most current information provided by the manufacturers of the vehicles supported by this product.

CDR File Information

User Entered VIN	JTHBH96S365004648
User	
Case Number	
EDR Data Imaging Date	08-20-2013
Crash Date	
Filename	JTHBH96S365004648_ACM.CDRX
Saved on	Tuesday, August 20 2013 at 13:58:23
Collected with CDR version	Crash Data Retrieval Tool 11.0
Reported with CDR version	Crash Data Retrieval Tool 11.0
EDR Device Type	Airbag Control Module
Event(s) recovered	Front/Rear (3)

Comments
No comments entered.

Data Limitations
CDR Record Information:

- Due to limitations of the data recorded by the airbag ECU, such as the resolution, data range, sampling interval, time period of the recording, and the items recorded, the information provided by this data may not be sufficient to capture the entire crash.
- Pre-Crash data is recorded in discrete intervals. Due to different refresh rates within the vehicle's electronics, the data recorded may not be synchronous to each other.
- Airbag ECU data should be used in conjunction with other physical evidence obtained from the vehicle and the surrounding circumstances.
- If the airbags did not deploy or the pretensioners did not operate during an event that meets a specified recording threshold, it is called a Non-Deployment Event. Data from a Non-Deployment Event can be overwritten by a succeeding event that meets the specified recording threshold. If the airbag(s) deploy or the pretensioners are operated, it is called a Deployment Event. Deployment Event data cannot be overwritten or deleted by the airbag ECU following that event.
- If power supply to the airbag ECU is lost during an event, all or part of the data may not be recorded.
- "Diagnostic Trouble Codes" are information about faults when a recording trigger is established. Various diagnostic trouble codes could be set and recorded due to component or system damage during an accident.
- The airbag ECU records only diagnostic information related to the airbag system. It does not record diagnostic information related to other vehicle systems.
- The TaSCAN, Global TechStream, or Intelligent Tester II devices (or any other Toyota genuine diagnostic tool) can be used to obtain detailed information on the diagnostic trouble codes from the airbag system, as well as diagnostic information from other systems. However, in some cases, the diagnostic trouble codes of the airbag system recorded by the airbag ECU when the event occurred may not match the diagnostic trouble codes read out when the diagnostic tool is used.

General Information:

- The data recording specifications of Toyota¡¯s airbag ECUs are divided into the following seven categories. The specifications for 12EDR or later are designed to be compatible with NHTSA¡¯s 49CFR Part 563 rule.
  - 00EDR / 02EDR / 04EDR / 06EDR / 10EDR / 12EDR / 13EDR
- The airbag ECU records data for all or some of the following accident types: frontal crash, rear crash , side crash, and rollover events. Depending on the installed airbag ECU, data for side crash and/or rollover events may not be recorded.
- The airbag ECU records post-crash data and may record pre-crash data in the event of a frontal/rear crash. In addition, it may record post-crash data in the event of a side crash or rollover.
- The airbag ECU has the following recording pages (memory maps) for each accident type to store event data: three pages for frontal or rear crash, one page for a side crash (if airbag ECU is applicable) , and one page for rollover events. (if airbag ECU is applicable)
- The data recorded by the airbag ECU in the event of a frontal/rear crash includes information that indicates the sequence and interval of each previously-occurring frontal/rear crash event.
  - Time from Previous TRG
  - TRG Count

- The point in time at which the recording trigger is established is regarded as time zero for the recorded data. For the time indicated in "Lateral Delta-V", "Roll Angle" or "Lateral Acceleration", the first sampling point after the recording trigger establishment is regarded as time zero. The time zero of the data and the recording trigger establishment do not always occur simultaneously.
- The recording trigger judgment threshold value differs depending on the collision type (i.e., frontal crash, rear crash, side crash, or rollover event).
- Some of the data recorded by the airbag ECU is transmitted to the airbag ECU from various vehicle control modules by the vehicle's Controller Area Network (CAN).
- In some cases, the airbag ECU part number printed on the ECU label may not match the airbag ECU part number that the CDR tool reports. The part number retrieved by the CDR tool should be considered as the official ECU part number.
- The sampling interval of "Roll Angle" and "Lateral Acceleration" is 8 [ms] or 128 [ms]. A field indicating the sampling interval is not provided. The graph scaling can assist with dertermining the sample rate. The time zero is indicated by count (0).
- "Prior Event" is the event that occurred before the "1st Prior Event" that reached the greatest MAX Delta-V. Therefore, "Prior Event" is not always the prior event of "1st Prior Event".

Data Element Sign Convention:
The following table provides an explanation of the sign notation for data elements that may be included in this CDR report.

Data Element Name	Positive Sign Notation Indicates
Max. Longitudinal Delta-V	Forward
Longitudinal Delta-V	Forward
Roll Angle Peak	Clockwise Rotation
Roll Angle	Clockwise Rotation
Lateral Acceleration , Airbag ECU Sensor *	Right to Left

* For sensing a rollover

Data Definitions:
1)
- The "ON" setting for the "Freeze Signal" indicates a state in which the non-volatile memory can not be overwritten or deleted by the airbag ECU. After "Freeze Signal" has been turned ON, subsequent events will not be recorded.
- "Recording Status" indicates a state in which all recorded event data has been written into the non-volatile memory, or a state in which this process was interrupted and not fully written into the non-volatile memory. If "Recording Status" is "Incomplete", recorded event data may not be valid.
- "Time to Deployment Command" indicates the time between recording trigger establishment and the determination of airbag deployment. This value may differ from the actual time it takes for the airbag to fully deploy.
- Even if an airbag/pretensioner did not deploy due to the "front passenger airbag disable switch and/or "RSCA Disable Switch" in the ON position or other disabling criteria are met, the "Time to deployment command" data element for that airbag/pretensioner may still be recorded.
- "Engine RPM" indicates the number of engine revolutions, not the number of motor revolutions. The recorded value has an upper limit of 6,000 rpm. Resolution is 400 rpm and the value is rounded down and recorded. For example, if the actual engine speed is 799 rpm, the recorded value will be 400 rpm.
- The upper limit for the recorded "Vehicle Speed" value is 126 km/h (78.3mph). Resolution is 2km/h (1.2mph) and the value is rounded down and recorded. The accuracy of the "Vehicle Speed" value can be affected by various factors. These include, but not limited, to the following.
  - Significant changes in the tire¡¯s rolling radius
  - Wheel lock and wheel slip
- The "Accelerator Rate" value is recorded as a voltage or level. In the case of voltage, the voltage increases as the driver depresses the accelerator. In case of the level, the following three levels are recorded.
  - FULL / MIDDLE / OFF
- "Accelerator Rate" may be recorded as "OFF" even if the accelerator pedal is depressed lightly. In addition, "FULL" may be recorded when the accelerator pedal is depressed strongly but not fully.
- The "Drive" setting for the "Shift Position" value indicates the shift position state is other than "R,"(Reverse), "N" (Neutral), or "P" (Park).
- Depending on the type of occupant sensor installed in the vehicle, one of the following three recording formats for "Occupancy Status, Passenger" will be utilized.
  - Occupied / Not Occupied
  - Adult / Child / Not Occupied
  - AM50 / AF05 / Child / Not Occupied
- Resolution of the "Air Bag Warning Lamp ON Time Since DTC was Set" is 15 minutes, and the value is rounded down and recorded.
- "Longitudinal Delta-V" indicates the change in forward speed after establishment of the recording trigger. This does not refer to vehicle speed, and it does not include the change in speed during the period from the start of the actual collision to establishment of the recording trigger.
- "Roll Angle peak" may not always match the peak value within the "Roll Angle" sampling points due to differences in data calculation method.
- For "Lateral Delta-V", the sensor location (B-pillar, front door, C-pillar, and slide door) shows the outline of a typical sensor position. Sensory location can be confirmed using the repair manual.
- "TRG Count" indicates the number of frontal/rear recording triggers that have been established. The calculated value does not include the number of times side or rollover recording triggers have been established. The sequence in which each frontal/rear event occurred can be verified from the "TRG Count". The lesser the "TRG Count" value, the older the data. The upper limit for the recorded value is 255 times. When more than one event reaches the upper limit, the actual "TRG Count" may be greater than what is displayed for that event.
- Resolution of the "Time from Pre-Crash to TRG" is 100 [ms], and the value is rounded down and recorded.
- For "Time from Previous TRG", the recording trigger of side crash and rollover is not considered. The upper limit for the recorded value is 5000 [ms] or 5100 [ms] depending on the ECU part number. Resolution is 20 [ms] and the value is rounded down and recorded. When it's displayed as 5100ms, the actual "Time from Previous TRG" may be longer than what is displayed for that event.

System Status at Time of Retrieval

ECU Part Number	89170-30510
ECU Generation	02EDR
Recording Status, All Pages	Complete
Diagnostic Trouble Codes Exist	No
Total Number of Front/Rear Crash Events	3
Freeze Signal	OFF

Front/Rear Event Record Summary at Retrieval

Events Recorded	TRG Count	Crash Type	Time (msec)	Event & Crash Pulse Data Recording Status
Most Recent Frontal/Rear Event	3	Front/Rear Crash	0	Complete (Front/Rear Page 2)
1st Prior Frontal/Rear Event	2	Front/Rear Crash	-340	Complete (Front/Rear Page 1)
Prior Frontal/Rear Event	1	Front/Rear Crash	-680	Complete (Front/Rear Page 0)

System Status at Front Airbag Deployment

Time to Deployment Command, Front Airbag, Driver (msec)	Not Commanded
Time to Deployment Command, Front Airbag, Passenger (msec)	Not Commanded
Event Severity Status, Driver	N/A
Event Severity Status, Passenger	N/A

System Status at Event (Most Recent Frontal/Rear Event, TRG 3)

Recording Status, Front/Rear Crash Info.	Complete
TRG Count	3
Time From Previous TRG (msec)	340
Time from Pre-Crash to TRG (msec)	400
Buckle Switch, Driver	Buckled
Buckle Switch, Passenger	Buckled
Occupancy Status, Passenger	Not Occupied
Seat Position, Driver	Forward
Shift Position	Drive

Longitudinal Crash Pulse (Most Recent Frontal/Rear Event, TRG 3 - table 1 of 2)

Max Longitudinal Delta-V (MPH [km/h])　　-7.7 [-12.4]

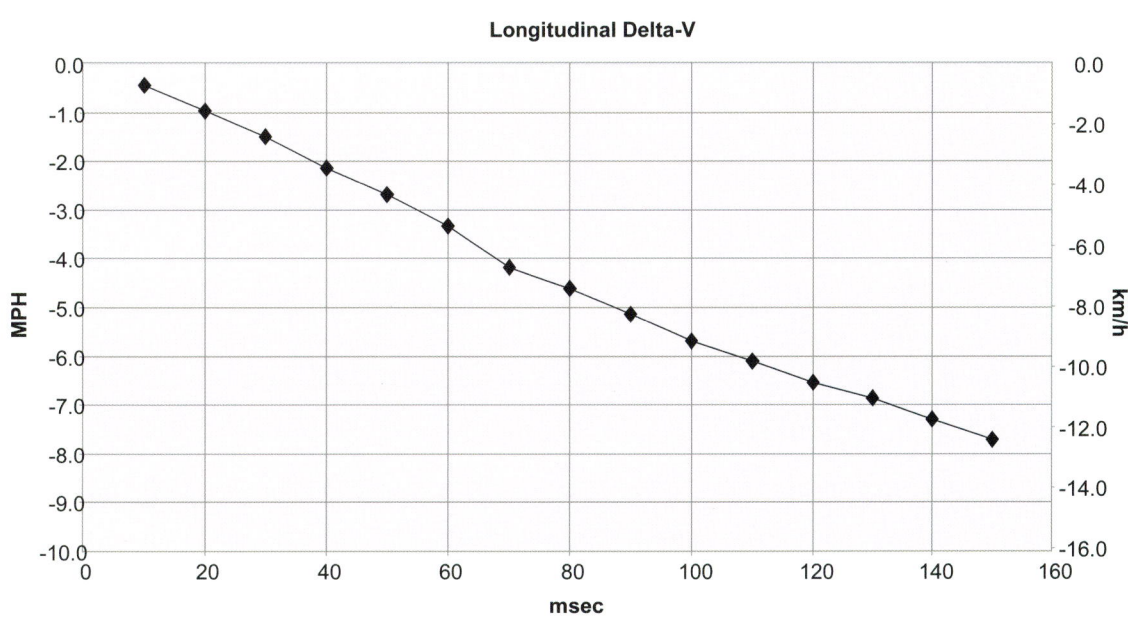

부록 **303**

Longitudinal Crash Pulse (Most Recent Frontal/Rear Event, TRG 3 - table 2 of 2)

Time (msec)	Longitudinal Delta-V (MPH [km/h])
10	-0.4 [-0.7]
20	-1.0 [-1.6]
30	-1.5 [-2.4]
40	-2.1 [-3.4]
50	-2.7 [-4.3]
60	-3.3 [-5.3]
70	-4.2 [-6.7]
80	-4.6 [-7.4]
90	-5.1 [-8.3]
100	-5.7 [-9.1]
110	-6.1 [-9.8]
120	-6.5 [-10.5]
130	-6.9 [-11.0]
140	-7.3 [-11.7]
150	-7.7 [-12.4]

DTCs Present at Start of Event (Most Recent Frontal/Rear Event, TRG 3)

Ignition Cycle Since DTC was Set (times)	1
Airbag Warning Lamp ON Time Since DTC was Set (min)	30
Diagnostic Trouble Codes	None

Pre-Crash Data, -5 to 0 seconds (Most Recent Frontal/Rear Event, TRG 3)

Time (sec)	-4.4	-3.4	-2.4	-1.4	-0.4	0 (TRG)
Vehicle Speed (MPH [km/h])	11.2 [18]	13.7 [22]	18.6 [30]	21.1 [34]	21.1 [34]	28.6 [46]
Brake Switch	OFF	OFF	OFF	OFF	OFF	OFF
Accelerator Rate (V)	1.02	1.29	3.67	3.67	3.67	3.67
Engine RPM (RPM)	800	1,200	2,000	4,000	4,800	4,800

System Status at Event (1st Prior Frontal/Rear Event, TRG 2)

Recording Status, Front/Rear Crash Info.	Complete
TRG Count	2
Time From Previous TRG (msec)	340
Time from Pre-Crash to TRG (msec)	300
Buckle Switch, Driver	Buckled
Buckle Switch, Passenger	Buckled
Occupancy Status, Passenger	Not Occupied
Seat Position, Driver	Forward
Shift Position	Drive

Longitudinal Crash Pulse (1st Prior Frontal/Rear Event, TRG 2 - table 1 of 2)

Max Longitudinal Delta-V (MPH [km/h])	-1.8 [-2.9]

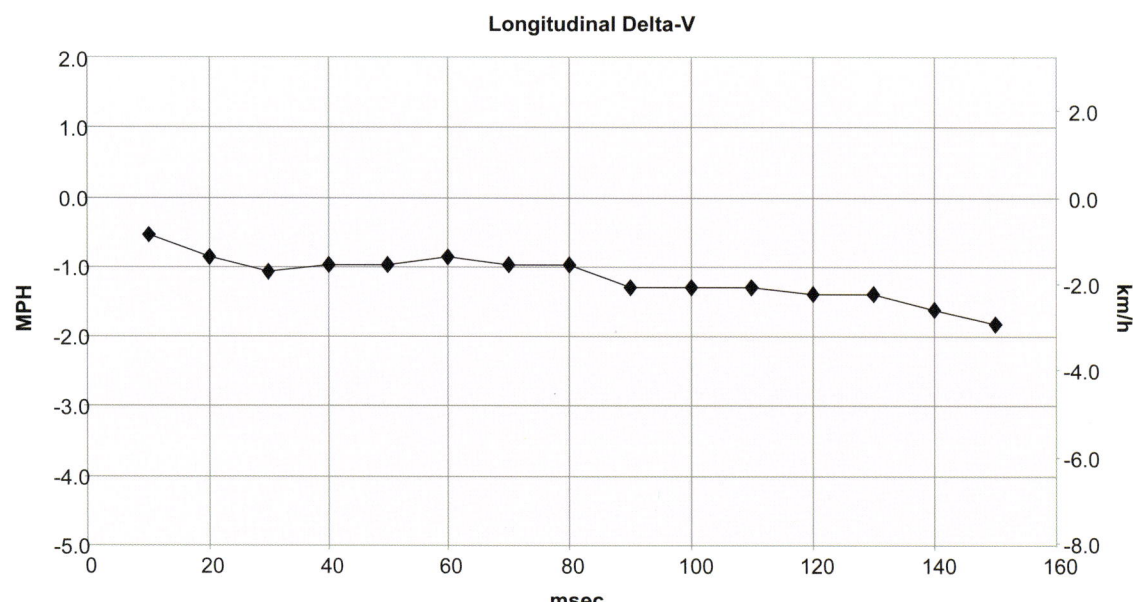

Longitudinal Crash Pulse (1st Prior Frontal/Rear Event, TRG 2 - table 2 of 2)

Time (msec)	Longitudinal Delta-V (MPH [km/h])
10	-0.5 [-0.9]
20	-0.9 [-1.4]
30	-1.1 [-1.7]
40	-1.0 [-1.6]
50	-1.0 [-1.6]
60	-0.9 [-1.4]
70	-1.0 [-1.6]
80	-1.0 [-1.6]
90	-1.3 [-2.1]
100	-1.3 [-2.1]
110	-1.3 [-2.1]
120	-1.4 [-2.2]
130	-1.4 [-2.2]
140	-1.6 [-2.6]
150	-1.8 [-2.9]

DTCs Present at Start of Event (1st Prior Frontal/Rear Event, TRG 2)

Ignition Cycle Since DTC was Set (times)	1
Airbag Warning Lamp ON Time Since DTC was Set (min)	30
Diagnostic Trouble Codes	None

Pre-Crash Data, -5 to 0 seconds (1st Prior Frontal/Rear Event, TRG 2)

Time (sec)	-4.3	-3.3	-2.3	-1.3	-0.3	0 (TRG)
Vehicle Speed (MPH [km/h])	8.7 [14]	11.2 [18]	13.7 [22]	18.6 [30]	21.1 [34]	21.1 [34]
Brake Switch	OFF	OFF	OFF	OFF	OFF	OFF
Accelerator Rate (V)	0.98	1.02	1.29	3.67	3.67	3.67
Engine RPM (RPM)	800	800	1,200	2,000	4,000	4,800

System Status at Event (Prior Frontal/Rear Event, TRG 1)

Recording Status, Front/Rear Crash Info.	Complete
TRG Count	1
Time From Previous TRG (msec)	5000 or greater
Time from Pre-Crash to TRG (msec)	500
Buckle Switch, Driver	Buckled
Buckle Switch, Passenger	Buckled
Occupancy Status, Passenger	Occupied
Seat Position, Driver	Forward
Shift Position	Drive

Longitudinal Crash Pulse (Prior Frontal/Rear Event, TRG 1 - table 1 of 2)

Max Longitudinal Delta-V (MPH [km/h])	-1.1 [-1.7]

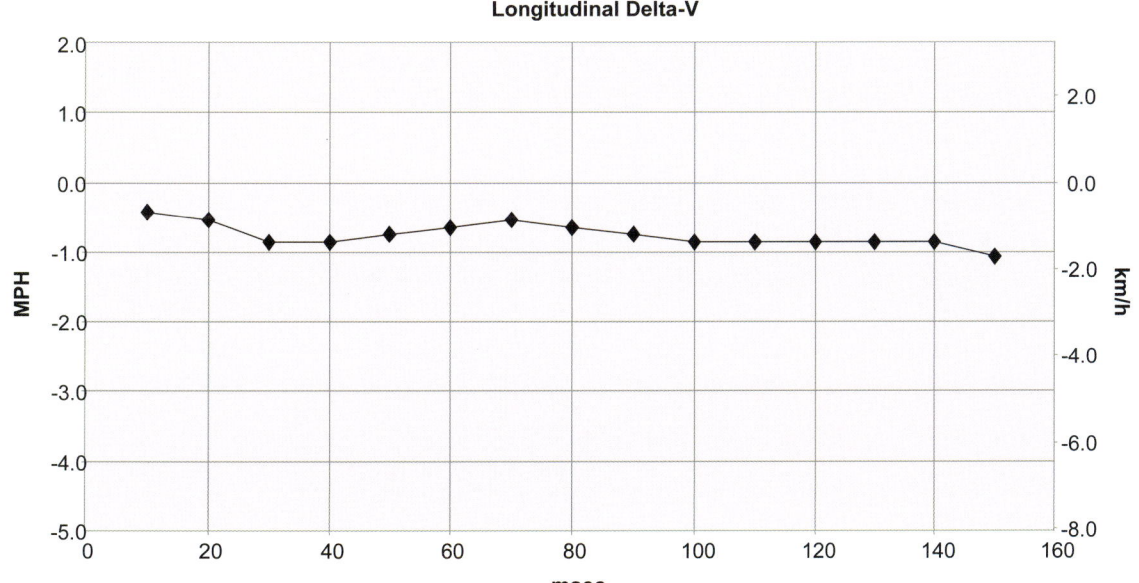

Longitudinal Delta-V

Longitudinal Crash Pulse (Prior Frontal/Rear Event, TRG 1 - table 2 of 2)

Time (msec)	Longitudinal Delta-V (MPH [km/h])
10	-0.4 [-0.7]
20	-0.5 [-0.9]
30	-0.9 [-1.4]
40	-0.9 [-1.4]
50	-0.8 [-1.2]
60	-0.6 [-1.0]
70	-0.5 [-0.9]
80	-0.6 [-1.0]
90	-0.8 [-1.2]
100	-0.9 [-1.4]
110	-0.9 [-1.4]
120	-0.9 [-1.4]
130	-0.9 [-1.4]
140	-0.9 [-1.4]
150	-1.1 [-1.7]

DTCs Present at Start of Event (Prior Frontal/Rear Event, TRG 1)

Ignition Cycle Since DTC was Set (times)	1
Airbag Warning Lamp ON Time Since DTC was Set (min)	30
Diagnostic Trouble Codes	None

Pre-Crash Data, -5 to 0 seconds (Prior Frontal/Rear Event, TRG 1)

Time (sec)	-4.5	-3.5	-2.5	-1.5	-0.5	0 (TRG)
Vehicle Speed (MPH [km/h])	7.5 [12]	8.7 [14]	11.2 [18]	13.7 [22]	18.6 [30]	21.1 [34]
Brake Switch	OFF	OFF	OFF	OFF	OFF	OFF
Accelerator Rate (V)	0.98	0.98	1.02	1.29	3.67	3.67
Engine RPM (RPM)	800	800	800	1,200	2,000	4,000

Hexadecimal Data

Data that the vehicle manufacturer has specified for data retrieval is shown in the hexadecimal data section of the CDR report. The hexadecimal data section of the CDR report may contain data that is not translated by the CDR program. The control module contains additional data that is not retrievable by the CDR system.

```
PIDs         PID    Data
             00     BC 00 00 01
             01     00
             03     33 30 35 31 30 33 30 31 33 30 33 30 31 33 30 33 30 30 32 30 33 30
                    30 32 30 30 30 30 46 42 30 30 30 46 42
             04     01 02 01 01
             05     01
             06     00
             20     80 00 00 01
             21     00 01
             40     00 00 00 01
             60     00 00 00 01
             80     00 00 00 01
             A0     00 00 00 01
             C0     00 00 00 01
             E0     C0 10 00 00
             E1     00 00
             E2     00 5B 1F 11 00
             EC     00

EEPROM       Address  Data (-- = data not imaged from ECU)
                           (** = no response from ECU)

             0        -- -- -- -- -- -- -- -- -- -- -- -- -- -- -- --
             10       -- -- -- -- -- -- -- -- -- -- -- -- -- -- -- --
             20       -- -- -- -- -- -- -- -- -- -- -- -- -- -- 00 00
             30       00 00 FF FF 00 80 00 00 00 00 00 00 00 00 FF FF
             40       AA 04 49 01 11 03 5E 00 0F FF 5E FF A5 FF 0B 01
             50       21 01 09 01 1A 00 32 00 07 00 19 00 06 02 19 00
             60       22 FA 05 01 00 70 00 00 00 00 00 00 00 00 00 00
             70       00 00 80 01 80 02 00 00 AA 05 59 03 11 02 5E FF
             80       11 00 5E FF CA 01 0F 00 5E 03 0B 00 21 00 53 01
             90       09 00 1A 02 07 02 19 01 22 11 03 02 00 70 00 00
             A0       00 00 00 00 00 00 00 00 00 80 01 80 02 00 00
             B0       AA 04 59 05 17 05 5E 06 11 05 5E 06 CC 08 11 04
             C0       5E 05 0F 05 5E 04 A5 04 0B 03 21 04 09 04 1A 04
             D0       32 11 04 03 00 70 00 00 00 00 00 00 00 00 00 00
             E0       00 00 80 01 80 02 00 00
```

Disclaimer of Liability

The users of the CDR product and reviewers of the CDR reports and exported data shall ensure that data and information supplied is applicable to the vehicle, vehicle's system(s) and the vehicle ECU. Robert Bosch LLC and all its directors, officers, employees and members shall not be liable for damages arising out of or related to incorrect, incomplete or misinterpreted software and/or data. Robert Bosch LLC expressly excludes all liability for incidental, consequential, special or punitive damages arising from or related to the CDR data, CDR software or use thereof.

부록-6　H&T차량기술법인 EDR Training Program

EDR 기초·사용자 과정 (EDR Operators Course)

- v CDR & EDR 시스템 이해
- v CDR & EDR 시스템 장비 구성 및 사용
- v CDR & EDR 소프트웨어 구성 및 이해
- v EDR 데이터의 진단 및 추출
- v 국내외 EDR 관련 규정(법규) 이해
- v 차종별 EDR 모듈 식별 및 부속장치의 활용방법
- v 차종별 EDR 데이터의 진단 및 응용

EDR 기술자 과정 (EDR Technician Course)

- v CDR & EDR 시스템 이해
- v CDR & EDR 시스템 장비 구성 및 사용
- v CDR & EDR 소프트웨어 구성 및 이해
- v EDR 데이터의 진단 및 추출
- v 국내외 EDR 관련 규정(법규) 이해
- v 차종별 EDR 모듈 식별 및 부속장치의 활용방법
- v 차종별 EDR 데이터의 진단 및 응용
- v 차량 시스템 구조 및 EDR 데이터의 센싱(Sensing)
- v EDR 데이터의 구성 요소 이해 (Pre Crash Data / Crash Data)
- v 차종별 EDR 보고서(Report) 분석

EDR 전문가 인증 과정 (EDR Specialists Course)

- v CDR & EDR 시스템 이해
- v CDR & EDR 시스템 장비 구성 및 사용
- v CDR & EDR 소프트웨어 구성 및 이해
- v EDR 데이터의 진단 및 추출
- v 국내외 EDR 관련 규정(법규) 이해
- v 차종별 EDR 모듈 식별 및 부속장치의 활용방법
- v 차종별 EDR 데이터의 진단 및 응용
- v 차량 시스템 구조 및 EDR 데이터의 센싱(Sensing)
- v EDR 데이터의 구성 요소 이해 (Pre Crash Data / Crash Data)
- v 차종별 EDR 보고서(Report) 분석
- v 충돌테스트 및 EDR 데이터 측정
- v 차량 운동 및 충돌현상 이해
- v EDR 데이터 분석 및 응용
- v 사고재현/시뮬레이션 해석
- v EDR 분석 사례연구

H&T차량기술법인 / EDR Training Center
Tel. 1588-5766　E-mail : carhnt@naver.com

CDR(EDR) TOOL 문의

H&T차량기술법인 / 한스네트워크
Tel. 070-7699-2018　E-mail : mrhans74@naver.com

참고문헌

1) BOSCH CDR Software Program, 2016.

2) BOSCH CDR SYSTEM, http://www.boschdiagnostics.com, 2016.

3) "Event Data Recorders", http://www.nhtsa.gov, 2016

4) "J-EDR 技術要件", 日本 国土交通省, 2008

5) "VERONICA-II Final Report, European Commission, 2009

6) "Study On The Benefits Resulting From The Installation Of Event Data Recorders" Final Report, European Commission, 2014

7) HYUNDAI EDR USER'S MANUAL, 2013.

8) G. O. Park, H. J. Kim, J.H. Song, Y. S. Hong, H. B. Kwon, "Technical Trend Of The Event Data Recorders," KSAE Annual Conference Proceedings, pp.1257-1261, 2011.

9) "Preliminary Evaluation of Advanced Airbag Field Performance Using Event Data Recorders", NHTSA, US DOT, 2008.

10) "Event Data Recorder - Pre Crash Data Validation of Toyota Products", NHTSA, US DOT, 2011.

11) PART 563, Title 49 Transportation Volume 6 Chapter V, Code of Federal Regulations, 2009

12) "Neck-Impack Injury Biomechanics", Janusz Kajzer-Kablmec Consulting, New Delhi, 4-11 December, 2009.

13) "Advanced Air Bag Techonlogy Assessment Final Report", NHTSA, 1988

14) Jean-Louis Comeau, Dainius J. Dalmotas, "Event Data Recorders in Toyota Vehicles", Proceedings of the 21st Canadian Multidisciplinary Road Safety Conference, 2011

15) N Takubo*, R Oga*, K Kato*, K Hagita*, T Hiromitsu*, H Ishikawa*, M Kihira, "Evaluation of Event Data Recorder Based on Crash Tests", National Research Institute of Police Science, Department of Traffic Science, Japan, 2011

16) "Event Data Recorders" Final Report, NHTSA EDR Working Group, 2011

17) Ruth, R. and Tsoi, A., "Accuracy of Translations Obtained by 2013 GIT Tool on 2010-2012 Kia and Hyundai EDR Speed and Delta V Data in NCAP Tests," SAE Technical Paper 2014-01-0502, 2014.

18) Lynn B. Fricke, "Traffic Accident Reconstruction" Northwestern Traffic Institute, 1990.

19) J. Stannard baker & Lynn B. Fricke, "The Traffic Accident Investigation Manual" Northwestern Traffic Institute, 1986.

20) 林洋, "自動車事故鑑定工學", 技術書院, 東京, 1992

21) 윤대권, "교통사고재현론", 경찰공제회, 2008.

22) 윤대권, "차량운동학", 경찰공제회, 2008.

23) 윤대권, "교통사고분석서 작성 및 재현실무", 서울고시각, 2008.

24) 윤대권 외, "교통사고분석사 교육교재", 교통안전공단, 2006~2016.

25) 윤대권, 김용현, "국내 자동차 사고기록장치(EDR)의 법규동향", Journal of KSAE, Vol.36, No.8, pp.63-66, 2014.

26) 윤대권, 이해택, 김용현, "교통사고 분석을 위한 사고기록장치(EDR)의 활용방안 연구", KSAE Annual Conference Proceedings, pp.1439-1444, 2014.

27) 윤대권, 이해택, 윤재곤, 하성용, "사고기록장치(EDR)를 활용한 보험사고 분석 사례", 한국자동차공학회, 추계학술대회, pp.753-754, 2016.

28)) 윤대권, "EDR 데이터의 이해", 기술사컨퍼런스, 한국기술사회, 2013.

29) 도로교통관리공단, "교통사고재현 매뉴얼", 2002.

30) 도로교통관리공단, "교통사고조사 매뉴얼", 2002.

31) Dr. Steffan Datentechnik, "PC CRASH Technical Manual", 2009.

32) 한국소비자원, "자동차에어백 안전실태 조사", 2012. 12

33) 한국소비자원, "자동차 급발진 사례조사 결과보고", 2012. 12

34) 보험개발원 자동차기술연구소, "EDR을 활용한 사고조사 매뉴얼", 2016

35) 유재용, 윤재곤, "자동차 CAN통신", 도서출판 골든벨, 2016

36) Mizuno koji, 한인환(監修), "자동차 충돌안전", 도서출판 골든벨, 2016

37) 마규하, "자동차의 최신 사고기록장치", Journal of KSAE, 2011. 03

38) 현대/기아 정비지침서 및 회로도, http://www.gsw.hyundai.com, http://www.gsw.kia.com, 2017

39) 국가법령정보센터, "자동차관리법", http://www.law.go.kr, 2017

저자소개

윤대권	H&T차량기술법인 / 교통사고공학연구소
이해택	H&T차량기술법인 / 교통사고공학연구소
남일우	H&T차량기술법인 / 교통사고공학연구소
김용현	H&T차량기술법인 / 한스네트워크
윤재곤	서영대학교 자동차과

자동차 사고기록장치 [이론&실무]

초판인쇄_ 2017년 7월 24일
초판발행_ 2017년 8월 2일

저　　자_ 윤대권 · 이해택 · 남일우 · 김용현 · 윤재곤
발 행 인_ 김길현
발 행 처_ (주) 골든벨
등　　록_ 제 1987-000018호 © 2017 Golden Bell
I S B N_ 979-11-5806-236-1
가　　격_ 28,000원

본문 디자인_ 안명철	진　　행_ 최병석
표지 디자인_ 안명철	오프라인 마케팅_ 우병춘, 강승구
공 급 관 리_ 오민석, 김경아, 연주민, 김유리	웹 매니지먼트_ 안재명

(우) 04316 서울특별시 용산구 원효로 245(원효로 1가 53-1) 골든벨 빌딩 5~6F
● TEL: 영업부 02-713-4135 / 편집부 02-713-7452
● FAX: 02-718-5510　● 홈페이지: www.gbbook.co.kr　● 이메일: 7134135@naver.com

이 책에서 내용의 일부 또는 도해를 다음과 같은 행위자들이 사전 승인없이 인용할 경우에는 저작권법 제93조 '손해배상청구권'에 적용을 받습니다.
　① 단순히 공부할 목적으로 부분 또는 전체를 복제하여 사용하는 학생 또는 복제업자
　② 공공기관 및 사설교육기관(학원, 인정직업학교), 단체 등에서 영리를 목적으로 복제·배포하는 대표, 또는 당해 교육자
　③ 디스크 복사 및 기타 정보 재생 시스템을 이용하여 사용하는 자

※ 파본은 구입하신 서점에서 교환해 드립니다.